集合・位相・測度

志賀浩二 著

朝倉書店

はしがき

19 世紀後半から 20 世紀前半にかけて数学の流れは，大きく変わり，その流れは現代数学の底流となって，数学のすべての分野を豊かにし続けてきました．この新しい流れをつくったものは，集合，位相，測度，抽象代数であり，この中でとくに集合，位相，測度は，カントルによって 1880 年代に導入された集合論の思想を直接受け継ぐものでした．集合論は，それまで空漠として捉えどころのないものと考えられていた無限を，数学の不動の存在概念としてはっきりと位置づけた革命的なものでした．同時に集合論は，数学的な属性を何も賦与されていない集合という概念を，理論の最初の設定としておき，その上に種々の数学的構造を築いていくという，大胆な数学の構成の道を拓いたのです．

その道にしたがうように，20 世紀の最初の 20 年間に位相空間論と測度論が誕生しました．位相空間論は，近さという性質を集合概念と重ねることにより，実数概念の中にある近さや，極限の考えを，究極的なところにまで広げることに成功しました．近さというなれ親んでいる言葉は，位相という言葉におきかえられ，集合の中に含まれる部分集合の性質と，包含関係によって示されることになりました．

一方，測度論は，図形の長さや面積を測るという，古くから数学を支えてきた量の世界を，完全に抽象的な数学の体系の中に組みこみ，集合を理論の背景におき，部分集合の大きさを測るという高い視点を得ることに成功しました．ここでは無限概念が本質的な役目を果たし，やがてこの測度論は，近代解析学に多くの稔りをもたらしていくことになりました．

集合，位相，測度については，それぞれが 1 つの理論体系をつくっているため，ふつうは別々の数学分野として取り上げられ，個別に解説されています．しかしそのためこの 3 つの理論を総合して見る視点が失われるおそれもあります．

本書ではこの 3 つの理論を一冊にまとめて提示することにしました．それぞれは独立した形でかかれていますが，しかし全体を流れる基調は一貫しており，それによって1つの数学の思想が浮かび上がってくるように配慮されています．

本書の構成について述べます．本書は，集合，位相，測度という3つのテーマに準じて，3部に分かれています．各部の内容を，第1部 集合を例にとって述べます．

第1部 集合は3章からなります．第1章は‘歴史と概要’です．ここでは集合論が誕生するに至った経過と，その理論の根底にある数学の考えについて述べます．第2章は‘集合論の展開’です．この章はいくつかの節に分かれており，順を追って集合論の枠組みとその内容が明らかになるようにかかれています．それぞれの節は要項という形をとって多少辞書的に簡潔にまとめられていますが，理論の大綱を知るにはむしろ見通しがよいのではないかと思います．この中に述べられている定理と主要な命題については，これに続く例題の中で再び取り上げ，そこで証明が与えられています．第3章は‘集合論の広がり’として，集合論がいろいろな方面に展開していくようすを，設問の形で提示し，そのひとつひとつに証明をつけて，明示することを試みました．

なお，集合，位相，測度について，さらに詳しく学んでみたい人には「集合への30講」,「位相への30講」,「ルベーグ積分30講」(朝倉書店)があります．参考にしていただければと思います．

本書によって，読者が，現代数学を学ぶ最初の一歩を踏み出す機会を見出されるならば，どんなによいだろうと思っております．

2006年1月

志賀浩二

目　次

第3部　測　度

第1部　集　合

第1章　歴史と概要

§1.　カントル

集合論は1人の天才ゲオルグ・カントル(Georg Cantor, 1845–1918)によって創始された数学の理論です．

数学は，1680年代にニュートン，ライプニッツにより微分積分が生み出されてから，無限概念を積極的に用いるようになってきました．この中心になるものは，数直線上での極限の考えで，これによって数直線上での動点を追って，その究極のところでの状況を捉えることができるようになりました．極限操作は，数の四則演算の働きと整合したので，数直線上で定義された関数の性質を調べるために広く用いられることになりました．それは18世紀からはじまった解析学の展開を意味しています．

関数の微小な変化を追っていくことは微分であり，大域的な変化の状況を注視することは積分でした．この変化の形相の中に，数学は無限を感知していくことになりました．古代ギリシャには，‘無限畏怖’の思想があり，その後，中世数学を通しても，数学は積極的に無限に目を向けることはなかったのですが，その状況は微分積分の誕生とともに一変してきたのです．

カントル

しかしここでの無限は，いわば動的な無限だったのです．私たちは，時間の流れを追うときや，しだいに矢が的に近づくようすを見るときには，1つ，2つ，3つと個別に数えるときの感覚とは全然別のものを感じとっています．流れ行き，動き行く自然現象のさまざまな像の中に，私たちは「万物は流転する」世界を見ています．ニュートン，ライプニッツ以来その世界の解析を，数学は試みていくことになったのです．18世紀の数学の大きな潮流は解析学にありましたが，オイラーはその思想を，彼の有名な著書の題名を『無限解析入門』

とすることによって鮮明なものとしました．

18世紀数学が，時間や長さなどから測られる量を基盤として解析学を建設していくうちに，もっと抽象的な体系である数そのものの中に隠されている無限概念をいかに取り出すかが問題となってきました．そのような数学の動きは，19世紀になってコーシーなどによってはじめられてきましたが，19世紀半ばになって，ワイエルシュトラス，デデキントなどにより，解析学の批判という形で明確な形をとってきました．デデキントの『連続性と無理数』，『数とは何か，数とはいかにあるべきか』という数学史に残る2冊の本はこのような時代の波の中で著わされたものです．

カントルの集合論は，数学のこの大きなうねりの中から生まれてきました．

カントルの独創性は，数の体系そのものをみるのではなく，数のもつもっとも基本的なはたらき，‘数える’と‘順序をつける’に注目した点にありました．そしてまず‘数える’というはたらきから考察をはじめました．

自然数全体は，無限にありますが，私たちは1つ，2つと数えることによって，すべてを‘数えつくせる’と考えています．実際，その考えにしたがって，自然数の全体を

$$\{1, 2, 3, \cdots\}$$

のように，{　}で囲んでひとつの閉じた体系として表わしています．

それでは偶数の集合

$$\{2, 4, 6, 8, \cdots\}$$

はどうでしょうか，これも1つ，2つと順に数えていくことができます．それは別の見方をすれば

$$\begin{array}{c} \{1\ ,\ 2\ ,\ 3\ ,\ 4\ ,\cdots\} \\ \updownarrow \quad \updownarrow \quad \updownarrow \quad \updownarrow \quad\ \ \\ \{2\ ,\ 4\ ,\ 6\ ,\ 8\ ,\cdots\} \end{array}$$

のように自然数と1対1に対応するということです．

こうしてカントルは，‘数える’ということを，‘1対1の対応’ということでおきかえたのです．実際これは‘数える’ということの最初に立ち戻って，無限に対する考察をはじめたことを意味しています．5つのリンゴと，5つの梨に1対1の対応があり，そこから私たちは，5という数を抽象してきたのです．

カントルは，この‘数える’という操作を，さらに広い数の集まりに適用しよう

としました．カントルは有理数 — 分数として表わされる数 — の集合も，1, 2, 3, … と数えられることを示しました．有理数の全体は，ふつうは数直線上の分数目盛りをもつ点の全体として認識されますが，そこでは有理数は稠密に隙間のないように分布して，数えることなどできません．カントルの数えた有理数の集合は，数直線から離れたまったく抽象的な数の集まり $\{n/m\,;\, m=1, 2, 3, \cdots,\ n=0, \pm1, \pm2, \cdots\}$ だったのです．‘数える’ という操作が，数学の既存の数体系を，しだいに抽象的な数の集まりとして見る視点を与えはじめてきたのです．

カントルは，このように 1, 2, 3, … と数えられる集合，あるいはもう少し正確にいうと，自然数の集合 {1, 2, 3, …} と 1 対 1 に対応のつく集合を ‘数えられる集合’ といいました．いまでは可算集合といいます．

カントルは，整数を係数とする代数方程式の根として表わされる数 — 代数的数 — の全体も可算集合であることを示してから，実数の集合は可算集合であるかどうかを考えはじめました．

カントルは，実数の集合は，もし可算集合と仮定すると，実数の連続性に反する結果がでることを示すことで，実数の集合は可算集合でないことを示しました．

このことは実数の集合は，自然数の集合にくらべて，はるかに多くの数を含んでいることを意味しています．このことを実数の集合は自然数の集合より濃度が高いといい表わします．こうして，無限集合の中に濃度という考えが導入され，濃度によって無限集合がその ‘大きさ’ によって分けられてくるようになったのです．無限は，もはや単なる有限の否定概念ではなくなってきました．ここにカントルのもたらしたもっとも革命的な思想があります．私たちはさまざまな ‘無限’ と対座し，それを見つめることになったのです．

実数の集合は，数直線上の点の集合として表わされますが，カントルは，たぶんさらに濃度の高い無限集合を求めるため，平面上の点の集合に目を向けたのではないかと思われます．直線から平面へと移ることは，1 次元から 2 次元へと次元を高めていくことであり，私たちのふつうの感覚からいえば，‘点の個数’ はこの過程で比較にならないほど増えるだろうと想像します．しかし 3 年間のさまざまな思索の後にカントルの達した結論は，カントル自身もまったく予想しなかったものでした．それは「平面上の点の集まりは，直線上の点の集まりと 1 対 1 に対応する」ということでした．カントルの眼には，平面上の点が 1 つ 1 つばらさ

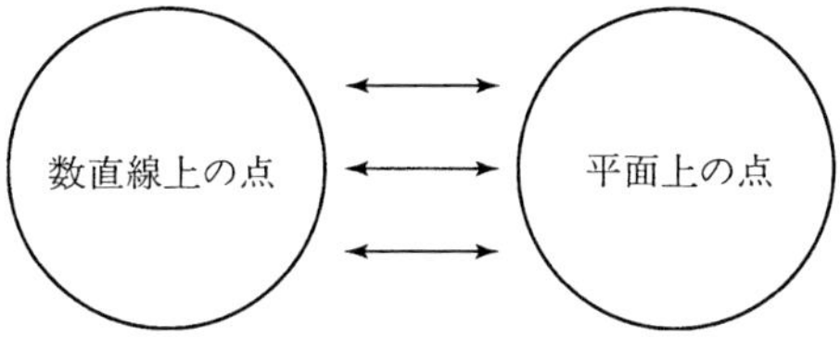

図1

れて，直線上に並びかえられていく不思議な景色が見えたのかもしれません．

私たちはいまではこの結果を，図1のように表わします．

これは，私たちがもっている直線や平面の幾何学的描像とはまったく違うものです．古代ギリシャ以来の数学の視点が大きく変わってきたことを意味しています．カントルの集合論は，数える —1対1の対応— という数学の根元的な働きだけに注目することにより，私たちが空間の直線から得られたような，さまざまな数学的な対象も，すべて集合概念の中に包括してしまったのです．

一般に，1対1の対応が存在する2つの集合は，同じ濃度をもつといいます．カントルはどんな濃度をもつ集合をもってきても，それと1対1には対応しないようなもっと高い濃度をもつ集合が存在することを示しました．

無限集合は，濃度という視点に立って見るとき，果てしない無限の階段を上り続けていくのです．

§2. 並べる — 整列集合

自然数のもつ基本的な働きとしては，‘数える’という働きと，もう1つ，‘順序をつけて並べたものに番号をつける’という働きがあります．英語ではその働きをはっきりと

one, two, three, … （数える）

the first, the second, the third, … （順序をつけて並べる）

として区別しています．one, two, three の方を基数といい，the first, the second, …の方を序数といいます．たとえば皿に盛られた10個のリンゴを，「ここに10個のリンゴがある」というのは基数ですが，「この1番目のリンゴはAさんに，2番目のリンゴはBさんに，…」と，1つ1つのリンゴを指定して並べるのは序数によっています．

カントルはこの序数の働きは，単に自然数の集合だけではなく，無限集合に対

しても適用されるものではないかと考えました．たとえ無限集合といっても，それ自体1つ1つの要素からなる以上，それを並べるということは，当然集合という概念の中にすでに含まれているものではないかと考えたのでしょう．

カントルは，どんな集合も，そこに含まれている要素を順序をつけて並べ，‘整列させる’ことは可能ではないかと考え，それを‘整列可能定理’と名づけました．カントルはこの定理の成り立つことを予想していたのですが，結局証明することはできませんでした．

この整列可能定理のもつ謎めいた深さについて少し述べてみましょう．そのため空漠として広がる無限集合の例を取り出すことは難しいので，まず宇宙に存在する原子の全体を考えてみることにします(厳密にいえば，これもまた想像上の集合です)．この中から1つの原子を特定して，the first，残りの原子の中からまた1つの原子を特定して the second とし，この操作をどこまでも繰り返して，つねに残った中から1つの原子を特定するようなことは可能なのでしょうか．一体，どの原子を次のものとして取るのでしょう．取り出す操作を指定できるようなものは何もありません．これに対して私たちの考えは空漠としたとりとめのないものになってしまいます．またたとえば，連続してつながっている数直線上の点を1つ1つばらばらにして，それに向かって‘一列に順序よく並べ’などという号令を数学者がかけられるのでしょうか．カントルはそれは可能であると考えたのです．

これに対して，このような整列可能定理が成り立つかどうかを論ずるためには，まず前提として，どんな集合からでも1つの要素を特定して取り出すことができるということを認めることが必要である，ということを最初にはっきりと述べたのは，ドイツの数学者ツェルメロで，それは1904年のことでした．ツェルメロはその前提となるべき仮定を‘選択公理’と名づけました．そしてツェルメロは，選択公理を認めるならば，すべての集合は整列可能であることを示したのです．

自然数全体は無限集合をつくっています．しかし自然数全体に成り立つ性質は，自然数全部を一度に見渡すことなく，数学的帰納法によって一歩一歩確かめていくことができます．もし無限集合が整列可能ならば，適当な順序を入れて一列に並べることにより，同じように，帰納法の考え方を適用して無限集合に関する命題を証明できる場合もあるでしょう．それを超限帰納法といいます．

カントルの思想は，あまりにも大胆で，独創的であったため，すぐにそれまでの数学の中に取り入れられるということはありませんでした．発表当時は，むしろ批判と反対が渦巻いたのです．しかし，20世紀になると，カントルの夢見た，無限概念を積極的に取り入れた数学の世界は，抽象数学とよばれる理念的な数学の流れの中に融けこみながら，大きく広がっていくことになりました．その過程で，選択公理も，もう少し使いやすいツォルンの補題とよばれるものにおきかえられていくことになったのです．

集合論を学ぶことは，現代数学への扉を叩くようなもので，必須なものといえるのですが，その新しさに最初は戸惑いを感ずることがあるかもしれません．しかしそこに含まれているカントルの思想にも耳を傾けてみると，カントルが聞いたに違いない無限からの深い調べを聞きとることができるでしょう．

第2章　集合論の展開

§1.　基本的な概念

● 要　項 ●

1.　**元**または**要素**とよばれるものの集まりを**集合**といいます．元 a が集合 M に属していることを

$$a \in M, \quad \text{または} \quad M \ni a$$

と表わします．この否定(すなわち元 a が M に属していないこと)を

$$a \notin M, \quad \text{または} \quad M \not\ni a$$

と表わします($a \bar{\in} M$ と表わすこともあります)．

集合 M が，$a, b, c, \cdots$ という元からなることを明示したいときは $M=\{a, b, c, \cdots\}$ と表わします．

例1.　20以下で，3で割りきれる自然数の集合 M は

$$M=\{3, 6, 9, 12, 15, 18\}$$

と表わされます．$12 \in M$ ですが，$30 \notin M$ です．M に含まれる元の個数は6です．

これから自然数の集合

$$\boldsymbol{N}=\{1, 2, 3, \cdots, n, \cdots\}$$

と実数の集合 $\boldsymbol{R}$ はたびたび用いられます．

有限個の元からなる集合を有限集合，無限個の元からなる集合を無限集合といいます．$\boldsymbol{N}$ と $\boldsymbol{R}$ は無限集合です．また，元を1つも含まないものも集合として考えることにし，これを**空集合**といって記号 ϕ で表わします．

集合 M の元 x に関する性質 $P(x)$ が与えられたとき，M の元で性質 $P(x)$ をみたすものの全体はまた集合をつくります．この集合を

$$\{x \mid x \in M, \quad P(x)\}$$

と表わします．x が M の元のことが明らかなときには，かんたんに $\{x|\ P(x)\}$ と表わすときもあります．

例 2.　$\{x\,|\,x\in\boldsymbol{N},\quad x \text{ は偶数}\}=\{2, 4, 6, 8, \cdots\}$

例 3.　$\{x\,|\,x\in\boldsymbol{R},\quad x^2\leqq 1\}=\{x|\,-1\leqq x\leqq 1\}$

2.　2つの集合 M, N が与えられていて，M に属している元は N に属し，N に属している元は逆に M に属しているとします．このとき M と N は**等しい**といい，$M=N$ で表わします．また $x\in M\Rightarrow x\in N$ (記号 ⇒ は‘ならば’と読む) が成り立つとき $M\subset N$ で表わし，M は N の**部分集合**であるといいます (図 2).

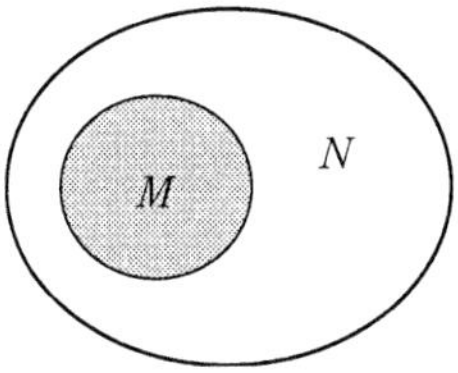

$M\subset N$, M は N の部分集合

図 2

$M\subset N$ で $N\subset M$ ならば $M=N$ です．$M\subset N$ ですが，$M\neq N$ であることを明記したいときには，$M\subsetneqq N$ という記号を使います．空集合 ϕ は，任意の集合 M の部分集合であると考えます．したがって，どんな集合 M をとっても，つねに $\phi\subset M$ です．

$$L\subset M,\quad M\subset N \implies L\subset N$$

が成り立ちます．

集合 M の部分集合全体は (部分集合を元と考えて) また1つの集合をつくります．これを M の**べき集合** (**巾集合**) といって

$$\mathcal{P}(M)$$

で表わします．

例 4.　$M=\{a, b, c\}$ とします．このとき

$$\mathcal{P}(M)=\{\phi, \{a\}, \{b\}, \{c\}, \{a, b\}, \{a, c\}, \{b, c\}, \{a, b, c\}\}$$

ここで $\{a\}$ はただ1つの元 a からなる M の部分集合を表わしています．$a\in M$ ですが，$\{a\}\in\mathcal{P}(M)$ です．

3.　2つの集合 M, N が与えられたとき，M と N のどちらかに属する元の全体はまた集合をつくります．これを M と N の**合併集合**，または**和集合**といい $M\cup N$ で表わします．$M\cup N=\{x \mid x\in M \quad \text{or} \quad x\in N\}$ です．M に属する元と N に属する元はすべて異なると考えて M と N の和集合をとったものを M と N の**直和**といって $M\sqcup N$ で表わします．M に属する元 x を (x, M)，N に属する元を (y, N) と表わすことにすれば

$$M\sqcup N=\{(x, M), (y, N) \mid x\in M, y\in N\}$$

と書き表わすことができます(図3).

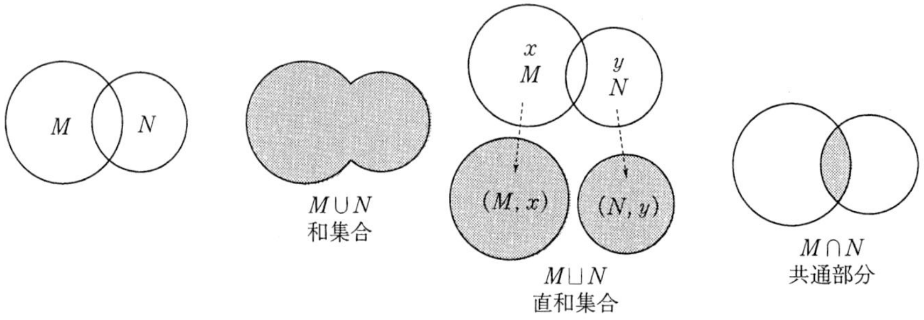

図3

M と N の両方に共通に含まれている元の全体のつくる集合を M と N の**共通部分**といい $M\cap N$ で表わします．M と N に共通な元がないときには $M\cap N=\phi$ です．

この集合の包含関係と和集合と共通部分について

$$M\subset N \iff M\cup N=N \iff M\cap N=M$$

が成り立ちます．

2つの集合 M, N があったとき，そこから和集合 $M\cup N$ をとることと，共通部分 $M\cap N$ をとることは，集合の間の演算を与えていると考えることができます．これを集合演算といいますが，これについて次の規則が成り立ちます(⇒**例題2参照**).

i）　$M\cup M=M,\quad M\cap M=M$

ii）　$M\cup N=N\cup M,\quad M\cap N=N\cap M$

iii）　$L\cup(M\cup N)=(L\cup M)\cup N,\quad L\cap(M\cap N)=(L\cap M)\cap N$

iv）　$L\cup(M\cap N)=(L\cup M)\cap(L\cup N),\quad L\cap(M\cup N)=(L\cap M)\cup(L\cap N)$

　　v）$M\cup(M\cap N)=M$,　$M\cap(M\cup N)=M$

iv) を**分配律**，v) を**吸収律**ということがあります．

4.　集合 M が与えられているとします．$A\subset M$ に対して

$$A^c=\{x|\ x\in M,\ x\notin A\}$$

のとき，A^c を A の（M に関する）**補集合**といいます（図4）．

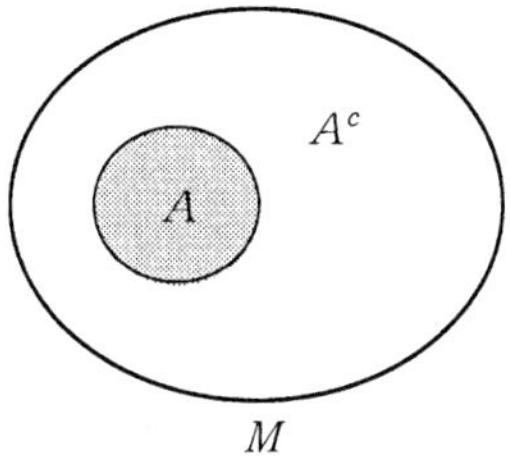

図4

$$A^c\subset M,\quad \phi^c=M,\quad M^c=\phi,\quad (A^c)^c=A$$

ですが，さらに

$$A\cup A^c=M,\quad A\cap A^c=\phi$$

が成り立ちます．また**ド・モルガンの規則**

$$(A\cup B)^c=A^c\cap B^c,\quad (A\cap B)^c=A^c\cup B^c$$

が成り立ちます（⇒ **例題3参照**）．

集合 M の部分集合 N に対して $M\cap N^c$ を $M-N$ と表わします．

5.　2つの集合 M, N が与えられたとします．M の各元 x に対し，N のある元 y を対応させる規則 f が与えられたとき，f を M から N への**写像**といい，f による x の**像**は y であるといいます：$y=f(x)$．

f を M から N への写像とします．M の元 x に対し，$y=f(x)$ となるような y を考えると，このような y の全体は N の部分集合になります．これを $\mathrm{Im}\,f$ と書き，f の**像集合**といいます（$\mathrm{Im}\,f$ は，英語で像集合を Image というからです）．$x\neq x'\Rightarrow f(x)\neq f(x')$ をみたすとき，f を**単射**，または **1対1写像**といいます．また $\mathrm{Im}\,f=N$ が成り立つとき，f を**全射**といいます．このとき f は M から N の **'上への' 写像**ともいいます．f が単射で，かつ全射のとき f を**全単射**と

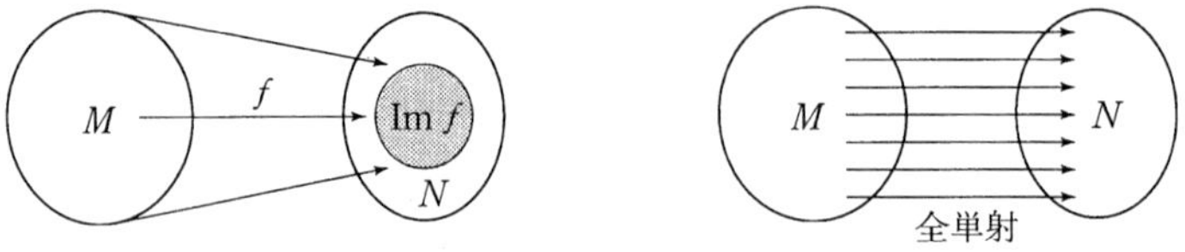

図5

いいます (図5).

M から N への全単射 f が存在するとき，M と N は**対等**，または**同型**であるといって，$M \simeq N$ で表わします.

写像 $f: L \to M$，$g: M \to N$ が与えられたとき，

$$g \circ f(x) = g(f(x))$$

で定義された $g \circ f$ は，L から N への写像となります (図6). これを f と g の**合成写像**といいます. h をさらに N から S への写像とすると

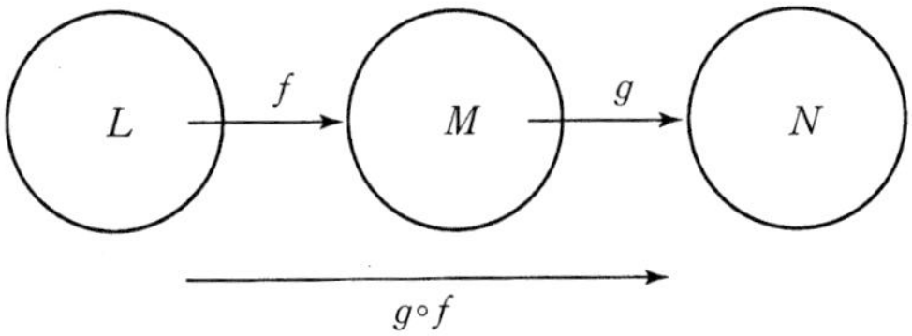

図6

$$h \circ (g \circ f) = (h \circ g) \circ f$$

が成り立ちます.

写像 $f: M \to N$ が与えられたとします. このとき M の部分集合 A に対し

$$f(A) = \{y \mid \text{ある } x \in A \text{ に対して } y = f(x)\}$$

とおくと，$f(A)$ は N の部分集合となります.

M の各部分集合 A に，N の部分集合 $f(A)$ を対応させる対応は，$\mathcal{P}(M)$ の'元' A に，$\mathcal{P}(N)$ の元 $f(A)$ を対応させる写像と考えることができます. $\mathcal{P}(M)$ から $\mathcal{P}(N)$ へのこの写像を同じ記号 f (とくに f と区別する必要のあるときは $\bar{f}$) を用いて表わすことにします. N の部分集合 C に，C の**逆像** $f^{-1}(C) = \{x \mid f(x) \in C\}$ を対応させる対応は，$\mathcal{P}(N)$ から $\mathcal{P}(M)$ への写像を与えます. これを f の**逆写像**といって f^{-1} で表わします (図7).

とくに f が M から N への単射のときには，$y \in \mathrm{Im}\, f$ に対して $y = f(x)$ をみ

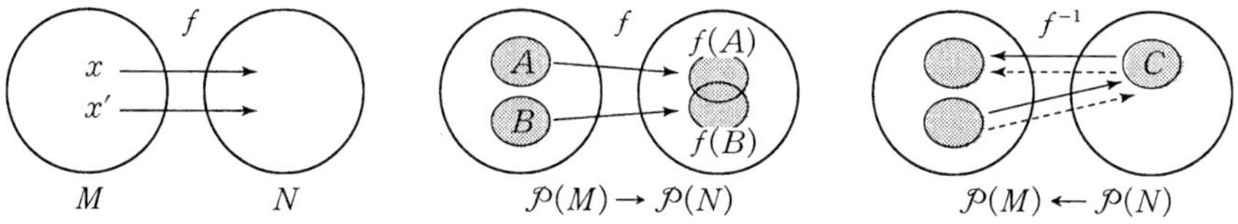

図 7

たす x はただ 1 つです．したがって y に x を対応させる対応を考えることができますが，この写像も同じ記号 f^{-1} で表わします．

$A,\ B\in\mathcal{P}(M),\quad C, D\in\mathcal{P}(N)$ に対して

　i）$f(A\cup B)=f(A)\cup f(B)$

　ii）$f(A\cap B)\subset f(A)\cap f(B)$

　iii）$f^{-1}(C\cup D)=f^{-1}(C)\cup f^{-1}(D)$

　iv）$f^{-1}(C\cap D)=f^{-1}(C)\cap f^{-1}(D)$

が成り立ちます（⇒ **例題 5 参照**）．

M から N への写像全体は集合をつくります．この集合を $\mathrm{Map}\,(M, N)$ で表わします．

例 5.　$x\in\boldsymbol{R}$ に対し，$\sin x\in[-1, 1]$ を対応させる対応は，$\boldsymbol{R}$ から $[-1, 1]$ への全射を与えます．このとき

$$f^{-1}(1)=\left\{\frac{\pi}{2}+2n\pi\,\middle|\, n=0, \pm 1, \pm 2, \cdots\right\}$$

です．

例 6.　M を 1 つの集合とします．$x\in M$ に対して，1 つの元からなる M の部分集合 $\{x\}$ を対応させる対応は，M から $\mathcal{P}(M)$ への単射を与えています．

例 7.　M を 1 つの集合とします．$A\in\mathcal{P}(M)$ に対して $A^c\in\mathcal{P}(M)$ を対応させる対応は，$\mathcal{P}(M)$ から $\mathcal{P}(M)$ への全単射を与えています．

6.　Γ は空集合ではないとします．集合 M の部分集合の集合 $\mathcal{P}(M)$ を考えます．Γ から $\mathcal{P}(M)$ への写像：$\Gamma\ni\gamma\to A_\gamma\in\mathcal{P}(M)$ が与えられたとき，(M の部分集合による) Γ を添数（てんすう）とする（インデックスとする）**集合族** $\{A_\gamma\}_{\gamma\in\Gamma}$ が与えられたといいます．とくに $\Gamma=\boldsymbol{N}=\{1, 2, 3, \cdots\}$ のとき，Γ を添数とする集合族 $\{A_1, A_2, A_3, \cdots\}$ を集合列といいます．

例 8.　座標平面上で，パラメータ t で動く半径1の円

$$C_t : (x-t)^2+y^2=1$$

を平面上の部分集合族と考えると，$\{C_t\}_{t\in \boldsymbol{R}}$ は $\boldsymbol{R}$ を添数とする集合族となっています (図 8).

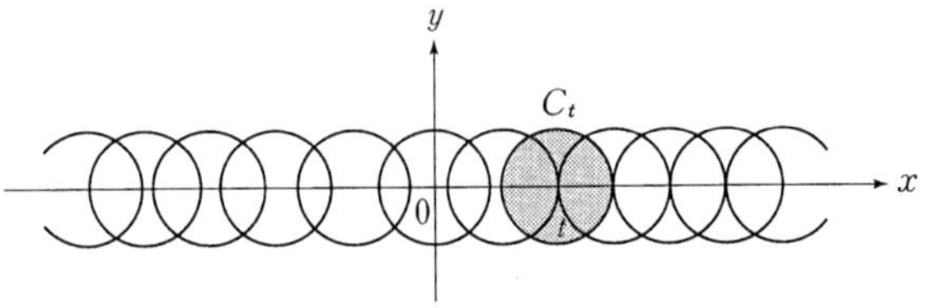

図 8

集合族 $\{A_\gamma\}_{\gamma\in\Gamma}$ に対しても，和集合，直和，共通部分を定義することができます.

和集合：$\bigcup_{\gamma\in\Gamma} A_\gamma=\{x|$ ある $\gamma\in\Gamma$ に対して $x\in A_\gamma\}$

直　和：$\bigsqcup_{\gamma\in\Gamma} A_\gamma=\bigcup_{x\in A_\gamma,\gamma\in\Gamma}(x, A_\gamma)$

共通部分：$\bigcap_{\gamma\in\Gamma} A_\gamma=\{x|$ すべての $\gamma\in\Gamma$ に対して $x\in A_\gamma\}$

これに対しても，例7で述べた集合の演算規則，ド・モルガンの規則などは，適当に拡張した形で成り立ちます (⇒ **例題 8 参照**).

7.　$\{A_\gamma\}_{\gamma\in\Gamma}$ を集合族とし，また $A_\gamma\neq\phi\,(\gamma\in\Gamma)$ とします．このとき Γ から直和 $\bigsqcup_{\gamma\in\Gamma} A_\gamma$ への写像 $\gamma\to x_\gamma$ で $x_\gamma\in A_\gamma$ となっているものの全体のつくる集合を

$$\prod_{\gamma\in\Gamma} A_\gamma$$

で表わし，$\{A_\gamma\}_{\gamma\in\Gamma}$ の**直積集合**といいます.

$\prod_{\gamma\in\Gamma} A_\gamma$ は，

$$\prod_{\gamma\in\Gamma} A_\gamma=\{(\cdots, x_\gamma, \cdots)|\ \gamma\in\Gamma,\ x_\gamma\in A_\gamma\}$$

と表わすことができます．とくに $\Gamma=\{1, 2, \cdots, n\}$ のとき，$\prod_{\gamma\in\Gamma} A_\gamma$ を $A_1\times A_2\times\cdots\times A_n$ で表わします．$A_1\times A_2\times\cdots\times A_n$ の元は $(x_1, x_2, \cdots, x_\gamma)\,(x_i\in A_i)$ と表わされます.

直積集合 $\prod_{\gamma\in\Gamma} A_\gamma$ に対し，

$$p_\gamma : (\cdots, x_\gamma, \cdots) \longrightarrow x_\gamma$$

という対応は，$\prod_{\gamma\in\Gamma} A_\gamma$ から A_γ の上への写像となります．p_γ を，γ-成分への

射影といいます．

集合族 $\{A_\gamma\}_{\gamma\in\Gamma}$ で，各 A_γ がきまった集合 A にすべて等しいとき，

$$\prod_{\gamma\in\Gamma} A_\gamma = A^\Gamma$$

と表わします．A^Γ の元は，各 $\gamma\in\Gamma$ に対して A の元を対応させることによって与えられますが，それは Γ から A への写像を与えるといっても同じことです．Γ から A への写像全体のつくる集合を $\mathrm{Map}(\Gamma, A)$ と書きます．

したがって，

$$A^\Gamma = \mathrm{Map}(\Gamma, A)$$

と表わすこともできます．A^Γ について

i）$A^{\Gamma\sqcup\Gamma_1} = A^\Gamma \times A^{\Gamma_1}$

ii）$(A^\Gamma)^{\Gamma_1} = A^{\Gamma\times\Gamma_1}$

が成り立ちます（⇒ **例題 10 参照**）．

例題 1　M, N を任意の集合とする．

i）$\mathcal{P}(M)\cup\mathcal{P}(N) \subsetneqq \mathcal{P}(M\cup N)$ を示せ．ここで等号が成り立つのはどのようなときか．

ii）$\mathcal{P}(M)\cap\mathcal{P}(N) = \mathcal{P}(M\cap N)$ を示せ．

解　i）$A\in\mathcal{P}(M)\cup\mathcal{P}(N)$ とする．このとき $A\subset M$ か，あるいは $A\subset N$．したがって $A\subset M\cup N$，すなわち $A\in\mathcal{P}(M\cup N)$．これで $\mathcal{P}(M)\cup\mathcal{P}(N)\subset\mathcal{P}(M\cup N)$ が示された．

$M\cup N$ が M にも N にも等しくないとすると，$M\cup N\in\mathcal{P}(M\cup N)$ だが，$M\cup N\notin\mathcal{P}(M), \mathcal{P}(N)$ となり，したがって $\mathcal{P}(M)\cup\mathcal{P}(N)\subsetneqq\mathcal{P}(M\cup N)$．

一方，$M\cup N=M$ のときには，$N\subset M$ となり，$\mathcal{P}(N)\subset\mathcal{P}(M)$．したがって $\mathcal{P}(M)\cup\mathcal{P}(N)=\mathcal{P}(M)=\mathcal{P}(M\cup N)$．$M\cup N=N$ のときも同様．

これで等号が成り立つための条件は，$M\cup N=M$ か，$M\cup N=N$，あるいは同じことであるが $N\subset M$ か，$M\subset N$ で与えられることが示された．

ii）$A\in\mathcal{P}(M)\cap\mathcal{P}(N)$ とすると $A\subset M$, $A\subset N$．したがって $A\subset M\cap N$．すなわち $A\in\mathcal{P}(M\cap N)$．これで $\mathcal{P}(M)\cap\mathcal{P}(N)\subset\mathcal{P}(M\cap N)$ がいえた．逆に $A\in\mathcal{P}(M\cap N)$ とすると $A\subset M\cap N$．したがって $A\subset M$, $A\subset N$．これから $A\in\mathcal{P}(M)\cap\mathcal{P}(N)$．すなわち $\mathcal{P}(M\cap N)\subset\mathcal{P}(M)\cap\mathcal{P}(N)$．両方の包含関係が成り立つから，等号が成り立つ．

例題 2　要項3にある i) から v) までを示せ.

解　いずれも同様だから, iv) の左の等式, すなわち

$$L\cup(M\cap N)=(L\cup M)\cap(L\cup N)$$

を示す. $L\subset L\cup M$, $L\subset L\cup N$ から $L\subset(L\cup M)\cap(L\cup N)$. また $M\cap N\subset L\cup M$, $M\cap N\subset L\cup N$ から $M\cap N\subset(L\cup M)\cap(L\cup N)$. したがって

$$L\cup(M\cap N)\subset(L\cup M)\cap(L\cup N)$$

次に逆向きの包含関係が成り立つことを示す. $x\in(L\cup M)\cap(L\cup N)$ とする. $x\in L\cup M$ でかつ $x\in L\cup N$ である. したがって $x\in L$ か, あるいは $x\notin L$ で $x\in M$, $x\in N$ となる. すなわち $x\in L\cup(M\cap N)$. これで

$$(L\cup M)\cap(L\cup N)\subset L\cup(M\cap N)$$

がいえた. 両方の包含関係が成り立つから両辺は等しい.

例題 3　M を与えられた集合とする.

i)　$A\subset M$ に対して,

$$A\cup X=M,\quad A\cap X=\phi$$

をみたす $X(\subset M)$ は, (存在したとしても) ただ1つしか存在しないことを示せ.

ii)　i) の結果を用いて, ド・モルガンの規則 (要項 4) を証明せよ.

解　i)　X, X_1 をともに与えられた条件をみたす M の部分集合とする. このとき

$$\begin{aligned}X&=X\cap M=X\cap(A\cup X_1)\\&=(X\cap A)\cup(X\cap X_1)=\phi\cup(X\cap X_1)\\&=X\cap X_1\end{aligned}$$

X_1 についても, 同様にして $X_1=X_1\cap X$ が得られる. したがって $X=X_1$ となる.

ii)　$(A\cup B)\cup(A\cup B)^c=M$,　$(A\cup B)\cap(A\cup B)^c=\phi$

は成り立つ (要項 4 参照). 一方

$$\begin{aligned}(A\cup B)\cup(A^c\cup B^c)&=(A\cup B\cup A^c)\cap(A\cup B\cup B^c)\\&=M\cap M=M\end{aligned}$$

$$\begin{aligned}(A\cup B)\cap(A^c\cap B^c)&=(A\cap A^c\cap B^c)\cup(B\cap A^c\cap B^c)\\&=\phi\cup\phi=\phi\end{aligned}$$

したがって i）で示した一意性から

$$(A\cup B)^c=A^c\cap B^c$$

がいえた．$(A\cap B)^c=A^c\cup B^c$ も同様にして証明される．

例題 4　集合列 $\{A_n\}_{n\in N}$ が与えられたとき

$$\limsup A_n=\bigcap_{n=1}^{\infty}\bigcup_{k=n}^{\infty}A_k$$

$$\liminf A_n=\bigcup_{n=1}^{\infty}\bigcap_{k=n}^{\infty}A_k$$

とおき，それぞれ**上極限集合**，**下極限集合**という．

また $\liminf A_n=\limsup A_n$ のとき，集合列 $\{A_n\}_{n\in N}$ は**収束する**といい，

$$\lim A_n=\limsup A_n$$

とおいて，**極限集合**という．

そのとき次のことを示せ．

i）$\liminf A_n\subset\limsup A_n$

ii）$A_1\subset A_2\subset\cdots\subset A_n\subset\cdots$ のとき，$\{A_n\}$ は収束して

$$\lim A_n=\bigcup_{n=1}^{\infty}A_n$$

iii）$A_1\supset A_2\supset\cdots\supset A_n\supset\cdots$ のとき，$\{A_n\}$ は収束して

$$\lim A_n=\bigcap_{n=1}^{\infty}A_n$$

iv）$A_1=A_3=A_5=\cdots=A_{2n+1}=\cdots=C,\quad A_2=A_4=A_6=\cdots=A_{2n}=\cdots=D$ のときは

$$\liminf A_n=C\cap D,\quad \limsup A_n=C\cup D$$

v）$\limsup A_n{}^c=(\liminf A_n)^c$

解　i）まず任意にとった $n, n'\in \boldsymbol{N}$ に対して

$$\bigcup_{k=n}^{\infty}A_k\supset\bigcap_{k=n'}^{\infty}A_k$$

が成り立つ．実際，$n''=\mathrm{Max}\,(n, n')$ とおくと，

$$\bigcup_{k=n}^{\infty}A_k\supset A_{n''}\supset\bigcap_{k=n'}^{\infty}A_k$$

この式で n' を1つとっておくと，左辺はどんな n でも成り立つから

$$\bigcap_{n=1}^{\infty}\bigcup_{k=n}^{\infty}A_k\supset\bigcap_{k=n'}^{\infty}A_k$$

が得られる．n' はどんな自然数でもよいのだから

$$\bigcap_{n=1}^{\infty}\bigcup_{k=n}^{\infty}A_k\supset\bigcup_{n'=1}^{\infty}\bigcap_{k=n'}^{\infty}A_k$$

これは証明すべき式にほかならない．

ii）$A=\bigcup_{k=1}^{\infty}A_n$ とおく．$A_1\subset A_2\subset\cdots$ により $\bigcup_{k=n}^{\infty}A_k=A$．したがって

$\limsup A_n=\bigcap_{n=1}^{\infty}\bigcup_{k=n}^{\infty}A_n=A$. 一方，$\bigcap_{k=n}^{\infty}A_k=A_n$ から，$\liminf A_n=\bigcup_{n=1}^{\infty}\bigcap_{k=n}^{\infty}A_k=\bigcup_{n=1}^{\infty}A_n=A$. この2つから $\{A_n\}$ は収束して $\lim A_n=A$ となることがわかる.

iii) ii)と同様にして示される.

iv) どんな $n\in \boldsymbol{N}$ をとっても $A_n\cup A_{n+1}=C\cup D$, $A_n\cap A_{n+1}=C\cap D$. したがって

$$\begin{aligned}\bigcup_{k=n}^{\infty}A_k&=(A_n\cup A_{n+1})\cup(A_{n+2}\cup A_{n+3})\cup\cdots\\&=C\cup D\end{aligned}$$

$$\begin{aligned}\bigcap_{k=n}^{\infty}A_k&=(A_n\cap A_{n+1})\cap(A_{n+2}\cap A_{n+3})\cap\cdots\\&=C\cap D\end{aligned}$$

これから $\limsup A_n=C\cup D$, $\liminf A_n=C\cap D$ となる.

v)
$$\begin{aligned}(\liminf A_n)^c&=\left(\bigcup_{n=1}^{\infty}\bigcap_{k=n}^{\infty}A_k\right)^c\\&=\bigcap_{n=1}^{\infty}\left(\bigcap_{k=n}^{\infty}A_k\right)^c=\bigcap_{n=1}^{\infty}\left(\bigcup_{k=n}^{\infty}A_k{}^c\right)\\&=\limsup A_n{}^c\end{aligned}$$

ここでド・モルガンの規則(要項4)を集合列の場合に拡張した形で用いた.

例題5 要項5にある写像 f についての性質 i)からiv)までを示せ.

解 i) 一般に $S\subset S'$ のとき $f(S)\subset f(S')$ が成り立つことを注意する. したがって

$$f(A)\subset f(A\cup B),\quad f(B)\subset f(A\cup B)$$

これから $f(A)\cup f(B)\subset f(A\cup B)$.

一方，$y\in f(A\cup B)$ とすると，ある $x\in A\cup B$ で，$y=f(x)$. $x\in A$, または $x\in B$ だから $y\in f(A)\cup f(B)$. したがって

$$f(A)\cup f(B)\supset f(A\cup B)$$

この2つの包含関係から $f(A\cup B)=f(A)\cup f(B)$ がいえる.

ii) $f(A)\supset f(A\cap B)$, $f(B)\supset f(A\cap B)$ から

$$f(A)\cap f(B)\supset f(A\cap B)$$

ここで，一般には等号が成り立たないことを注意する. たとえば $\boldsymbol{R}$ から $\boldsymbol{R}$ への写像 f : $f(x)=x^2$ を考えて，$A=[-1,0]$, $B=[0,1]$ とおくと，$f(A)=[0,1]$, $f(B)=[0,1]$, $f(A\cap B)=\{0\}$. したがって $\{0\}=f(A\cap B)\subsetneqq f(A)\cap f(B)=[0,1]$.

iii)　$f^{-1}(C\cup D)\supset f^{-1}(C),\ f^{-1}(D)$ により

$$f^{-1}(C\cup D)\supset f^{-1}(C)\cup f^{-1}(D)$$

一方，$x\in f^{-1}(C\cup D)$ とすると，ある $y\in C\cup D$ があって $f(x)=y$．$y\in C$ か，$y\in D$ だから $x\in f^{-1}(C)$ か，$x\in f^{-1}(D)$．したがって $x\in f^{-1}(C)\cup f^{-1}(D)$，すなわち

$$f^{-1}(C\cup D)\subset f^{-1}(C)\cup f^{-1}(D)$$

この2つの包含関係から $f^{-1}(C\cup D)=f^{-1}(C)\cup f^{-1}(D)$ が成り立つ．

iv)　iii) と同様にして証明される．

例題6　f を M から M への写像とする．f の n 回の繰り返し $f^n=\underbrace{f\circ f\circ\cdots\circ f}_{n\text{回}}$ が M から M への全単射ならば，f が全単射であることを示せ．

解　単射のこと：$f(x)=f(x')$ とすると，両辺に f を適用して $f\circ f(x)=f\circ f(x')$．繰り返して $f^n(x)=f^n(x')$．仮定から f^n は全単射だから $x=x'$．したがって f は単射である．

全射のこと：$f^n(M)=f(f^{n-1}(M))\subset f(M)=\mathrm{Im}\,f$．仮定から f^n は全単射だから $f^n(M)=M$．したがって $M\subset\mathrm{Im}\,f$ となるが，もちろん $M\supset\mathrm{Im}\,f$ だから，$M=\mathrm{Im}\,f$ となり，f は全射．

例題7　f を M から N への写像とする．f^{-1} を $\mathcal{P}(N)$ から $\mathcal{P}(M)$ への写像と考えたとき

i)　f^{-1} が単射であるための必要十分条件は f が全射のことである．

ii)　f^{-1} が全射であるための必要十分条件は f が単射のことである．

解　i)　必要性：f が全射でなければ $\mathrm{Im}\,f\neq N$．一方，$M=f^{-1}(\mathrm{Im}\,f)=f^{-1}(N)$．これは f^{-1} が単射でないことを示している．

十分性：まず一般に任意の写像 f に対し，$C\in\mathcal{P}(N)$ に対して $f^{-1}(C)=A$ とおくと，$f(A)=C\cap\mathrm{Im}\,f$ が成り立つことを注意する．したがってとくに f が全射のときは $\mathrm{Im}\,f=N$ で $f(A)=C$．このときには $C,D\in\mathcal{P}(N)$，$C\neq D$ に対して $A=f^{-1}(C)$，$B=f^{-1}(D)$ とおくと，$A\neq B$ が成り立つことになる．これは f^{-1} が単射のことを示している．

ii)　必要性：f が単射でなければ，ある $x,x'\in M$ があって $x\neq x'$，$f(x)=f(x')$ が成り立つ．$y=f(x)$ とおく，$C\in\mathcal{P}(N)$ をとる．もし $C\ni y$ ならば

$f^{-1}(C)\supset f^{-1}(y)\supset\{x, x'\}$．もし $C\not\ni y$ ならば $f^{-1}(C)\ni x, x'$．したがってどのような $C\in\mathcal{P}(N)$ をとっても $f^{-1}(C)=\{x\}$ となることはない．すなわち $\{x\}\in\mathcal{P}(M)$ は，f^{-1} の像集合には含まれない．このことは f^{-1} が全射でないことを示している．

十分性：f を単射とする．このとき $A, B\in\mathcal{P}(M)$ で $A\neq B$ ならば $f(A)\neq f(B)$ が成り立つ．

まずこのことを示す．背理法を使うため $f(A)=f(B)$ と仮定する．$A\neq B$ だから（必要なら A と B をとりかえて）$x\in A$, $x\notin B$ となる x が存在するとしてよい．$y=f(x)$ とおくと $y=f(x)\in f(A)=f(B)$ だから，ある $x'\in B$ で $f^{-1}(y)\ni x'$ が存在する．$x\neq x'$ で $f(x)=f(x')=y$．これは f が単射であることに反する．したがって $f(A)\neq f(B)$．

したがって $A\in\mathcal{P}(M)$ に対して $f(A)=C$ とおくと $f^{-1}(C)=A$ となる．A は任意でよかったから，これは f^{-1} が全射であることを示している．

例題 8 集合族 $\{A_\gamma\}_{\gamma\in\Gamma}$, $\{B_\lambda\}_{\lambda\in\Lambda}$ $(A_\gamma, B_\lambda\in\mathcal{P}(M))$ が与えられたとする．そのとき次の等式が成り立つことを示せ．

i）$(\bigcup_{\gamma\in\Gamma} A_\gamma)\cup(\bigcup_{\lambda\in\Lambda} B_\lambda)=\bigcup_{\gamma,\lambda}(A_\gamma\cup B_\lambda)$

$(\bigcap_{\gamma\in\Gamma} A_\gamma)\cap(\bigcap_{\lambda\in\Lambda} B_\lambda)=\bigcap_{\gamma,\lambda}(A_\gamma\cap B_\lambda)$

ii）$(\bigcup_{\gamma\in\Gamma} A_\gamma)\cap(\bigcup_{\lambda\in\Lambda} B_\lambda)=\bigcup_{\gamma,\lambda}(A_\gamma\cap B_\lambda)$

$(\bigcap_{\gamma\in\Gamma} A_\gamma)\cup(\bigcap_{\lambda\in\Lambda} B_\lambda)=\bigcap_{\gamma,\lambda}(A_\gamma\cup B_\lambda)$

iii）$(\bigcup_{\gamma\in\Gamma} A_\gamma)^c=\bigcap_{\gamma\in\Gamma} A_\gamma{}^c$

$(\bigcap_{\gamma\in\Gamma} A_\gamma)^c=\bigcup_{\gamma\in\Gamma} A_\gamma{}^c$

iii）はド・モルガンの規則のもっとも一般的な形となっている．

解 i）と ii）は同じような考えで証明できるので，ここでは ii）の方を示しておく．

ii）の上の等式．$\bigcup_{\gamma\in\Gamma} A_\gamma$, $\bigcup_{\lambda\in\Lambda} B_\lambda\supset A_\gamma\cap B_\lambda$ により左辺 ⊃ 右辺は明らか．左辺 ⊂ 右辺を示す．そのため $x\in(\bigcup_{\gamma\in\Gamma} A_\gamma)\cap(\bigcup_{\lambda\in\Lambda} B_\lambda)$ とする．そのとき $x\in\bigcup_{\gamma\in\Gamma} A_\gamma$ で，また $x\in\bigcup_{\lambda\in\Lambda} B_\lambda$ だから，ある γ, λ に対して $x\in A_\gamma$, $x\in B_\lambda$．したがって $x\in\bigcup_{\gamma,\lambda}(A_\gamma\cap B_\lambda)$．これで左辺 ⊂ 右辺がいえて，結局左辺＝右辺が示された．

ii）の下の等式も同じような考えで示される．

iii) の上の等式：$A=\bigcup_{\gamma\in\Gamma}A_\gamma$ とおく．$X=(\bigcup_{\gamma\in\Gamma}A_\gamma)^c$ に対しては

$$A\cup X=M,\qquad A\cap X=\phi \tag{1}$$

が成り立つ．

一方，$Y=\bigcap_{\gamma\in\Gamma}A_\gamma{}^c$ とおくと

$$\begin{aligned}A\cup Y&=A\cup(\textstyle\bigcap_{\gamma\in\Gamma}A_\gamma{}^c)\\&=\textstyle\bigcap_{\gamma\in\Gamma}(A\cup A_\gamma{}^c)\qquad(\text{ii}) による)\end{aligned}$$

$A\supset A_\gamma$ により $A\cup A_\gamma{}^c\supset A_\gamma\cup A_\gamma{}^c=M$．これから

$$A\cup Y=M \tag{2}$$

また

$$\begin{aligned}A\cap Y&=A\cap(\textstyle\bigcap_{\gamma'\in\Gamma}A_{\gamma'}{}^c)\\&=(\textstyle\bigcup_{\gamma\in\Gamma}A_\gamma)\cap(\bigcap_{\gamma'\in\Gamma}A_{\gamma'}{}^c)\\&=\textstyle\bigcup_{\gamma\in\Gamma}(A_\gamma\cap(\bigcap_{\gamma'\in\Gamma}A_{\gamma'}{}^c))\end{aligned}$$

$A_\gamma\cap(\bigcap_{\gamma'\in\Gamma}A_{\gamma'}{}^c)\subset A_\gamma\cap A_\gamma{}^c=\phi$．したがって

$$A\cap Y=\phi \tag{3}$$

(1), (2), (3) と例題 3 の i) により $X=Y$ となり，これで

$$(\textstyle\bigcup_{\gamma\in\Gamma}A_\gamma)^c=\bigcap_{\gamma\in\Gamma}A_\gamma{}^c$$

が証明された．

同様にしてiii) の下の等式も証明される．

例題 9　Γ, Γ_1 を空でない集合とする．そのとき次の関係が成り立つことを示せ．

i ）　$\mathrm{Map}\,(\Gamma\sqcup\Gamma_1, A)\simeq\mathrm{Map}\,(\Gamma, A)\times\mathrm{Map}\,(\Gamma_1, A)$

ii ）　$\mathrm{Map}\,(\Gamma_1, \mathrm{Map}\,(\Gamma, A))\simeq\mathrm{Map}\,(\Gamma\times\Gamma_1, A)$

解　i ）　$\varphi\in\mathrm{Map}\,(\Gamma\sqcup\Gamma_1, A)$ に対して φ を Γ と Γ_1 の上に制限して考えた写像を $\varphi_\Gamma, \varphi_{\Gamma_1}$ とする．$\varphi_\Gamma\in\mathrm{Map}\,(\Gamma, A)$，$\varphi_{\Gamma_1}\in\mathrm{Map}\,(\Gamma_1, A)$ である．このとき対応

$$\varphi\ \longrightarrow\ (\varphi_{\Gamma_1}, \varphi_{\Gamma_1})$$

は $\mathrm{Map}\,(\Gamma\sqcup\Gamma_1, A)$ から $\mathrm{Map}\,(\Gamma, A)\times\mathrm{Map}\,(\Gamma_1, A)$ への全単射な写像を与える．

ii ）　$\Phi\in\mathrm{Map}\,(\Gamma_1, \mathrm{Map}\,(\Gamma, A))$ に対して，

$$\Phi(\gamma_1)\in\mathrm{Map}\,(\Gamma, A)\qquad(\gamma_1\in\Gamma)$$

したがって $\gamma\in\Gamma$ に対して，$\Phi(\gamma_1)(\gamma)$ が決まって，これは A の元となる．したがって $(\gamma,\gamma_1)\in\Gamma\times\Gamma_1$ に対し $\varphi(\gamma,\gamma_1)=\Phi(\gamma_1)(\gamma)$ とおくと，$\varphi\in\mathrm{Map}(\Gamma\times\Gamma_1, A)$ となる．Φ に φ を対応させる写像は，明らかに $\mathrm{Map}(\Gamma\sqcup\Gamma_1, A)$ から $\mathrm{Map}(\Gamma\times\Gamma_1, A)$ への全単射を与えている．

例題 10 要項 7 にある i)，ii) を示せ．

解 i) $A^{\Gamma\sqcup\Gamma_1}=\mathrm{Map}(\Gamma\sqcup\Gamma_1, A)$，$A^{\Gamma}\times A^{\Gamma_1}=\mathrm{Map}(\Gamma, A)\times\mathrm{Map}(\Gamma_1, A)$ だから，示すべき式は，例題 9 の i)，ii) と同じ内容となっている．

例題 11 M を空でない集合とする．そのとき

$$\mathcal{P}(M)\simeq\{0,1\}^M$$

を示せ．

解 $\{0,1\}^M\simeq\mathrm{Map}(M,\{0,1\})$ だから，$\mathcal{P}(M)\simeq\mathrm{Map}(M,\{0,1\})$ を示すとよい．$A\in\mathcal{P}(M)$ に対し，$\varphi_A\in\mathrm{Map}(M,\{0,1\})$ を $\varphi_A(x)=1\ (x\in A)$，$\varphi_A(x)=0\ (x\in A^c)$ で定義する．$A\neq B$ ならば $\varphi_A\neq\varphi_B$ である．逆に $\varphi\in\mathrm{Map}(M,[0,1])$ に対し $\varphi^{-1}(1)=A$ とおくと，$A\in\mathcal{P}(M)$ で，$\varphi=\varphi_A$．したがって A に φ_A を対応させる対応は，$\mathcal{P}(M)$ から $\mathrm{Map}(M,\{0,1\})$ への全単射な写像を与えている．

§2. 濃　　度

● 要　項 ●

1. 2つの集合 M と N が対等のとき(§1，要項5参照)，M と N は同じ**濃度**をもつといいます．すなわち M と N が同じ濃度をもつのは，M から N の上への1対1の写像(全単射)が存在するときです．

＊）M と N が同じ濃度をもつとき，M と N は同じ**カージナル数**— cardinal number —をもつということもあります．カージナル数といういい方について触れておきます．$\{1, 2, 3, \cdots\}$ という数の集まりには2つの働きがあります．ひとつはものの個数を1つ，2つ，…と数える働きで，もうひとつは，ものの集まりに1番目，2番目，…と順番をつける働きです．英語ではこの2つの働きを one, two, three, …と the first, the second, the third, …とはっきり区別して使っています．このとき one, two, three, …の方を基数— cardinal number —といい，the first, the second, the third, …の方を序数— ordial number —というのです．濃度をカージナル数というのは，'数えてくらべてみる'ことを，1対1対応という考えで一般化したことを示しています．

集合 M の濃度を表わすのに，対応するドイツ文字 $\mathfrak{m}$，または $\overline{\overline{M}}$ という記法を使います．したがって

$$M \simeq N \iff \mathfrak{m} = \mathfrak{n}$$

です．適当な自然数 n をとると $M \simeq \{1, 2, \cdots, n\}$ が成り立つとき M は**有限集合**であるといい，M の濃度は n であるといいます．有限でない集合を**無限集合**といいます．

また，

$$M \simeq \{1, 2, \cdots, n, \cdots\} \ (= \boldsymbol{N})$$

のとき，M は**可算集合**であるといい，M の濃度は $\aleph_0$ であるといいます．

＊）$\aleph$ はアレフとよみます．ヘブライ文字の A にあたります．

M が有限集合か，可算集合のとき，M は**高々可算集合**であるといいます．

$0 < x \leqq 1$ をみたす実数 x 全体のつくる集合の濃度を**連続体の濃度**といい，$\aleph$ で表わします．

例　偶数の集合 $M = \{2, 4, 6, \cdots, 2n, \cdots\}$ は，$2n$ を n に対応させることで $M \simeq$

N となります．したがって M は可算集合です．整数の集合 I は，対応

$$\begin{array}{lcccccccl} I=\{0, & 1, & -1, & 2, & -2, & 3, & -3, & \cdots\} \\ & \updownarrow & \updownarrow & \updownarrow & \updownarrow & \updownarrow & \updownarrow & \updownarrow & \\ \boldsymbol{N}=\{1, & 2, & 3, & 4, & 5, & 6, & 7, & \cdots\} \end{array}$$

により，可算集合です．

2. $M \sqcup N$ の濃度を $\mathfrak{m}+\mathfrak{n}$

$M \times N$ の濃度を $\mathfrak{m}\cdot\mathfrak{n}$ （または $\mathfrak{m}\mathfrak{n}$）

M^N の濃度を $\mathfrak{m}^{\mathfrak{n}}$

で表わします．

集合の演算規則（§1，要項 3, 7 参照）に対応して

$$\mathfrak{m}+\mathfrak{n}=\mathfrak{n}+\mathfrak{m}, \quad \mathfrak{l}+(\mathfrak{m}+\mathfrak{n})=(\mathfrak{l}+\mathfrak{m})+\mathfrak{n}$$

$$\mathfrak{m}\cdot\mathfrak{n}=\mathfrak{n}\cdot\mathfrak{m}, \quad \mathfrak{l}(\mathfrak{m}\mathfrak{n})=(\mathfrak{l}\mathfrak{m})\mathfrak{n}$$

$$\mathfrak{l}(\mathfrak{m}+\mathfrak{n})=\mathfrak{l}\mathfrak{m}+\mathfrak{l}\mathfrak{m}$$

$$\mathfrak{m}^{\mathfrak{l}+\mathfrak{n}}=\mathfrak{m}^{\mathfrak{l}}\cdot\mathfrak{m}^{\mathfrak{m}}, \quad (\mathfrak{m}^{\mathfrak{l}})^{\mathfrak{n}}=\mathfrak{m}^{\mathfrak{l}\mathfrak{n}}$$

が成り立ちます．

＊） これらの公式のうち，上3段は，数の足し算，かけ算についての交換法則，結合法則，分配法則に対応するものとなっています．濃度についても同様の法則が成り立つのです，4段目は，べきの規則が濃度についても成り立つことを示しています．

3. 集合 M から集合 N への単射写像が存在するとき $\mathfrak{m}\leqq\mathfrak{n}$ で表わします．$\mathfrak{m}\leqq\mathfrak{n}$ で $\mathfrak{m}\neq\mathfrak{n}$ のとき $\mathfrak{m}<\mathfrak{n}$ で表わして，N の濃度は M の濃度より高い，または大きいといいます．

定理 1． $\mathfrak{m}\leqq\mathfrak{n}$, $\mathfrak{n}\leqq\mathfrak{m} \Longrightarrow \mathfrak{m}=\mathfrak{n}$ （⇒ **例題 1 参照**）

定理 2． $2^{\mathfrak{m}}>\mathfrak{m}$ （⇒ **例題 2 参照**）

定理 3． $2^{\aleph_0}=\aleph$ （⇒ **例題 5 参照**）

定理1は，M から N への単射 f と，N から M への単射 g があれば，M から N への全単射があることをいっています．これは**カントル・ベンディクソンの定理**として引用されます．

定理2は，M の部分集合全体のつくる集合の濃度は，必ず M の濃度より高くなることをいっているのです．

定理3は，定理2とあわせると

$$\aleph_0 < \aleph$$

が成り立つことを示しています．これはカントルが最初に発見したのですが，この発見は無限は単なる有限の否定ではなくて，自然数の濃度 $\aleph_0$ と，実数の濃度 $\aleph$ を比べてみても，そこにはすでに‘無限の階層’が見出せることを示しています．

例題1　要項3の定理1を証明せよ．

解　M から N への単射写像を f, N から M への単射写像を g とする．

$$M_1 = g(N), \quad M_2 = g \circ f(M)$$

とおく．M_1, $M_2 \subset M$ で $N \supset f(M)$ だから $M_1 \supset M_2$, g は N から M_1 への全単射，$g \circ f$ は M から M_2 への全単射となる（図9参照）．したがって

$$N \simeq M_1, \quad M \simeq M_2, \qquad \text{また } M \supset M_1 \supset M_2$$

が成り立つ．

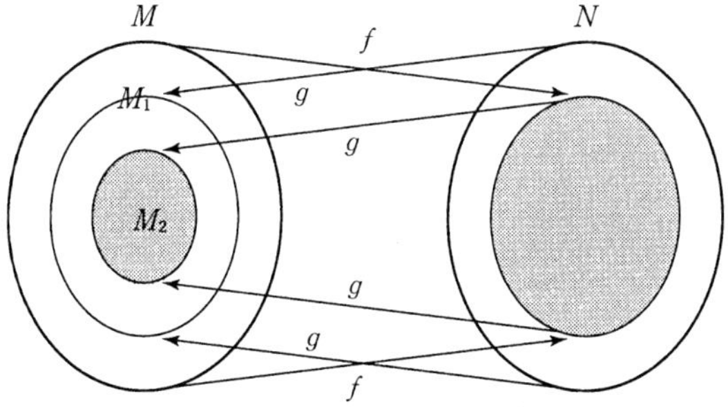

図9

$\varphi = g \circ f$ とおく．$M_2 = \varphi(M)$ で，$M \simeq M_2$ となる．さらに

$$M_3 = \varphi(M_1), \quad M_4 = \varphi(M_2), \quad \cdots, \quad M_{n+2} = \varphi(M_n), \cdots$$

とおくと，これらは M の部分集合で

$$M \supset M_1 \supset M_2 \supset \cdots \supset M_n \supset M_{n+1} \supset \cdots$$

で，φ は M_n から M_{n+2} $(n=1, 2, \cdots)$ への全単射となっているので

$$\varphi : M \simeq M_2 \simeq M_4 \simeq \cdots \simeq M_{2n} \simeq \cdots$$

$$\varphi : M_1 \simeq M_3 \simeq M_5 \simeq \cdots \simeq M_{2n+1} \simeq \cdots$$

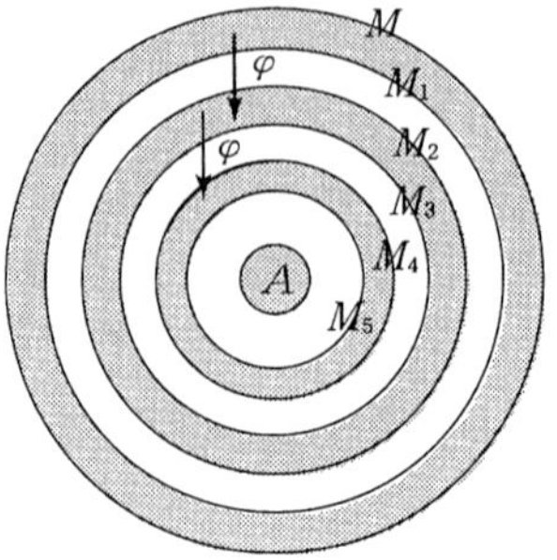

図 10

が成り立つ．$A=\bigcap_{n=1}^{\infty}M_n$ とおくと，M と M_1 は次のような部分集合の直和として表わされる．

$$M=(M-M_1)\sqcup(M_1-M_2)\sqcup\cdots\sqcup A$$
$$M_1=(M_1-M_2)\sqcup(M_2-M_3)\sqcup\cdots\sqcup A$$

(図 10) M から M_1 への写像 Ψ を

$$\Psi(x)=\begin{cases}\varphi(x), & x\in(M-M_1)\sqcup(M_2-M_3)\sqcup\cdots\sqcup(M_{2n}-M_{2n+1})\sqcup\cdots\\ x, & x\in(M_1-M_2)\sqcup(M_3-M_4)\sqcup\cdots\sqcup(M_{2n-1}-M_{2n})\sqcup\cdots\\ x, & x\in A\end{cases}$$

と定義すると，Ψ は M から M_1 への全単射を与えている．したがって $M\simeq M_1$，$M_1\simeq N$ だったから，これで $M\simeq N$ が証明された．

例題 2 要項 3 の定理 2 を証明せよ．

解 濃度 $2^{\mathfrak{m}}$ をもつ集合として，巾集合 $\{0,1\}^M$ をとることができるが，§1，例題 11 により，$\{0,1\}^M\cong\mathcal{P}(M)$ だから，実際は，M の部分集合の全体のつくる集合 $\mathcal{P}(M)$ の濃度は M より高いことを示せばよい．

$x\in M$ に対し，$\{x\}\in\mathcal{P}(M)$ を対応させる対応は，M から $\mathcal{P}(M)$ への単射を与えているから，$\overline{\overline{M}}\leqq\overline{\overline{\mathcal{P}(M)}}$ は明らかである．

したがって $\overline{\overline{M}}=\overline{\overline{\mathcal{P}(M)}}$ と仮定して矛盾の生ずることをみるとよい (背理法)．すなわち M から $\mathcal{P}(M)$ への全単射 φ が存在するとして矛盾の生ずることをみるとよい．そのとき

$$A=\{x|\ x\notin\varphi(x)\}$$

とおく (図 11 参照，右の図のような x 全体の集合が A)．

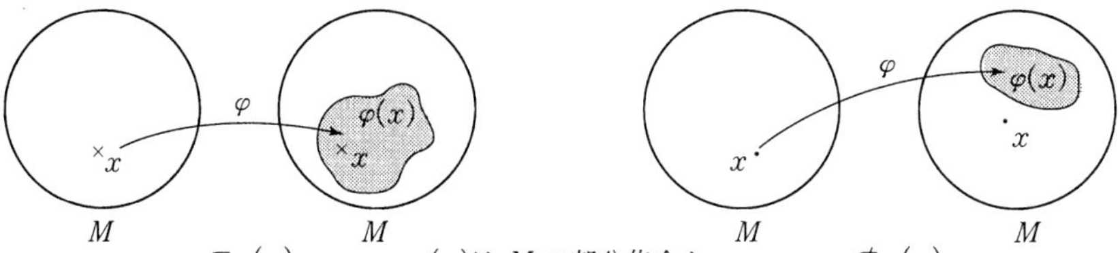

図11

$A\in\mathcal{P}(M)$ で，φ は全射と仮定したのだから，ある x_0 があって $\varphi(x_0)\in A$ が成り立つ．ここでもし $x_0\in A$ とすると，A の定義から $x_0\notin\varphi(x_0)=A$ となり矛盾．またもし $x_0\notin A$ とすると，ふたたび A の定義から $x_0\in\varphi(x_0)=A$ となり，やはり矛盾．いずれの場合にも矛盾が生じたから，M から $\mathcal{P}(M)$ への全単射写像は存在しない．

例題3　i）$\aleph_0{}^2=\aleph_0$

ii）$n\in\boldsymbol{N}$ に対し $\aleph_0{}^n=\aleph_0$

iii）$n\in\boldsymbol{N}$ に対し $n\aleph_0=\aleph_0$．すなわち $\overbrace{\aleph_0+\cdots+\aleph_0}^{n}=\aleph_0$

iv）有理数の集合 $\boldsymbol{Q}$ の濃度は $\aleph_0$

解　i）$\aleph_0{}^2$ は $\boldsymbol{N}\times\boldsymbol{N}=\{(m,n)\mid m,n\in\boldsymbol{N}\}$ の濃度である．(m,n) を座標平面上の第1象限の格子点と表わすと，図12のように斜線の方向に，順次番号をつけていくことにより，$\boldsymbol{N}\times\boldsymbol{N}$ と $\boldsymbol{N}$ との1対1対応が得られる．

ii）$\aleph_0{}^3=\aleph_0{}^2\aleph_0=\aleph_0{}^2=\aleph_0$.

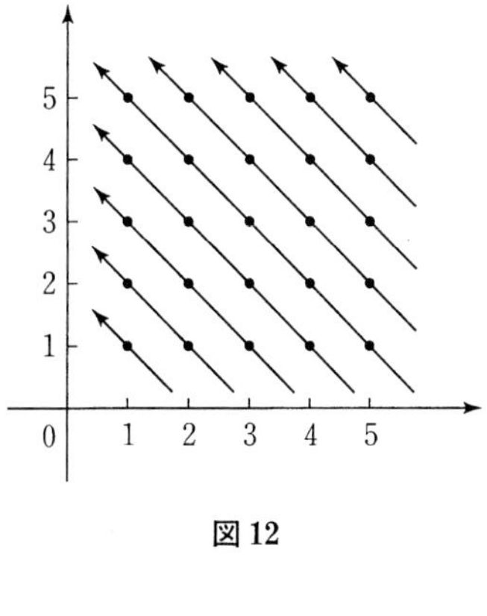

図12

以下帰納的に考えて $\aleph_0{}^n=\aleph_0{}^{n-1}\cdot\aleph_0=\aleph_0\aleph_0=\aleph_0{}^2=\aleph_0$.

iii)　直接にもいえるが，i)の結果と

$$\aleph_0\leqq n\aleph_0\leqq\aleph_0{}^2=\aleph_0$$

に定理1を適用してもわかる.

iv)　正の有理数全体の集合を M とする. $\boldsymbol{N}\subset M$ であり，一方 M の元は既約分数の形でただ1通りに m/n と表わせるから，$m/n\to(m,n)$ という対応を考えることによって $\overline{\overline{M}}\leqq\overline{\overline{\boldsymbol{N}\times\boldsymbol{N}}}$.

これから $\aleph_0\leqq\overline{\overline{M}}\leqq\aleph_0{}^2=\aleph_0$. したがって $\overline{\overline{M}}=\aleph_0$ が得られた. 有理数全体の集合 $\boldsymbol{Q}$ は，M と負の有理数の集合と $\{0\}$ からなる. したがってiii)から有理数の集合 $\boldsymbol{Q}$ の濃度は $\aleph_0$ である.

例題4　$\mathfrak{m}$ を無限濃度とすると

$$\mathfrak{m}+n=\mathfrak{m}+\aleph_0=\mathfrak{m}$$

が成り立つ. ただし $n\in\boldsymbol{N}$.

解　定理1から $\mathfrak{m}+\aleph_0=\mathfrak{m}$ だけ示しておけば十分である. M は濃度 $\mathfrak{m}$ をもつ集合とする. M は無限集合だから可算部分集合 A を含んでいる*). このとき

$$M=(M-A)\sqcup A,\quad M\sqcup A=(M-A)\sqcup A\sqcup A$$

したがって

$$\mathfrak{m}=\overline{\overline{M-A}}+\aleph_0$$

$$\mathfrak{m}+\aleph_0=\overline{\overline{M-A}}+\aleph_0+\aleph_0=\overline{\overline{M-A}}+2\aleph_0=\overline{\overline{M-A}}+\aleph_0$$

これから $\mathfrak{m}=\mathfrak{m}+\aleph_0$ が成り立つ.

*)　この証明には，厳密にはツォルンの補題(→§5)がいる. 直観的には，M から順次‘適当に’ $a_1, a_2, \cdots$ と可算個の元を取り出せばよいのだが，無限の彼方までどうやって‘適当に’取っていくかは明確に述べられないだろう. そこに無限集合の見えない部分があるといってよいかもしれない.

例題5　要項3の定理3を証明せよ.

解　$\{0,1\}^{\boldsymbol{N}}=\mathrm{Map}(\boldsymbol{N},\{0,1\})$ の濃度が $2^{\aleph_0}$ だから，$\mathrm{Map}(\boldsymbol{N},\{0,1\})$ から，実数の区間 $(0,1]$ (以下 I とする) に含まれる実数の集合への全単射があることを示せばよい. $\varphi\in\mathrm{Map}(\boldsymbol{N},\{0,1\})$ に対し，$a_n=\varphi(n)$ とおき

$$a_\varphi = 0.a_1a_2a_3\cdots$$

を考える．a_φ は区間 I に含まれる実数の2進小数展開を表わしている．

たとえば $\varphi(1)=1, \varphi(2)=0, \varphi(3)=1, \varphi(4)=0, \cdots$ ならば $a_\varphi = 0.101010\cdots$．

φ に a_φ を対応させる対応は，明らかに $\mathrm{Map}(\boldsymbol{N}, I)$ から区間 I への全射となっている．しかし，この写像は単射ではない．実際たとえば

$$0.01100\cdots = 0.001111\cdots$$

のように，'有限2進小数' として表わされる実数は，'無限2進小数' としても表わされ，2通りのかき方がある．このことは $\varphi \neq \psi$ でも一般には $a_\varphi \neq a_\psi$ とはいえないことを示している．

しかし I に含まれる有限2進小数全体の集合を A とすると A の濃度は $\aleph_0$ である．また $\mathrm{Map}(\boldsymbol{N}, \{0, 1\})$ から $I \sqcup A$ への全単射を次のようにつくることができる．

$a_n = \varphi(n)$ で，0でない a_n が無限にでるときは，φ に $a_\varphi \in I$ を対応させ，$a_n = \varphi(n)$ があるところから0になるような φ に対しては，φ に $a_\varphi \in A$ を対応させる．

この全単射により $\mathrm{Map}(\boldsymbol{N}, \{0, 1\})$ と $I \sqcup A$ は対等になり，$2^{\aleph_0} = \aleph + \aleph_0$ が成り立つ．例題4により，これから $2^{\aleph_0} = \aleph$ が証明された．

例題6　次の集合の濃度は $\aleph$ であることを示せ．

i）　実数の集合 $\boldsymbol{R}$

ii）　無理数の集合

iii）　$\boldsymbol{R}^n = \overbrace{\boldsymbol{R} \times \boldsymbol{R} \times \cdots \times \boldsymbol{R}}^{n\text{個}}$　（n 次元ベクトル空間）

iv）　$\boldsymbol{R}^\infty = \boldsymbol{R} \times \boldsymbol{R} \times \cdots \times \boldsymbol{R} \times \cdots$　（(可算) 無限次元ベクトル空間）

v）　$\boldsymbol{R}$ から $\boldsymbol{R}$ への連続関数全体のつくる集合 $C(\boldsymbol{R})$

＊）　iv) の $\boldsymbol{R}^\infty$ の元は

$$(x_1, x_2, x_3, \cdots, x_n, \cdots)$$

と表わされ，したがって $\boldsymbol{R}^n$ は数列全体のつくる集合と考えることもできる．

解　i）　実数 $\boldsymbol{R}$ は，区間の直和として $\boldsymbol{R} = \bigsqcup_{n=-\infty}^{\infty} [n, n+1)$ と表わされる．したがって $\boldsymbol{R}$ の濃度は $\aleph_0 \cdot \aleph$ に等しい．一方，

$$\aleph \leqq \aleph_0 \cdot \aleph \leqq \aleph \cdot \aleph = \aleph^2 = (2^{\aleph_0})^2$$
$$= 2^{2\aleph_0} = 2^{\aleph_0} = \aleph$$

したがって例題1から，$\aleph_0\aleph=\aleph$.

ii）無理数の集合を A，有理数の集合を $\boldsymbol{Q}$ とすれば，$A\sqcup\boldsymbol{Q}=\boldsymbol{R}$. 例題3，iii)から $\overline{\overline{\boldsymbol{Q}}}=\aleph_0$. したがって例題4から $\overline{\overline{A}}$ は $\boldsymbol{R}$ の濃度に等しい.

iii）$\boldsymbol{R}^n$ の濃度は定義から $\aleph^n$ に等しい．一方，$\aleph\leqq\aleph^n=(2^{\aleph_0})^n=2^{n\aleph_0}=2^{\aleph_0}$ (例題3，iii)を参照). したがって $\aleph^n=\aleph$.

iv）$\boldsymbol{R}^\infty$ の濃度は定義から $\aleph^{\aleph_0}$ に等しい．一方，$\aleph\leqq\aleph^{\aleph_0}=(2^{\aleph_0})^{\aleph_0}=2^{\aleph_0^2}=2^{\aleph_0}=\aleph$ (例題3，i)を参照). したがって $\aleph^{\aleph_0}=\aleph$.

v）$a\in\boldsymbol{R}$ に対し，定数関数 $f_a(x)\equiv a$ を対応させる対応は，$\boldsymbol{R}$ から $C(\boldsymbol{R})$ への単射写像となっている．したがって $\aleph\leqq\overline{\overline{C(R)}}$.

次に $\overline{\overline{C(R)}}\leqq\aleph$ を示す．例題3，iv)から有理数の集合 $\boldsymbol{Q}$ は可算であり，したがって有理数全体を

$$\boldsymbol{Q}=\{r_1, r_2, \cdots, r_n, \cdots\}$$

と並べることができる．$f\in C(\boldsymbol{R})$ に対し，各有理数 r_n でとる値に注目して，これらの値を並べると

$$a_f=(f(r_1), f(r_2), \cdots, f(r_n), \cdots)$$

は，$\boldsymbol{R}^\infty$ の元を表わしている．

$f, g\in C(\boldsymbol{R})$ に対して，$f\neq g\Leftrightarrow a_f\neq a_g$ が成り立つ．実際，f, g の連続性と，有理数が実数の中で稠密のことから，$f(x)$ と $g(x)$ のとる値は，x が有理数のときとる値で完全に決まってしまう．このことは対応

$$f\longrightarrow a_f$$

は，$C(\boldsymbol{R})$ から $\boldsymbol{R}^\infty$ への単射であることを示している．したがって $\overline{\overline{C(R)}}\leqq\overline{\overline{R^\infty}}=\aleph$.

前の結果とあわせると，定理1から $\overline{\overline{C(R)}}=\aleph$ となる．

例題7　実数から実数への写像全体の濃度は $2^\aleph$ に等しいことを示せ．

*）実数から実数への写像全体は，いい方をかえると実数の上で定義された連続関数および不連続関数全体のつくる集合のことである．

解　Map$(\boldsymbol{R}, \boldsymbol{R})$ の濃度は $\aleph^\aleph$ であるが(§1，要項7参照)，$\aleph^\aleph=(2^{\aleph_0})^\aleph=2^{\aleph_0\aleph}=2^\aleph$ である．

例題8 実数の中の，濃度 $\aleph$ をもつ部分集合全体のつくる集合族 Σ_1 の濃度を求めよ．

解 $\Sigma_1 \subset \mathcal{P}(\boldsymbol{R})$ だから，$\overline{\overline{\Sigma_1}} \leqq 2^{\aleph}$ (§1，例題1参照)．いま $\boldsymbol{R}^+ = \{x \mid x \in \boldsymbol{R}, x > 0\}$ とおく．明らかに $\boldsymbol{R} \simeq \boldsymbol{R}^+$，したがってまた $\mathcal{P}(\boldsymbol{R}) \cong \mathcal{P}(\boldsymbol{R}^+)$．これから，$\mathcal{P}(\boldsymbol{R}^+) = 2^{\aleph}$．$A \in \mathcal{P}(\boldsymbol{R}^+)$ に対して

$$(-1, 0) \cup A \in \mathcal{P}(\boldsymbol{R})$$

を対応させると，$(-1, 0) \cup A \in \Sigma_1$ だから，この対応は $\mathcal{P}(\boldsymbol{R}^+)$ から Σ_1 への単射となる．したがって

$$2^{\aleph} = \overline{\overline{\mathcal{P}(\boldsymbol{R}^+)}} \leqq \overline{\overline{\Sigma_1}}$$

前のこととあわせて，$\overline{\overline{\Sigma_1}} = 2^{\aleph}$．

＊) 実数の中の，可算部分集合全体のつくる集合の濃度は $\aleph$ である (⇒ 集合論の広がり設問21)．

§3. 同値関係

● 要　項 ●

1. 集合 M が与えられたとします．M の2元の間の関係～が与えられて

i）$x \sim x$　　　　　（反射律）

ii）$x \sim y \Longrightarrow y \sim x$　　　（対称律）

iii）$x \sim y,\ y \sim z \Longrightarrow x \sim z$（推移律）

が成り立つとき，M に1つの**同値関係**が与えられたといいます．そして $x \sim y$ のとき，x と y は**同値**であるといいます（同値関係は，場合に応じて $\sim, \approx, \simeq, \equiv, =$ などいろいろな記号を用いて表わします）．

2. M に同値関係が与えられたとき，$S_x = \{y \mid x \sim y\}$ とおくと，S_x は M の部分集合になります．したがって S_x は $\mathcal{P}(M)$ の1つの元と考えられます：$S_x \in \mathcal{P}(M)$．S_x を x を含む**同値類**といいます．また S_x から1つの元 a を選び出したとき，a を S_x の代表元といいます．

S_x と S_y に共通元があったとし，$S_x \cap S_y \ni z$ とします．$S_x \ni a$ に対して $x \sim z$, $x \sim a$ から ii）と iii）を使うと $a \sim z$．同様に $S_y \ni b$ に対して $b \sim z$．ii）から $z \sim b$ だから．iii）により $a \sim z,\ z \sim b \Rightarrow a \sim b$．すなわち S_x と S_y に共通元があれば $S_x = S_y$ となることがわかります．

このことから2つの同値類は一致するか，あるいは共通元をもたないか，どちらかとなります．したがって M は異なる同値類の直和集合として

$$M = \bigsqcup S_x$$

と表わされます．

3. M に1つの同値関係が与えられたとき，各同値類 S_α は $\mathcal{P}(M)$ の元ですから $S_\alpha \in \mathcal{P}(M)$ の全体は，$\mathcal{P}(M)$ の部分集合をつくります．この $\mathcal{P}(M)$ の部分集合を，M の（同値関係～による）**商集合**といって $M/\sim$ で表わします．

$$M/\sim = \{S_\gamma \mid \gamma \in \Gamma\}$$

ただし $\gamma \neq \gamma'$ ならば，$S_\gamma \neq S_{\gamma'}$．$S_\gamma$ は，いわば同値なものをひとまとめにして得

られた部分集合で，$M/\sim$ は，それらをそれぞれ1つの元とみたものの全体です．

＊）たとえばある町に住んでいる人の集合を M とし，同じ家族に属しているという関係を同値関係と考えることにします．そうすると同値類はそれぞれの家族となり，商集合 $M/\sim$ は，この町の家族の集合となります．

4. 逆に，M の部分集合族 $\{S_\gamma | \gamma \in \Gamma\}$ があって，$S_\gamma \neq \phi$，また

$$\gamma \neq \gamma' \implies S_\gamma \cap S_{\gamma'} = \phi, \quad M = \bigsqcup_{\gamma \in \Gamma} S_\gamma$$

をみたすとします．$x, y \in S_\gamma$ のときに限って $x \sim y$ と定義することにより，同値関係 $\sim$ を M に導入することができます．この同値関係による商集合は，ちょうど $\{S_\gamma | \gamma \in \Gamma\}(\subset \mathcal{P}(M))$ と一致します．

5. M の元 x に対して，x を含む同値類 S_γ を対応させる対応は，M から商集合 $M/\sim$ への全射となります．この全射 π を**標準的な射影**といいます．

6. $M/\sim$ から M への写像 φ で

$$\pi \circ \varphi(z) = z$$

のとき，$\mathrm{Im}\,\varphi\,(\subset M)$ を**代表元の完全系**，各同値類 z に対し $\varphi(z)$ を z の**代表元**といいます(図13)．

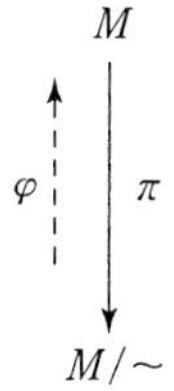

図13

このような φ が存在することは，一般の無限集合 M に対しては，ツォルンの補題によって保証されます(⇒§5参照)．

＊）要項3に補足として述べた，ある町に住む人を，同一家族に属する人は同値であるとみたときには，各家族からたとえば一番年齢の高い人を代表者として選べば，それが代表元ということになります．

7. 集合 M から集合 N への全射 $\tilde{\pi}$ が与えられたとします．このとき $\tilde{\pi}(x)=\tilde{\pi}(y)$ のとき x と y は同値であると定義して，M に同値関係 $x\sim y$ を導入することができます．この同値関係による商集合 $M/\sim$ は，同値類 S_x に N の元 $\tilde{\pi}(x)$ を対応させることにより，N と対等になります．すなわち

$$M/\sim\,\simeq N$$

が成り立ちます．さらにこの対等な関係で，M から N への全射 $\tilde{\pi}$ と，M から $M/\sim$ への標準的な射影 π とは同一視することができます（図 14）．

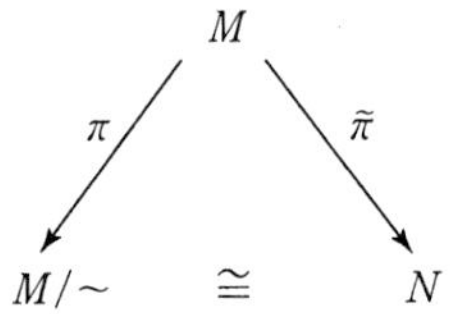

図 14

例題 1 $\boldsymbol{R}^3=\boldsymbol{R}\times\boldsymbol{R}\times\boldsymbol{R}$ の 2 元 (x_1, x_2, x_3), (y_1, y_2, y_3) の間に，次のような 3 通りの関係を導入する．この中で同値関係となっているものを求めよ．

また同値関係となっているものに対しては，商集合はどのような集合と同一視されるかを考えよ．

i）$(x_1, x_2, x_3)\sim(y_1, y_2, y_3) \iff x_1=y_1,\ x_2=y_2$ として定義する．

ii）$(x_1, x_2, x_3)\sim(y_1, y_2, y_3) \iff x_1y_1\geqq 0,\ x_2y_2\geqq 0,\ x_3y_3\geqq 0$ として定義する．

iii）$(x_1, x_2, x_3)\sim(y_1, y_2, y_3) \iff y_1=x_1+k_1,\ y_2=x_2+k_2,\ y_3=x_3+k_3$ （＊）

として定義する．ただし k_1, k_2, k_3 は適当な整数．

解 i）同値関係となることは，すぐに確かめられる．この同値関係によって $x=(x_1, x_2, x_3)$ を含む同値類を $\boldsymbol{x}$ と表わすことにする．そのとき $y=(y_1, y_2, y_3)$ に対して

$$\boldsymbol{x}=\boldsymbol{y} \iff x\sim y \iff x_1=y_1,\ x_2=y_2$$

したがって $\boldsymbol{x}\to(x_1, x_2)$ によって定められる対応 φ は，商集合 $\boldsymbol{R}^3/\sim$ から $\boldsymbol{R}^2=\boldsymbol{R}\times\boldsymbol{R}$ への単射となる．一方，$(x_1, x_2)\in\boldsymbol{R}^2$ に対して，$x=(x_1, x_2, x_3)$（x_3 は任意）とおけば $\boldsymbol{x}\xrightarrow{\varphi}(x_1, x_2)$ となる．したがって φ は $\boldsymbol{R}^3/\sim$ から $\boldsymbol{R}^2$ へ

の全射にもなっている．これから $\boldsymbol{R}^3/\sim \overset{\mathcal{L}}{=} \boldsymbol{R}^2$ となることがわかる．

ii）同値関係ではない．実際

$$(-1,1,1)\sim(0,1,1),\quad (0,1,1)\sim(1,1,1)$$

であるが，

$$(-1,1,1)\not\sim(1,1,1)\qquad (\text{同値でない})$$

となり，要項1の同値関係 iii) の推移律が成り立たないからである．

iii）$x=(x_1,x_2,x_3)$, $y=(y_1,y_2,y_3)$ とおく．

$x\sim x$ である：(＊) で $k_1=k_2=k_3=0$ とおくとよい．

$x\sim y\Rightarrow y\sim x$ である：$y_1=x_1+k_1$, $y_2=x_2+k_2$, $y_3=x_3+k_3$ とすると，$x_i=y_i-k_i\,(i=1,2,3)$ となる．

$x\sim y$, $y\sim z\Rightarrow x\sim z$ である：$y_i=x_i+k_i$, $z_i=y_i+k_i'\,(i=1,2,3)$ とすれば，$z_i=x_i+(k_i+k_i')\,(i=1,2,3)$.

したがって～は同値関係を与えている．

この同値関係による x を含む同値類を $[x]$ とおく．このとき

$$[x]=[y]\iff(x_1-[x_1],x_2-[x_2],x_3-[x_3])=(y_1-[y_1],y_2-[y_2],y_3-[y_3])$$

となる（ここで $[x_i]$ は x_i のガウス記号とよばれるもので，$[x_i]$ を越えない最大の整数を表わしている）．$x_i=(x_i-[x_i])+[x_i]$, $y_i=(y_i-[y_i])+[y_i]$ に注意し，さらに $0\leqq x_i-[x_i]<1$, $0\leqq y_i-[y_i]<1$ に用いると，⇔が成り立つことがわかる．要するに同値類の中では，整数だけの移動は可能で，したがって x_1,x_2,x_3 を $0\leqq x_i<1$ をみたすように選ぶことができるのである．そして同値類の中で $0\leqq x_i<1$ をみたすものはただ1つしか含まれていない．

したがって，x に対して $(x_1-[x_1],x_2-[x_2],x_3-[x_3])$ を対応させる対応は，商集合 $\boldsymbol{R}^3/\sim$ から $[0,1)\times[0,1)\times[0,1)$ への写像

$$\varphi:[x]\longrightarrow(x_1-[x_1],x_2-[x_2],x_3-[x_3])\in[0,1)\times[0,1)\times[0,1)$$

を導く，φ は単射となっている．これから

$$\boldsymbol{R}^3/\sim\overset{\mathcal{L}}{=}[0,1)\times[0,1)\times[0,1)$$

が得られた．

例題2　整数全体の集合を $\boldsymbol{Z}$ とする．q を1より大きい自然数とする．$a,b\in\boldsymbol{Z}$ に対し，$a-b$ が q の倍数のとき $a\equiv b$ とおく．

i）この関係 $\equiv$ が，$\boldsymbol{Z}$ に同値関係を与えていることを示せ．

ii） $a\equiv b$, $c\equiv d$ ならば

$$a+c\equiv b+d,\quad ac\equiv bd$$

のことを示せ．

iii） この同値関係による商集合は，$\{0, 1, 2, \cdots, q-1\}$ という集合と同一視できることを示せ．

解 i） $a\equiv a$ のことは，$a-a=0\cdot q$ から．

$a\equiv b\Rightarrow b\equiv a$ のことは，$a-b=nq$ ならば $b-a=-nq$ から．

$a\equiv b$, $b\equiv c\Rightarrow a\equiv c$ のことは，$a-b=mq$, $b-c=nq$ ならば $a-c=(a-b)+(b-c)=(m+n)q$ から．

ii） $a-b=m\cdot q$, $c-d=n\cdot q$ とする．そのとき

$$(a+c)-(b+d)=(a-b)+(c-d)=(m+n)q$$

したがって $a+c\equiv b+d$ が成り立つ．また

$$ac-bd=ac-bc+bc-bd=(a-b)c+b(c-d)=(mc+mb)q$$

したがって $ac\equiv bd$ が成り立つ．

iii） $a, b\in \boldsymbol{Z}$ に対し，$a=mq+r$, $b=nq+r'$ $(0\leqq r, r'<q)$ とおく．このとき

$$a\equiv b \iff r=r'$$

が成り立つ．実際，$a\equiv r$, $b\equiv r'$ のことに注意すると $r\equiv r'$ であるが $0\leqq r, r'<q$ により，$r-r'=0\cdot q$，すなわち $r=r'$ となる．

したがって a に r を対応させる対応は，同型対応

$$\boldsymbol{Z}/\equiv\ \simeq \{0, 1, 2, \cdots, q-1\}$$

を与えている．

例題3 集合 M に対し，$L=\mathrm{Map}(M, \boldsymbol{R})$ とおく．M の部分集合 A に対して，L の2元の間の関係 $\sim_A$ を

$$f\sim_A g \iff x\in A \text{ のとき } f(x)=g(x)$$

により定義する．このとき次のことを示せ．

i） $\sim_A$ は同値関係である．

ii） $A\supset B$ とすると

$$f\sim_A g \implies f\sim_B g$$

iii） $A\not\subset B$ とすると，ある $f, g\in L$ があって

$f \sim_B g$ であるが，f と g は $\sim_A$ について同値でない．

iv）$f \sim_{A \cup B} g \iff f \sim_A g,\ f \sim_B g$

v）$f = g \iff f \sim_A g,\ f \sim_{A^c} g$

vi）とくに $A = \{x_1, x_2, \cdots, x_n\}$ のとき，対応 $f \to (f(x_1), f(x_2), \cdots, f(x_n))$ を考えることにより，標準的な同型対応

$$L/\sim_A \simeq \boldsymbol{R}^n$$

が存在することを示せ．

解　i）この証明は明らか．

ii）$A \supset B$ とする．定義から $f \sim_A g$ は，$x \in A$ のとき $f(x) = g(x)$．したがって当然 $x \in B$ のとき $f(x) = g(x)$，すなわち $f \sim_B g$．

iii）$A \not\subset B$ とする．$x_0 \in A$, $x_0 \notin B$ となる元 x_0 を1つとる（図15）．そして

$$f(x) = \begin{cases} 1, & x \in B \\ 0, & x \notin B \end{cases} \qquad g(x) = \begin{cases} 1, & x \in B \cup \{x_0\} \\ 0, & x \notin B \cup \{x_0\} \end{cases}$$

とおく．$x \in B$ ならば $f(x) = g(x) = 1$ だから，$f \sim_B g$．一方，$f(x_0) \neq g(x_0)$．$x_0 \in A$ だから f と g は $\sim_A$ について同値でない．

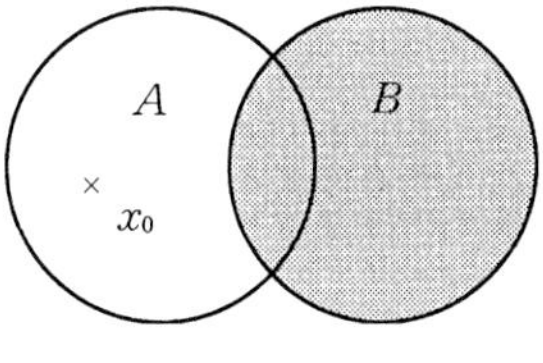

図15

iv）$A \cup B \supset A, B$ から ii）により $\Rightarrow$ は成り立つ．
$\Leftarrow$ が成り立つこと：いま $f \sim_A g$, $f \sim_B g$ とする．このとき $x \in A$ ならば $f(x) = g(x)$；$x \in B$ ならば $f(x) = g(x)$．したがって $x \in A \cup B$ のとき $f(x) = g(x)$．これから $f \sim_{A \cup B} g$ が成り立つ．

v）iv）から $f \sim_A g$ と $f \sim_{A^c} g$ が成り立つことは $f \sim_{A \cup A^c} g$，すなわち $f \sim_M g$ に同値である．一方 $f \sim_M g$ は，$x \in M$ に対して $f(x) = g(x)$ だから，L の元として $f = g$ が成り立つことと同値である．

vi）$A = \{x_1, \cdots, x_n\}$ とし，同値関係 $\sim_A$ による f を含む同値類を $[f]_A$ と

おく．そのとき定義から

$$[f]_A=[g]_A \iff (f(x_1),\cdots,f(x_n))=(g(x_1),\cdots,g(x_n))$$

が成り立つ．したがって $[f]_A$ に対して $(f(x_1),\cdots,f(x_n))$ を対応させる対応は，$L/\sim_A$ から $\boldsymbol{R}^n=\boldsymbol{R}\times\cdots\times\boldsymbol{R}$ への単射写像 φ を与える．φ が全射写像であることは，$(\alpha_1,\alpha_2,\cdots,\alpha_n)\in\boldsymbol{R}^n$ に対して，$f(x_i)=\alpha_i\ (i=1,2,\cdots,n)$ とおくと，$f\in L$ であって，$\varphi([f]_A)=(\alpha_1,\alpha_2,\cdots,\alpha_n)$ となることからわかる．したがって φ により，同型対応

$$L/\sim_A\simeq\boldsymbol{R}^n$$

が得られた．

例題4 実数上で定義された微分可能な関数の集合を $\mathscr{F}$ とする．$\mathscr{F}$ の2元 f と g の間の関係 $\sim$ と $\approx$ を

$$f\sim g \iff f'(x)=g'(x)$$

$$f\approx g \iff f''(x)=g''(x)$$

として定義する．

i） $\sim$ と $\approx$ は，$\mathscr{F}$ に同値関係を与えることを示せ．

ii） $f\sim g \iff$ ある定義 C_0 があって $f(x)=g(x)+C_0$

iii） $f\sim g \iff$ ある定数 C_0, C_1 があって $f(x)=g(x)+C_0+C_1x$

解 i） 明らか．

ii） $f\sim g \iff f'(x)=g'(x) \iff f'(x)-g'(x)=0 \iff (f(x)-g(x))'=0$

$\iff f(x)-g(x)=C_0$ （C_0 は定数）

$\iff f(x)=g(x)+C_0$

iii） $f\approx g \iff f''(x)=g''(x) \iff (f(x)-g(x))''=0$

$\iff f(x)-g(x)=C_0+C_1x$ （C_0, C_1 は定数）

$\iff f(x)=g(x)+C_0+C_1x$

*） 同値関係 $\approx$ では，$\mathscr{F}$ に属する関数は2回微分な関数としている．もし $\mathscr{F}$ に属する関数は n 回微分可能な関数とすれば，

$$f\sim_{(n)}g \iff f^{(n)}(x)=g^{(n)}(x)$$

として同値関係を定義することができる．このとき

$$f\sim_{(n)}g \iff f(x)=g(x)+C_0+C_1x+\cdots+C_{n-1}x^{n-1}$$

$$(C_0, C_1, \cdots, C_{n-1} \text{ は定数})$$

§4.　順序集合と整列集合

● 要　項 ●

1.　集合 M に，2元の間の関係 $\leqq$ が与えられていて

$$x \leqq x$$

$$x \leqq y,\quad y \leqq x \implies x = y$$

$$x \leqq y,\quad y \leqq z \implies x \leqq z$$

が成り立つとき，関係 $\leqq$ を**順序**といい，順序の与えられた集合を**順序集合**といいます．順序集合の元 x, y で $x \neq y$, $x \leqq y$ のときには $x < y$ と表わします（このとき x は y より小さい，y は x より大きいといいます）．

順序集合 M がさらに条件

‘どんな $x, y \in M$ をとっても，$x = y$ か，$x < y$ か，$y < x$ のいずれかが成り立つ’をみたすとき，M を**全順序集合**といいます．

例 1.　自然数の集合は，ふつうの大小関係で全順序集合となります．

例 2.　集合 M に対し，$\mathcal{P}(M)$ は，$A \subset B$ のとき $A \leqq B$ と定義することにより順序集合となります．M が2元以上含めば全順序集合にはなりません（図16参照）．

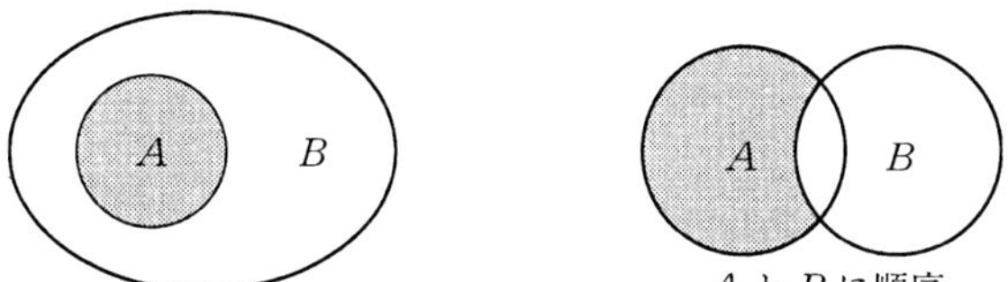

図 16

例 3.　アルファベット $\{a, b, c, \cdots, x, y, z\}$ は26個の元からなる集合で，語順

$$a < b < c < \cdots < x < y < z$$

によって全順序集合となっています．この順序によって‘単語の集合’に順序が入り，それによって単語の集合は全順序集合となります．実際，私たちが辞書を引

いて単語を見つけることができるのはこの順序によっています．たとえば doctor, boots, dog, book は

$$\text{book}<\text{boots}<\text{doctor}<\text{dog}$$

の順に並びます．この順序は，まず1番目にあるアルファベットの大小関係をくらべ，1番目が等しいときには2番目のアルファベットの大小関係をくらべるようにして与えられています．このような順序のつけ方を辞書式順序といいます．

*）実数の集合 $\boldsymbol{R}$ は，ふつうの大小関係で全順序集合となります．この順序によって座標平面上の点全体のつくる集合 $\boldsymbol{R}^2$ も，辞書的順序によって全順序集合となります．すなわち $\boldsymbol{R}^2$ に順序を「$(x_1, y_2)<(x_2, y_2) \Leftrightarrow x_1<x_2$ か，$x_1=x_2$，$y_1<y_2$」で定義するのです．

2.　順序集合 M が与えられたとき，M の部分集合 N は，M の元の順序関係を N の元だけに限って考えることにより，また順序集合となります．N を**部分順序集合**といいます．

L, M を順序集合とします．L から M への写像 φ が，$x \leqq y \Rightarrow \varphi(x) \leqq \varphi(y)$ をみたすとき，φ は(順序集合として)**準同型写像**，または**順序を保つ写像**といいます．L から M への全単射 φ があって，φ および φ^{-1} が順序を保つとき，φ は(順序集合として)**同型対応**であるといって，L と M は**同型な順序集合**であるといいます．記号で $L \simeq M$ と表わします．

3.　M を順序集合とし，S をその部分集合とします．S のすべての元 x に対して，$x \leqq a$ となるような M の元 a を，S の**上界**といいます．S の上界で S の元となっているものを，S の**最大元**といいます．S の元 a で，$a<x$ となるような S の元 x が存在しないとき，a を S の**極大元**といいます．対応して，S の**下界**，**最小元**，**極小元**を定義することができます．

S の上界の集合に最小元があれば，それを S の**上端**といい，$\sup S$ で表わします．S の下界の集合に最大元があれば，それを S の**下端**といい，$\inf S$ で表わします．

例．　有限個の元からなる順序集合を表わすハーセの図式というものがあります(図17)．平面上の点として集合の元を表わします．そして $a<b$ のとき，a を下に，b を上においた点で示します．$a<b$ で，$a<x<b$ となる x が存在しないとき，a と b を線分で結ぶのです．

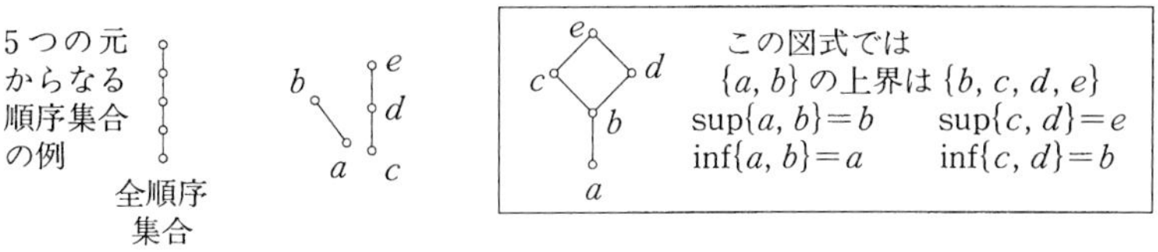

図 17

4. 全順序集合 M で，M のどんな空でない部分集合をとっても，(少なくとも) 1つの極小元をもつときに，M を**整列集合**といいます (全順序集合のときは，極小元は実はただ1つしかないことを注意しましょう).

例 1. 自然数の集合 $\{1, 2, \cdots, n, \cdots\}$ は，大小の順序で整列集合となります．しかし整数の集合 $\{\cdots, -2, -1, 0, 1, 2, \cdots\}$ は，たとえば $\{\cdots, -2, -1\}$ には極小元がないので整列集合ではありません．

例 2. 自然数の集合を2つ並べた $\{1, 2, \cdots, n, \cdots, 1, 2, \cdots, n, \cdots\}$ は，右へ進むほど大きくなるという順序で整列集合となります．

M が整列集合ならば，M のどんな部分順序集合をとってもまた整列集合となります．

整列集合に対しては，次の超限帰納法が成り立ちます．

[超限帰納法]　M を整列集合とします．M の元について次の条件をみたす性質 P が与えられているとします．

'$x \in M$ に対し，$y < x$ となるすべての y に対して性質 P が成り立てば，x でも P が成り立つ'

このとき M のすべての元に対し，性質 P が成り立つ (⇒ **例題 4 参照**).

*) 超限帰納法の，帰納法という言葉は，自然数に関する命題の証明によく使われる数学的帰納法を連想させます．実際，自然数の集合は，ふつうの大小関係で整列集合であり，この場合，超限帰納法は数学的帰納法となっています．ただしこのとき，$n=1$ のとき，$k<n$ となる k は空集合なので，上の文章で '$y<x$ となるすべての y に対して性質 P が成り立てば' に対応することは空になって，'$n=1$ の場合に P が成り立つ' と読むことになります．

5. M を整列集合とします．$a \in M$ に対して

$$M\langle a \rangle = \{x \mid x < a\}$$

とおいて，(M の) a による**切片**といいます．

定理　M, N を2つの整列集合とします．このとき次の3つの場合の，どれか1つ，かつただ1つの場合だけが成り立つ：

i）　ある $b_0 \in N$ をとると $M \simeq N\langle b_0 \rangle$

ii）　$M \simeq N$

iii）　ある $a_0 \in M$ をとると $M\langle a_0 \rangle \simeq N$　(⇒ **例題7参照**).

6.　2つの整列集合 M, N が(順序集合として)同型のとき，M, N は同じ**順序数**をもつといいます．自然数の大小の順序により得られる整列集合 $\{1, 2, \cdots, n\}$ は順序数 n をもつといいます．また自然数のつくる整列集合 $\{1, 2, \cdots, n, \cdots\}$ の順序数を ω と定義します(空集合 ϕ の順序数は0とする).

順序数 α, β に対して，順序数の和 $\alpha+\beta$，順序数の積を定義することができます (⇒ **例題8のあとの定義参照**).

例題1　順序集合 M の部分集合 S に最大元があれば，それは S のただ1つの極大元であることを示せ．

解　S の最大元を a とする．最大元の定義から，$a \in S$ で，S の元 x に対して $x \leqq a$ である．したがって $a < x$ となるような $x \in S$ は存在しないから，a は S の極大元である．

別の極大元 b があったとする．$b \in S$ から $b \leqq a$．一方，$b < x$ となる $x \in S$ は存在しないのだから，$b = a$.

例題2　M を集合，N を順序集合とする．このとき集合 $\mathrm{Map}(M, N)$ に次のように2元の関係 $\varphi \leqq \psi$ を定義する．

$$\varphi \leqq \psi \iff \text{すべての } x \in M \text{ に対して } \varphi(x) \leqq \psi(x)$$

このとき

i）　$\mathrm{Map}(M, N)$ は，この2元の間の関係 $\leqq$ で順序集合となることを示せ．

ii）　N が全順序集合のとき，$\mathrm{Map}(M, N)$ は全順序集合となるか．

解　i）　M の元 x を1つとめて考える．N が順序集合だから，N の元の間の関係として，$\varphi(x) \leqq \psi(x)$；$\varphi(x) \leqq \psi(x)$, $\psi(x) \leqq \varphi(x) \Rightarrow \varphi(x) = \psi(x)$；$\varphi(x) \leqq \psi(x)$, $\psi(x) \leqq \mu(x) \Rightarrow \varphi(x) \leqq \mu(x)$ が成り立つ．

このことがすべての x で成り立つのだから

$\varphi \leqq \varphi$；$\varphi \leqq \psi,\ \psi \leqq \varphi \Rightarrow \varphi = \psi$；$\varphi \leqq \psi,\ \psi \leqq \mu \Rightarrow \varphi \leqq \mu$ がいえて，したがって $\mathrm{Map}(M, N)$ は順序集合となる．

ii） M または N が1つの元からなるときは $\mathrm{Map}(M, N)$ は全順序集合となる．実際，$M = \{x_0\}$ のときには，$\varphi \in \mathrm{Map}(M, N)$ に対して $\varphi(x_0) \in N$ を対応させる対応は，順序集合として $\mathrm{Map}(M, N)$ と N との同型対応を与える．また，$N = \{y_0\}$ のときには，$\mathrm{Map}(M, N)$ はただ1つの元 $\varphi(x) = y_0$ しか含まれない．したがってこの2つの場合は，$\mathrm{Map}(M, N)$ は全順序集合である．

しかし，M, N ともに少なくとも2元を含めば，$\mathrm{Map}(M, N)$ は全順序集合にはならない．実際 x_1, x_2 を M の異なる2元とし，y_1, y_2 を N の異なる2元で $y_1 < y_2$ とするとき，

$$\varphi(x) = \begin{cases} y_1, & x = x_1 \text{ のとき} \\ y_2, & x \neq x_1 \text{ のとき} \end{cases}$$

$$\psi(x) = \begin{cases} y_2, & x = x_1 \text{ のとき} \\ y_1, & x \neq x_1 \text{ のとき} \end{cases}$$

と定義すると，$\varphi(x_1) < \psi(x_1)$ であるが $\varphi(x_2) > \psi(x_2)$ となり，$\varphi \leqq \psi$ も $\psi \leqq \varphi$ のいずれも成り立たない．したがって $\mathrm{Map}(M, N)$ は全順序集合ではない．

例題3　集合 M に2つの順序 $\leqq$ と $\leqq'$ が与えられていて，

$$x \leqq y \iff x \geqq' y$$

が成り立つとき，$\leqq$ と $\leqq'$ は互いに双対な順序であるという．集合 M に互いに双対な順序 $\leqq$ と $\leqq'$ が与えられ，順序集合 $(M, \leqq)$, $(M, \leqq')$ がともに整列集合になったとする．このとき M は有限集合であることを示せ．

解　M が無限集合であったとして矛盾の生ずることを示す．

整列集合 $(M, \leqq)$ を考える．整列集合の定義から $(M, \leqq)$ に極小元 a_1 が存在する．自然数 n が与えられたとき，次の性質をもつ M の部分集合 $\{a_1, a_2, \cdots, a_n\}$ がすでに選ばれたとする．

a）　$a_i < a_{i+1}$

b）　$x \notin \{a_1, a_2, \cdots, a_n\} \implies a_i < x \quad (i = 1, 2, \cdots, n)$

M は仮定により無限集合だから，$M - \{a_1, a_2, \cdots, a_n\} \neq \phi$．したがって整列集合 $(M, \leqq)$ において，$M - \{a_1, a_2, \cdots, a_n\}$ は極小元 a_{n+1} をもつ．$\{a_1, a_2, \cdots,$

$a_{n+1}\}$ は上の条件 a), b) をみたす M の部分集合となっている.

自然数 $1, 2, \cdots, n, \cdots$ に対して，順次このようにして，a), b) をみたす M の部分集合が得られるから，数学的帰納法によって，整列集合 $(M, \leqq)$ の中に，$S=\{a_1, a_2, \cdots, a_n, \cdots\}$ という部分集合で，$a_i<a_{i+1}$ をみたすものが存在することになる．S のどの元をとっても，それより大きい S の元が存在する．したがって S には極大元はない．

このことから S は，双対の順序 $\geqq'$ については，$a_1>'a_2>'\cdots>'a_n>'$ で，順序集合 $(M, \geqq')$ で考えると S には極小元はないことになる．このことは，$(M, \geqq')$ が整列集合であったということに矛盾する．したがって M は有限集合でなくてはならない．

例題 4 要項 4 に述べてある性質 P について超限帰納法を証明せよ．

解 M の元 x で性質 P をみたさないものが存在すると仮定して，矛盾が生ずることをみるとよい．性質 P をみたさない元 x の全体がつくる集合を S とする．仮定から $S\neq\phi$．したがって S に極小元 x_0 が存在する．$y<x_0$ となるような y に対しては性質 P は成り立っている．P についての仮定から x_0 でも P は成り立つ．$x_0\in S$ であったからこれは矛盾である．

例題 5 M を整列集合とする．

i) M から M の中への準同型な単射写像 φ があれば，すべての x に対して

$$x\leqq\varphi(x)$$

となる．

ii) M から M の上への同型写像 φ は，$\varphi(x)=x$ (恒等写像) に限る．

解 i) $S=\{x|\, x>\varphi(x)\}$ とおく．$S=\phi$ であることが示されればよい．$S\neq\phi$ と仮定してみる．そのとき S は極小元 x_0 をもつ．$x_0\in S$ により，$x_0>\varphi(x_0)$．φ は準同型写像だから，両辺に φ を適用して $\varphi(x_0)>\varphi(\varphi(x_0))$ となる．したがって $\varphi(x_0)\in S$ となって，x_0 が S の極小元であったことに矛盾する．したがって $S=\phi$ でなくてはならない．

ii) φ および φ^{-1} に対して i) の結果を用いると

$$x\leqq\varphi(x),\quad x\leqq\varphi^{-1}(x)$$

が得られる．2番目の式に φ を適用してみると $\varphi(x)\leqq x$．1番目の式と合わせて $\varphi(x)=x$ となる．これで証明された．

注意　上の例題 ii）から次のこともわかる．'M, N を同型な整列集合とすれば，この同型を与える同型対応はただ1つしか存在しない'　このことは，φ, ψ：$M\to N$ を2つの同型対応とすれば，$\psi^{-1}\circ\varphi$ は M から M への同型対応となり，$\psi^{-1}\circ\varphi(x)=x$，すなわち $\varphi(x)=\psi(x)$ となることに注意するとよい．

例題6　M を整列集合とする．このとき次のことを示せ．

i）　M の部分集合 S が

$$b\in S,\quad x<b \implies x\in S$$

という性質をもてば，

$S=M$ か，S はある $a\in M$ による切片 $M\langle a\rangle$ となる．

ii）　A を M の部分集合とする．このとき

$$S=\bigcup_{a\in A}M\langle a\rangle$$

とおくと，$S=M$ か，ある $a_0\in M$ があって $S=M\langle a_0\rangle$ となる．

iii）　$M\langle a\rangle$ と $M\langle b\rangle$ が順序集合として同型ならば $a=b$．

iv）　切片 $M\langle a\rangle$ は M と同型にならない．

解　i）　$S\neq M$ とする．このときは $S^c\,(\subset M)$ は空集合でないから，極小元 a をもつ．このとき

$$S=M\langle a\rangle$$

である．以下その証明：a が S^c の極小元のことから $S\supset M\langle a\rangle$ は明らかである．ここでもしも $S\supsetneqq M\langle a\rangle$ とすると，ある $x_0\in S$ で $x_0\geqq a$ となるものがある．S に関する仮定から $a\in S$ となり，これは矛盾である．

したがって $S=M$ か，$S=M\langle a\rangle$ となる．

ii）　$S=\bigcup_{a\in A}M\langle a\rangle$ は上の i）で述べた性質をもつ M の部分集合である．なぜなら，$b\in S$, $x<b$ とすると，ある $a\in A$ に対し $b\in M\langle a\rangle$，したがって $x\in M\langle a\rangle\subset S$，すなわち $x\in S$ となるからである．したがって i）から ii）が成り立つことがわかる．

iii）　順序集合として $M\langle a\rangle\simeq M\langle b\rangle$ とする．必要ならば a と b をとりかえればよいから，$a\geqq b$ と仮定してもよい．φ：$M\langle a\rangle\to M\langle b\rangle$ を上の同型対応を与える写像とする．$M\langle b\rangle\subset M\langle a\rangle$ により，φ は $M\langle a\rangle$ から $M\langle a\rangle$ の中

への同型対応とみることができるので，例題5から $x\leqq\varphi(x)$.

そこで，もし $a>b$ であるとすると矛盾の生ずることを示す．$a>b$ から $b\in M\langle a\rangle$．一方，$b\leqq\varphi(b)$ だから $\varphi(b)\notin M\langle b\rangle$．これは φ が $M\langle a\rangle$ から $M\langle b\rangle$ への写像であることに反している．これで $a=b$ がいえた．

iv) M から $M\langle a\rangle$ への同型対応 φ があったとすると，$a\leqq\varphi(a)$．$\varphi(a)\notin M\langle a\rangle$ となり，矛盾が生ずる．

例題7 要項5に述べてある定理を証明せよ．

解 3つの場合にわけてそれぞれの場合に対して i)，ii)，iii) が成り立つことを証明する．

(I) M の各切片に対してそれと同型な N の切片が存在する場合．

このとき

「i) $M\simeq N$ か，ある $b_0\in N$ に対し $M\simeq N(b_0)$ が成り立つ」

(記号 $\simeq$ は，ここではすべて順序集合としての同型を表わしている)．

証明 仮定から，どんな $a\in M$ をとっても，ある $b\in N$ が存在して $M\langle a\rangle\simeq N\langle b\rangle$ という同型対応が成り立つ．例題6，iii) により，このような b はただ1つしか存在しない．この同型を与える写像を φ_a とする：

$$\varphi_a : M\langle a\rangle \longrightarrow N\langle b\rangle$$

$a_1<a$ に対しても，同様な同型写像

$$\varphi_{a_1} : M\langle a_1\rangle \longrightarrow N\langle b_1\rangle$$

があるが，例題6，iii) から，φ_{a_1} は，φ_a を $M\langle a_1\rangle$ 上で考えたものと一致している (図18)．

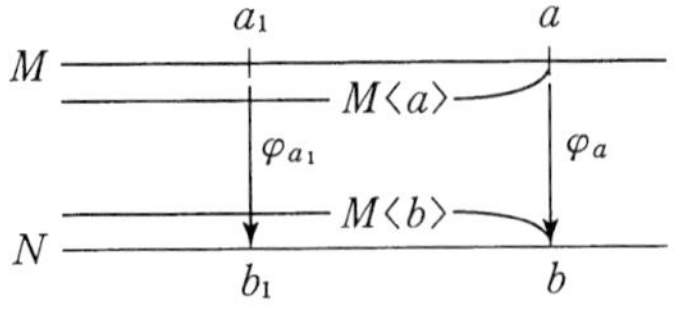

図18

したがって各 $a\in M$ に対して，$\varphi_a : M\langle a\rangle\simeq N\langle b\rangle$ で $b\in N$ を対応させることで，M から N への単射の同型写像 Φ が得られる．$S=\mathrm{Im}\,\Phi$ とおく．

このとき

$$M \overset{\Phi}{\simeq} S \subset N$$

となる．$b \in S$, $y < b$ とすると，$y \in N\langle b \rangle$．$\varphi_a(M\langle a \rangle) = N\langle b \rangle$ となる a をとると，ある $x \in M\langle a \rangle$ があって

$$\varphi_a(x) = y, \quad \text{すなわち} \quad \Phi(x) = y$$

となる．したがって $y \in \mathrm{Im}\,\Phi = S$.

このことは $b \in S$, $y < b \Rightarrow y \in S$ を示しており，したがって例題6，i）から，証明すべき i）が成り立つことがわかる．

（II）M の各切片に対して，それと同型な N の切片が存在し，また逆に N の各切片に対して，それと同型な M の切片が存在する場合．

このとき

「ii）$M \simeq N$ が成り立つ」

証明　（I）の結果を用いると，仮定から $M \simeq N$ か，あるいはある $a_0 \in M$, $b_0 \in N$ があって

$$M \simeq N(b_0), \quad M\langle a_0 \rangle \simeq N$$

が同時に成り立つことになる．後者の場合には $a_0' < a_0$ があって $M \simeq M\langle a_0' \rangle$ となるが，これは例題6，iv）に反している．したがって $M \simeq N$ が成り立つ（図19）.

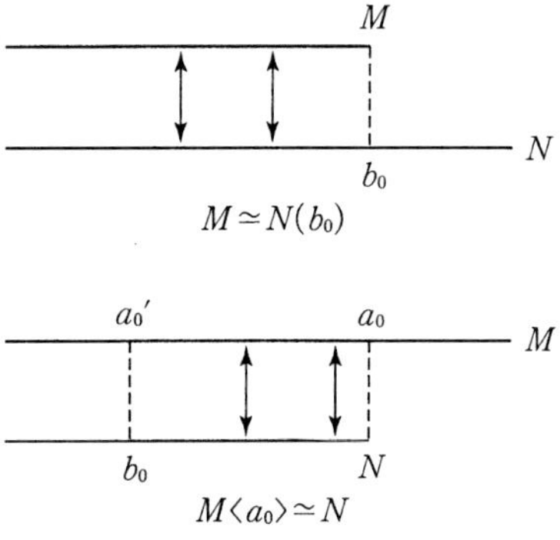

図 19

（III）M の切片で，N のどの切片とも同型にならないものが存在する場合．

このとき

「ある $a_0 \in M$ に対し $M\langle a_0\rangle \simeq N$ が成り立つ」

証明 N のどの切片とも同型にならないよう切片を与える M の元の集合は，仮定により空ではない．したがってこのような集合に極小元 a_0 が存在する．

a_0 のとり方から，$a<a_0$ ならば，必ずある $b\in N$ が存在して $M\langle a\rangle \simeq N\langle b\rangle$ となる．

逆に

(＊) どんな $b\in N$ をとっても，必ずある $a\,(<a_0)$ があって $M\langle a\rangle \simeq N\langle b\rangle$ となる．

(以下 (＊) の証明) もしそうでないとすると，M のどの切片とも同型にならない切片を与えるような N の元の集合は空ではない．この極小元を b_0 とすると，$b_0 \leqq b$ ならば $M\langle b\rangle$ は M のどの切片とも同型にならない．したがって $a<a_0$ のとき $M\langle a\rangle \simeq N(b)$ となる b は，$b<b_0$ をみたしていなければならず，また一方 b_0 のとり方から，$b<b_0$ となる b に対しては，必ずある $a\in M$ があって $M\langle a\rangle \simeq M\langle b\rangle$ が成り立っている．したがって $M\langle a_0\rangle$, $N\langle b_0\rangle$ に対して (II) の場合が成り立つ．このことから $M\langle a_0\rangle \simeq N\langle b_0\rangle$ が結論されるが，これは最初にとった b_0 の性質に反している．これで矛盾がでたので，(＊) が成り立つことが示された．

結局，$M\langle a_0\rangle$ と N に対して (II) の場合となっていることがわかった．これで

$$M\langle a_0\rangle \simeq N$$

が証明された．

(I), (II), (III) は，起こりうるすべての場合をつくしておりさらに例題 6, iii), iv) によって，$M\simeq N(b_0)$, $M\simeq N$, $M\langle a_0\rangle \simeq N$ の 3 つの場合が同時に起きることはないので，これで証明された．

例題 8 M, N を整列集合とする．直和集合 $M\sqcup N$ と直積集合 $M\times N$ に次のような順序を入れると，$M\sqcup N$ と $M\times N$ はまた整列集合となることを示せ．

i) $M\sqcup N$ の順序関係を，M, N では与えられている順序と一致し，$x\in M$, $y\in N$ に対しては $x<y$ と定義する．

ii）$M\times N$ の順序関係を，N の元を語頭，M の元を語尾として引く辞書的順序と定義する．すなわち $(x, y)<(x', y')$ は $y<y'$ か，あるいは $y=y'$, $x<x'$ とする．

解　i）与えられた順序が，$M\sqcup N$ に全順序を与えていることは明らか．$S\subset M\sqcup N$ で，$S\neq\phi$ とすると，$S\cap M\neq\phi$ か，あるいはそうでなければ $S\subset N$ である．$S\cap M\neq\phi$ のときは，$S\cap M$ の M の中での極小元を x_0 とし，$S\subset N$ のときは，S の N の中での極小元を x_0 とすると，x_0 は S の $M\sqcup N$ の中での極小元となる．

ii）全順序のことはすぐに確かめられる．$S\subset M\times N$ で，$S\neq\phi$ とする．$\pi: M\times N\to N$ を第2成分への射影とし，$S_N=\pi(S)$ とおく．$S\neq\phi$ により $_N\neq\phi$. したがって S_N は，N の部分集合として極小元 y_0 をもっている．つぎに M の部分集合 $\{x|(x, y_0)\in S\}$ の極小元を x_0 とする．このとき (x_0, y_0) は $M\times N$ の中でのSの極小元を与えていることは，すぐに確かめられる．したがって $M\times N$ は整列集合である．

定義　整列集合 M の順序数を α, 整列集合 N の順序数を β とする．このとき例題8で与えた整列集合 $M\sqcup N$ の順序数を $\alpha+\beta$, 整列集合 $M\times N$ の順序数を $\alpha\beta$ で表わす．

例題 9　実数の集合 $\boldsymbol{R}$ に，ふつうの大小関係で順序を与える．このとき実数の部分集合で次の順序数をもつ整列集合の例をあげよ．

i）ω,　ii）$1+\omega$,　iii）$\omega+2$,　iv）$\omega 2$,　v）$\omega^2=\omega\times\omega$

解　i）$\omega=\{1, 2, \cdots, n, \cdots\}$（これは順序数 ω の定義となっている．要項6）

ii）$\{1, 2, \cdots, n, \cdots\}$

iii）$\left\{0, \frac{1}{2}, \frac{2}{3}, \cdots, \frac{n-1}{n}, \cdots, 1, 1+\frac{1}{2}\right\}$

iv）$\left\{0, \frac{1}{2}, \cdots, \frac{n-1}{n}, \cdots, 1, 1+\frac{1}{2}, \cdots, 1+\frac{n-1}{n}, \cdots\right\}$

v）$\left\{0, \frac{1}{2}, \cdots, \frac{n-1}{n}, \cdots, 1, 1+\frac{1}{2}, \cdots, 1+\frac{n-1}{n}, \cdots, 2, \cdots, m, \cdots, m+\frac{n-1}{n}, \cdots\right\}$

例題 10　整列集合 M の順序数を α, N の順序数を β とする．ある $a_0\in M$ があって，$M\langle a_0\rangle\simeq N$ が成り立つとき $\alpha>\beta$ と定義することにより，順序数

の間に，順序を与える．

このとき次のことを示せ．

i）順序数 α, β に対して，

$$\alpha<\beta, \quad \alpha=\beta, \quad \alpha>\beta$$

のうち，1つ，かつただ1つの場合だけが成り立つ．

ii）$\alpha>\beta$ となるための必要十分な条件は，適当な順序数 γ をとると $\alpha=\beta+\gamma$ が成り立つことである．

解　i）これは，例題7で証明を与えた定理1の内容を，順序数を用いて述べたものとなっている．

ii）必要なこと：$\alpha>\beta$ とする．このときある $x_0\in M$ があって $M\langle x_0\rangle\simeq N$ が成り立つ．$L=\{x|\ x\geqq x_0\}$ とおくと，$L\neq\phi$ で，L は M の部分順序集合として整列集合となっている．明らかに $M\simeq N\sqcup L$．したがって L の順序数を γ とすれば，$\gamma>0$ で，$\alpha=\beta+\gamma$ となっている．

十分なこと：$\alpha=\beta+\gamma$, $\gamma>0$ とする．γ を順序数とする整列集合を L とすれば，順序数のこの関係式は

$$M\simeq N\sqcup L, \quad L\neq\phi$$

が成り立つことを示している．L の最初の元を y_0 とすると

$$N=(N\sqcup L)\langle y_0\rangle$$

同型対応で M に移せば，ある x_0 で

$$N=M\langle x_0\rangle$$

となる．すなわち $\alpha<\beta$．

§5.　ツォルンの補題

● 要　項 ●

1.　Γ を空でない集合とし，$\{A_\gamma\}_{\gamma\in\Gamma}$ を，Γ を添数とする集合族とします．各 γ に対し $A_\gamma\neq\phi$ とします．このとき Γ から $\bigsqcup_{\gamma\in\Gamma}A_\gamma$ への写像 φ で，$\varphi(\gamma)\in A_\gamma$ をみたすものを，集合族 $\{A_\gamma\}_{\gamma\in\Gamma}$ の**選択関数**または**選出関数**といいます．φ によって各 A_γ から1つの元 $\varphi(\gamma)$ が選び出されてくるのです．$\varphi(\gamma)$ を A_γ の（φ によって選出された）**代表元**といいます．

無限集合に対して，つねに選択関数が存在するかどうか，それはどのような条件と同値なのかが問題となります．ここではまず選択関数の存在は，上と同じ条件のもとで，直積集合 $\prod_{\gamma\in\Gamma}A_\gamma$ が少なくとも1つの元 $(\cdots,\varphi(\gamma),\cdots)$ を含んでいるということ，すなわち

$$\prod_{\gamma\in\Gamma}A_\gamma\neq\phi$$

が成り立つことを意味していることを注意しておきます．「選択関数は存在する」ということを要請する公理を選択公理といいます．選択公理は，現代数学で無限集合を取り扱うとき，無限についてのもっとも基本的な公理となっています．選択公理はこれと同値ないくつかの命題の形で述べることができます．その準備のために，‘帰納的順序集合’と‘有限性の性質’の定義を述べます．

2.　まず帰納的順序集合の定義を述べます．

空でない順序集合が**帰納的順序集合**（図20参照）であるとは，M の部分集合

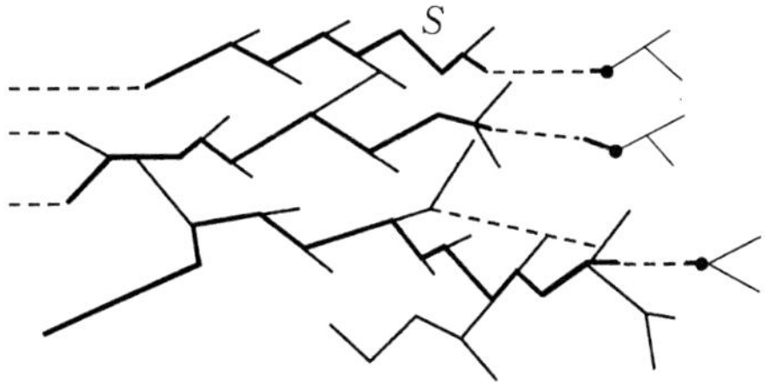

・は全順序部分集合の上端

図20

S が,

$$S \neq \phi, \quad S \text{ は全順序集合}$$

をみたしていれば, S は M の中に必ず上端(sup)をもつことです.

3. 次に M の部分集合に関する性質Pで, '有限性の性質' とよばれるものを定義します.

'部分集合 S が性質Pをもつための必要十分条件は, S に含まれるすべての有限部分集合が性質Pをもつことである' という特性をもつ性質Pを, **有限性の性質**といいます.

有限性の性質の例：M を順序集合とします. M の部分集合 S が '全順序集合である' という性質は有限性の性質です. なぜなら S が全順序集合であるかどうかということは, S から勝手に2つの元 x, y をとったとき

$$x<y \quad \text{か} \quad x>y$$

が成り立っているかを確かめればよいのですが, それは S からとった2つの元からなる部分集合 $\{x, y\}$ がすべて全順序集合となっていることを確かめればよいことを示しているからです.

4. 次の定理は, 無限に関してもっとも深い定理といってよいものです.

定理　次の命題はすべて同値である.

A)　$\Gamma \neq \phi$, $A_\gamma \neq \phi\ (\gamma \in \Gamma)$ のつくる集合族 $\{A_\gamma\}_{\gamma\in\Gamma}$ には必ず選択関数が存在する.

B)　帰納的順序集合には少くとも1つの極大元が存在する.

C)　どんな集合($\neq \phi$)をとっても, 適当に順序を導入することにより, この順序に関し整列集合とすることができる.

D)　集合 $M(\neq \phi)$ に有限性の性質Pが与えられたとする. このとき M の部分集合で性質Pをみたす極大なものが存在する.

E)　どんな順序集合に対しても, 極大な全順序部分集合が存在する.

(⇒ **例題1, 3参照**).

*)　歴史的には1904年, ツェルメロが選択関数の存在を認めれば, C)で述べてある整列可能定理が証明できることを示したのが最初です. 1930年代になって, ツォルンが, 上の5つの

命題がすべて同値なことを述べて，それ以来，上の定理を一括して‘**ツォルンの補題**’とよぶことになりました．

引用するときはA)は**選択公理**，B)を**帰納集合定理**，C)を**整列可能定理**といいます．

例題1　ツォルンの補題(要項4)において，まずB)，D)，E)が同値であることを示せ．

解　B)⇒D)⇒E)⇒B)を示せば，命題B)，D)，E)が一巡して，同値性が示されたことになる．

B)⇒D)：B)を仮定する．Mの部分集合Aで，有限性の性質Pをみたすものを考える．このようなAの全体は，$\mathcal{P}(M)$の部分集合Σをつくる：$\Sigma\subset\mathcal{P}(M)$．もし$\Sigma=\phi$ならばD)は成り立つから問題はない(説明：この場合，Pをみたす部分集合はなく，したがって命題D)の中の“性質をみたすもののうち”という部分が空になる．その意味でこの場合，D)は自明に成り立つと考える)．

$\Sigma\neq\phi$とする．$A, B\in\Sigma$に対し，$A\subset B$のとき$A\leqq B$と定義することにより，Σは順序集合となる．

Σは帰納的順序集合となっていることを示す．それにはΣの中の空でない全順序部分集合Λをとったとき，ΛはΣの中に上端をもつことを示せばよい．

そのため

$$C=\cup\{A\mid A\in\Lambda\}\qquad(M\text{の部分集合としての和集合})$$

とおく，Cは性質Pをみたしている．以下その証明：Pは有限性の性質だから，Cから有限個の元$x_1, x_2, \cdots, x_n$をとったとき，$\{x_1, x_2, \cdots, x_n\}$が性質Pをみたすことをみるとよい．$x_1\in A_1, \cdots, x_n\in A_n$となる$A_i\in\Lambda$は存在する．$\Lambda$は包含関係に関して全順序集合だから，$A_1, A_2, \cdots, A_n$の中に必ずある$A_k$があって$A_i\subset A_k\,(i=1, 2, \cdots, n)$が成り立つ．したがって$\{x_1, \cdots, x_n\}\subset A_k$．$A_k$は有限性の性質Pをみたしているから，$\{x_1, \cdots, x_n\}$は性質Pをみたす．

したがって，Cは性質Pをみたし，

$$C\in\Sigma$$

となる．Cが，Σの中でΛの上端を与えていることは，上端の定義から明らかである．これで証明された．

D) ⇒ E)：要項3の例として示したように，順序集合の中で，部分集合が全順序であるという性質は有限性の性質である．したがってD)を仮定すれば，E)が成り立つ．

E) ⇒ B)：M を帰納的順序集合とする．E)を仮定すると，M の中に極大な全順序部分集合 S が存在する．M は帰納的順序集合だから，S は M の中に上端 x_0 をもつ．このとき

$$x_0 \in S$$

である．もしそうでないとすると $S \cup \{x_0\}$ は，S を含む M の全順序部分集合となり，S の極大性に反することになる．

x_0 は M の極大元である．もしそうでないとすると，$x_0 < y$ となる $y \in M$ が存在する．そのとき $S \cup \{y\}$ は S を含む全順序部分集合となって，やはり S の極大性に反するからである．

したがって M に極大元の存在がいえて，B)が示された．

例題2 M を帰納的順序集合とする．φ を M から M への写像で

$$x \leqq \varphi(x)$$

をみたすものとする．このときある $x_0 \in M$ があって，

$$\varphi(x_0) = x_0$$

が成り立つことを示せ．

解 M の元 a を1つとり，以下ではこの元を固定して考える．M の整列部分順序集合 A で，次の性質をみたすものを考える．

i) $a \in A$：$x \in A \Rightarrow a \leqq x$

ii) $x \in A$ が，A の中で直前の元 y をもてば $\varphi(y) = x$（直前の元とは，y が $A\langle x \rangle$ の中の極大元のこと）

iii) $x \in A$ が，$x \neq a$ で，A の中で直前の元をもたなければ，x は

$$x = \sup\{y \mid y \in A\langle x \rangle\}$$

で与えられる．ただし sup は M における sup である．

i), ii), iii)をみたす整列部分順序集合 A の全体を Σ とおく．$\{a\} \in \Sigma$ である．

$A, B \in \Sigma$ とすると，§4，要項5に述べてある定理により $A \simeq B$ か，あるいは $A\langle a_0 \rangle \simeq B$ か，または $A \simeq B\langle b_0 \rangle$ が成り立つ．§4，例題5のあとの注

意から，この同型を与える同型対応はただ1つしか存在しない．

実はいまの場合，この同型対応は M の恒等写像から導かれるものであって，それぞれの場合に対し $A=B$, $A\langle a_0\rangle=B$，または $A=B\langle b_0\rangle$ が成り立つ．その理由：$y<x\ (x\in A)$ となるすべての y で，A と B との同型対応が $y\to y$ で与えられているとすれば，i)，ii)，iii) の性質から，超限帰納法により，x でも同型対応は $x\to x$ で与えられることがわかるからである．

したがって Σ の元 A, B は，一致するか，あるいは一方が他方の切片になっている．このことから

$$C=\cup\{A|\ A\in\Sigma\}$$

とおくと，C はまた i)，ii)，iii) の性質をもつことがわかる．明らかに C は Σ の最大元である．

C は最大元 x_0 をもつ．実際，もし最大元をもたないとすれば，M における $\sup C$ (この存在は M が帰納的順序集合のことによる) は C に属さず，したがって

$$C\cup\sup C\supsetneqq C$$

となるが，一方性質 iii) からこの集合は Σ に属していなくてはならない．これは C が最大であることに反する．

C の最大元 x_0 は

$$\varphi(x_0)=x_0$$

をみたしている．実際，もしそうでないとすると，$x_0<\varphi(x_0)$ であり，$C\cup\{\varphi(x_0)\}$ が，ii) からまた Σ に属することになるが，これはふたたび C が最大であることに反する．

これで $\varphi(x_0)=x_0$ となる x_0 の存在がいえた．

例題3　ツォルンの補題 (要項4) において，A)，B)，C) が同値であることを示せ．

解　A)⇒B)：A) を仮定する．M を帰納的順序集合とする．M の部分集合族全体に対し，A) を用いると選択関数が存在し，したがって M の空でない部分集合 S に対し，1つずつ代表元 $a_S\ (\in S)$ を指定できる．M から M への写像 φ を，x が M の極大元ならば $\varphi(x)=x$．x が M の極大元でなければ

$$S_x=\{y|\ y\in M,\ y>x\}\neq\phi$$

だから，S_x の代表元を $\varphi(x)$ としてとる：$\varphi(x)=a_{S_x}$.

このように写像 φ を決めると，明らかにすべての $x\in M$ に対し $x\leqq\varphi(x)$.

したがって例題2が適用できて，ある元 x_0 があって $\varphi(x_0)=x_0$ が成り立つ．φ の定義から x_0 は M の極大元でなくてはならない．すなわちB)が成り立つ．

B)$\Rightarrow$C)：B)を仮定する．M を与えられた集合とする．M の部分集合 S に，S を整列集合とするような順序 ρ が与えられたとき，それを (S,ρ) で表わすことにする．このような (S,ρ) の全体のつくる集合を Σ で表わし，Σ に次のような順序 $<$ を導入する．

$(S,\rho)<(S_1,\rho_1)$ とは，S_1 のある元 a をとると，$S=S_1\langle a\rangle$ が成り立つときと定義する．ここで S は順序 ρ に関する整列集合であり，$S_1\langle a_1\rangle$ は順序 ρ_1 に関する S_1 の切片であり，この2つが整列集合として一致しているとしているのである．

Σ が $<$ により，実際順序集合となっていることは，まず $(S,\rho)<(S_1,\rho_1)$，$(S_1,\rho_1)<(S_2,\rho_2)$ ならば $(S,\rho)<(S_2,\rho_2)$ が成り立つことは明らかである．また $(S,\rho)<(S_1,\rho_1)$ と $(S,\rho)>(S_1,\rho_1)$ が同時に成り立たないことは，§4，例題6，iv)からわかる．

Σ はさらに帰納的順序集合となっている．以下その証明：$\tilde{\Sigma}$ を Σ の空でない全順序部分集合とする．$\tilde{\Sigma}$ に属する部分集合の和集合を $\tilde{S}=\cup\{S|(S,\rho)\in\Sigma\}$ とすると，各 S 上では ρ と一致するような順序 $\tilde{\rho}$ が $\tilde{S}$ 上にただ1つ決まって，$(\tilde{S},\tilde{\rho})\in\Sigma$ となり，$(\tilde{S},\tilde{\rho})=\sup\Sigma$ が成り立つ．したがって帰納的順序集合である．

したがってB)から，Σ に極大な元 (S_0,ρ_0) が存在する．このとき $S_0=M$ である．それをみるために，$S_0\neq M$ と仮定して矛盾の生ずることを示す．この仮定から $y\in M$, $y\notin S_0$ となる元が存在する．$S=S_0\cup\{y\}$ とおく．S 上に，S_0 上では ρ_0 と一致し，また $x\in S_0$ ならば $x<y$ と決めることにより，順序 ρ を導入する．明らかに $(S,\rho)\in\Sigma$ であって，$S_0=S\langle y\rangle$ だから $(S_0,\rho_0)<(S,\rho)$．これは (S_0,ρ_0) が Σ の極大元であったことに矛盾している．

これで $S_0=M$ が示された．順序 ρ_0 によって M は整列集合となっている．すなわちC)が成り立つ．

C)$\Rightarrow$A)：C)を仮定する．$\{A_\gamma\}_{\gamma\in\Gamma}$ $(A_\gamma\neq\phi,\Gamma\neq\phi)$ を与えられた集合族と

する．$M=\bigsqcup_{\gamma\in\Gamma} A_\gamma$ とおき，M を適当な順序で整列集合とする（C) による)．このとき選択関数 φ を，各 $\gamma\in\Gamma$ に対し，A_γ の最初の元を対応させる写像として定義する．これで選択関数の存在がいえて，A) が成り立つ．

例題1と例題3が示されて，これで要項4で述べた定理——ツォルンの補題——が完全に証明された．

例題4　2つの濃度 $\mathfrak{m},\mathfrak{n}$ が与えられたとき，

$$\mathfrak{m}<\mathfrak{n},\quad \mathfrak{m}=\mathfrak{n},\quad \mathfrak{m}>\mathfrak{n}$$

のいずれか1つ，かつただ1つの場合が成り立つ．

解　M,N をそれぞれ濃度 $\mathfrak{m},\mathfrak{n}$ をもつ集合とする．適当な順序をいれて，M, N を整列集合とする（整列可能定理)．そのとき§4，要項5の定理から，順序集合としての同型

$$M\simeq N\langle b_0\rangle \text{ か,}\quad M=N \text{ か,}\quad M\langle a_0\rangle\simeq N$$

が成り立つ．したがってこの同型を与える写像により，M から N へか，あるいは N から M への単射写像が存在する．したがって $\mathfrak{m}\leqq\mathfrak{n}$ か，あるいは $\mathfrak{m}\geqq\mathfrak{n}$ が成り立つ．§2，要項3，定理1から $\mathfrak{m}<\mathfrak{n}$ と $\mathfrak{m}>\mathfrak{n}$ は同時にけっして成り立たないから，$\mathfrak{m}<\mathfrak{n}$, $\mathfrak{m}=\mathfrak{n}$, $\mathfrak{m}>\mathfrak{n}$ の1つ，かつただ1つの場合だけが成り立つ．

例題5　集合 M から N への全射写像 π が存在すれば，M の濃度 $\mathfrak{m}$，N の濃度 $\mathfrak{n}$ について

$$\mathfrak{m}\geqq\mathfrak{n}$$

と結論することができるか．

解　結論できる．以下その証明：π は M から N への全射だから，§3，要項7によって M に同値関係～が導入される．この同値関係により，M は同値類に分割される．この同値類を S_γ とすると，$S_\gamma\neq\phi$ で

$$M=\bigcup_{\gamma\in\Gamma} S_\gamma,\quad \gamma\neq\gamma' \implies S_\gamma\cap S_{\gamma'}=\phi$$

この構成の仕方から，$\Gamma=N$ とおいてよいことを注意する．ツォルンの補題から，各 S_γ から代表元 $\varphi(\gamma)$ を選出することができる．Γ を N と同一視すれば，φ は

$$\pi\circ\varphi(y)=y,\quad y\in N$$

をみたし，したがって N から M への単射を与えている．したがって $\mathfrak{m}\geqq\mathfrak{n}$ が示された．

注意1 上の解からわかるように，M から N への全射 π が与えられると，必ず $\pi\circ\varphi(y)=y\ (y\in N)$ をみたす $\varphi\in\mathrm{Map}(N, M)$ が存在する．

注意2 注意1のいいかえであるが，任意の同値関係 $(M, \sim)$ に必ず代表元の完全系が存在することもわかる（§3，要項6参照）．

例題6 無限集合は必ず可算部分集合を含むことを示せ．

解 M を無限集合とする．ツォルンの補題C)により，適当な順序を導入して M を整列集合とすることができる．このとき§4，例題3の証明の中で用いた論法を適用すると，M は少なくとも可算集合 $\{a_1, a_2, \cdots, a_n, \cdots\}$ を含むことがわかる．

例題7 V を実数体 $\boldsymbol{R}$ 上のベクトル空間とする（すなわち V には加法 $x+y$ と，実数 α をかける αx という演算が定義されているとする）．V の部分集合 $B=\{x_\gamma\}_{\gamma\in\Gamma}$ で次の2つの性質をみたすものを，V の $\boldsymbol{R}$ 上の基底という．

i）B から取り出した有限個の $x_{\gamma_1}, \cdots, x_{\gamma_n}$ に対し

$$\alpha_{\gamma_1}x_{\gamma_1}+\cdots+\alpha_{\gamma_n}x_{\gamma_n}=0 \quad (\alpha_{\gamma_i}\in\boldsymbol{R})$$

が成り立つのは，$\alpha_{\gamma_1}=\cdots=\alpha_{\gamma_n}=0$ のときに限る．

ii）V の元 y に対し，ある有限集合 $\{\gamma_1, \cdots, \gamma_n\}\subset\Gamma$，および実数 $\beta_{\gamma_1}, \cdots, \beta_{\gamma_n}$ が決まって

$$y=\beta_{\gamma_1}x_{\gamma_1}+\cdots+\beta_{\gamma_n}x_{\gamma_n}$$

と表わされる．

このとき，どんなベクトル空間 $V(\neq 0)$ に対しても，必ず基底が存在することを示せ．

解 V の部分集合 C で，C から勝手にとった有限部分集合 $\{z_1, \cdots, z_n\}$ に対し，

$$\alpha_1 z_1+\cdots+\alpha_n z_n=0 \quad (\alpha_i\in\boldsymbol{R})$$

が成り立つのは，$\alpha_1=\cdots=\alpha_n=0$ のときに限る，という性質をみたすものを，性質Pをみたす部分集合という．性質Pをみたす部分集合 C を考える．この性質は，C の各有限部分集合に対して確かめる性質だから，Pは有限性の

性質である．したがってツォルンの補題D)から，性質Pをみたす極大な部分集合 $B\,(\subset V)$ が存在する．

B は V の基底となっている．

i)をみたすことは明らかである．

ii)が成り立っていることをみるために，V の元 y を1つとる．もしもどのように有限個の $x_1, \cdots, x_n \in B$, $\alpha_1, \cdots, \alpha_n \in \boldsymbol{R}$ をとっても，

$$\alpha_0 y + \alpha_1 x_1 + \cdots + \alpha_n x_n = 0 \tag{1}$$

が成り立つのは，$\alpha_0 = \alpha_1 = \cdots = \alpha_n = 0$ のときに限るとすれば，$y \in B$ でなければならない．そうでなければ，$B \cup \{y\}$ が性質(P)をみたすことになり，B の極大性に反するからである．このとき y 自身は，'基底 y'によって $y = 1 \cdot y$ と表わされる．

したがって $y \notin B$ ならば，ある $\alpha_i \neq 0$ であるような $\alpha_0, \cdots, \alpha_n$ に対して(1)が成り立つ．ここで $\{x_1, \cdots, x_n\}$ は性質Pをみたすから，少なくとも $\alpha_0 \neq 0$ でなくてはならない．したがってこのときには

$$y = \left(-\frac{\alpha_1}{\alpha_0}\right)x_1 + \cdots + \left(-\frac{\alpha_n}{\alpha_0}\right)x_n$$

が成り立つ．

結局，すべて $y \in V$ に対してii)が成り立つことが示されて，これで B が V の基底であることが示された．

第3章　集合論の広がり

この章では，設問の形で問題を提示し，その解答を述べてみることにより，集合論がさまざまな方向に展開していく広がりを示します．

1.　M を集合とする．$A\in\mathcal{P}(M)$ に対し

$$\chi_A(x)=\begin{cases}1, & x\in A\\ 0, & x\notin A\end{cases}$$

とおき，χ_A を A の**特性関数**という．そのとき，すべての $x\in M$ に対して次の等式が成り立つことを示せ．

i）　$\chi_M(x)=1$；$\chi_\phi(x)=0$

ii）　$\chi_{A\cup B}(x)=\chi_A(x)+\chi_B(x)-\chi_A(x)\chi_B(x)$

iii）　$\chi_{A\cap B}(x)=\chi_A(x)\chi_B(x)$

iv）　$\chi_{A^c}(x)=1-\chi_A(x)$

v）　$A\triangle B=(A\cap B^c)\cup(A^c\cap B)$ とおくと

$$\chi_{A\triangle B}(x)=(\chi_A(x)-\chi_B(x))^2$$

vi）　集合列 $\{A_n\}_{n\in N}$ に対して下極限集合，上極限集合を $A_*=\liminf A_n$；$A^*=\limsup A_n$ とおく（第2章の§1，例題4）．このとき

$$\chi_{A_*}(x)=\liminf \chi_{A_n}(x)；\chi_{A^*}(x)=\limsup \chi_{A_n}(x)$$

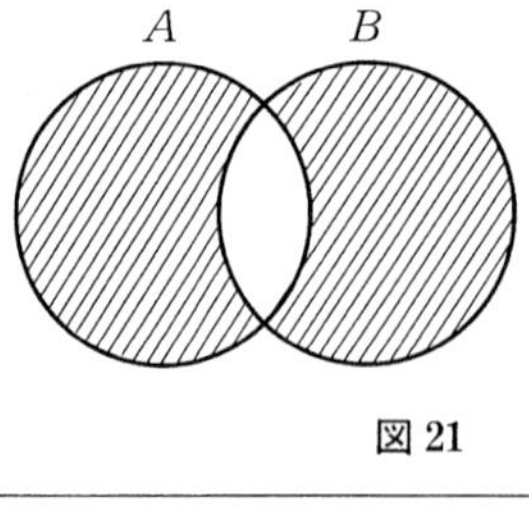

斜線部分 $A\triangle B$

図 21

［解］　i）　定義からすぐにわかる．

ii）　$x\notin A\cup B$ ならば両辺はともに0に等しい．$x\in A$，$x\notin B$ とすると

$$\chi_{A\cup B}(x)=\chi_A(x)=1,\quad \chi_B(x)=0$$

したがって

$$1=\chi_{A\cup B}(x)=\chi_A(x)+\chi_B(x)-\chi_A(x)\cdot\chi_B(x)$$

$x\notin A$, $x\in B$ のときも同様．$x\in A\cap B$ のときは

$$1=\chi_{A\cup B}(x)=\chi_A(x)=\chi_B(x)=\chi_A(x)\cdot\chi_B(x)$$

でやはり両辺等しいことがわかる．したがってすべての $x\in M$ で等号が成り立つ．

iii）$x\notin A\cap B$ ならば，$\chi_A(x)$, $\chi_B(x)$ のいずれか一方は0であることに注意すればよい．

iv）$x\in A$ と $x\in A^c$ の場合にそれぞれ両辺の値を確かめればよい．

v）i), ii), iii), iv) から，$(A\cap B^c)\cap(A^c\cap B)=\phi$ に注意して

$$\begin{aligned}\chi_{A\triangle B}&=\chi_{A\cap B^c}+\chi_{A^c\cap B}-\chi_{(A\cap B^c)}\chi_{(A^c\cap B)}\\&=\chi_A\chi_{B^c}+\chi_{A^c}\chi_B-\chi_\phi\\&=\chi_A(1-\chi_B)+(1-\chi_A)\chi_B\\&=\chi_A+\chi_B-2\chi_A\cdot\chi_B\end{aligned}$$

ここで，$x\in M$ に対して $(\chi_A(x))^2=\chi_A(x)$，$(\chi_B(x))^2=\chi_B(x)$ が成り立つから

$$\chi_{A\triangle B}=\chi_A{}^2+\chi_B{}^2-2\chi_A\cdot\chi_B=(\chi_A-\chi_B)^2$$

vi）$A_*=\liminf A_n=\bigcup_{n=1}^\infty\bigcap_{k=n}^\infty A_k$ である．したがって

$$\begin{aligned}x\in A_*&\iff \text{ある } n_0 \text{ があって } x\in\textstyle\bigcap_{k=n_0}^\infty A_k\\&\iff \text{ある } n_0 \text{ があって } k\geqq n_0 \text{ のとき } x\in A_k\end{aligned}$$

がいえる．したがってまた

$$\begin{aligned}\chi_{A_*}(x)=1&\iff x\in A_*\\&\iff \text{ある } n_0 \text{ があって } k\geqq n_0 \text{ のとき } \chi_{A_k}(x)=1\end{aligned}$$

がいえる．一方 $\liminf\chi_{A_n}(x)$ の定義から（すなわち x をとめたとき，0または1の値しかとらない数列 $\{\chi_{A_n}(x)\}$ $(n=1,2,\cdots)$ の最小の集積値），$\liminf\chi_{A_n}(x)=1$ となるのは，数列 $\{\chi_{A_n}(x)\}$ $(n=1,2,\cdots)$ が0へ近づく部分点列をもたぬこと（もしこのような部分点列があれば，0は最小の集積値となってしまう）と同値であり，したがってある n_0 があって $n\geqq n_0$ のとき $\chi_{A_n}(x)=1$．上とあわせて $\chi_{A_*}(x)=1\Leftrightarrow\liminf\chi_{A_n}(x)=1$，すなわち $\chi_{A_*}=\liminf\chi_{A_n}$ がいえた．

$\chi_{A^*}=\limsup\chi_{A_n}$ も同様にして証明できる．

2. 特性関数を用いてド・モルガンの規則 $(A\cup B)^c=A^c\cap B^c$; $(A\cap B)^c=A^c\cup B^c$ に別証を与えよ．

［解］

$$\chi_{(A\cup B)^c}=1-\chi_{A\cup B}$$

$$=1-(\chi_A+\chi_B-\chi_A\cdot\chi_B)$$
$$=(1-\chi_A)(1-\chi_B)$$
$$=\chi_{A^c}\cdot\chi_{B^c}=\chi_{A^c\cap B^c}$$

したがって $(A\cup B)^c=A^c\cap B^c$.

同様にして $\chi_{(A\cap B)^c}=\chi_{A^c\cup B^c}$ がいえて，$(A\cap B)^c=A^c\cup B^c$ が示される.

3. $A, B\in\mathcal{P}(M)$ とする．そのとき

$$A\triangle B=(A\cap B^c)\cup(A^c\cap B)=\phi \text{ ならば } A=B$$

が成り立つことを

i） 直接に証明せよ.

ii） 特性関数を用いて証明せよ.

[**解**] i） $(A\cap B^c)\cup(A^c\cap B)=\phi$ から $A\cap B^c=\phi$ かつ $A^c\cap B=\phi$. 前の式から $A\subset B$；後の式から $B\subset A$ が得られて $A=B$ がいえる.

ii） 設問1，v）と仮定の式から

$$\chi_{A\triangle B}=(\chi_A-\chi_B)^2=0$$

ゆえに $\chi_A=\chi_B$；したがって $A=B$.

4. $f: M\to N$ を，集合 M から N への写像とし，$\{A_\gamma\}_{\gamma\in\Gamma}$, $\{B_\lambda\}_{\lambda\in\Lambda}$ をそれぞれ M, N の部分集合のつくる集合族とする．そのとき次の関係が成り立つことを示せ.

i） $f(\bigcup_{\gamma\in\Gamma}A_\gamma)=\bigcup_{\gamma\in\Gamma}f(A_\gamma)$

ii） $f(\bigcap_{\gamma\in\Gamma}A_\gamma)\subset\bigcap_{\gamma\in\Gamma}f(A_\gamma)$

iii） $f^{-1}(\bigcup_{\lambda\in\Lambda}B_\lambda)=\bigcup_{\lambda\in\Lambda}f^{-1}(B_\lambda)$

iv） $f^{-1}(\bigcap_{\lambda\in\Lambda}B_\lambda)=\bigcap_{\lambda\in\Lambda}f^{-1}(B_\lambda)$

[**解**] 第2章の§1，例題5と同様にできる.

5. $f: M\to N$ を，集合 M から集合 N への写像とする．そのとき $B\subset N$ に対し

$$f^{-1}(B^c)=(f^{-1}(B))^c$$

が成り立つことを示せ.

［解］ $B\cup B^c=N$, $B\cap B^c=\phi$. したがって $f^{-1}(N)=M$, $f^{-1}(\phi)=\phi$ に注意すると，第2章の§1，要項5から

$$f^{-1}(B)\cup f^{-1}(B^c)=M,\quad f^{-1}(B)\cap f^{-1}(B^c)=\phi$$

が成り立つことがわかる．第2章の§1，例題3，i)から，$f^{-1}(B)$ に対してこの性質をもつ部分集合はただ1つしかなく，それは $(f^{-1}(B))^c$ で与えられる．したがって $f^{-1}(B^c)=(f^{-1}(B))^c$ がいえた．

6. f を L から M への写像，g を M から N への写像とし，合成写像 $g\circ f$ は L から N への全単射を与えているとする．このとき

i) f は単射，g は全射であることを示せ．

ii) f は全射，g は単射であるといえるか．

［解］ i) $x, x'\in L$, $x\neq x'$ とする．もしも $f(x)=f(x')$ ならば $g\circ f(x)=g(f(x))=g(f(x'))=g\circ f(x')$ となり，$g\circ f$ は単射とならない．したがって $f(x)\neq f(x')$，すなわち f は単射である．

また $f(L)\subset M$ により $N=g\circ f(L)\subset g(M)$. したがって $g(M)=N$ となって g は全射である．

ii) 一般には両方とも成り立たない．たとえば，$\boldsymbol{R}$ の区間 $[0,1]$ から $[0,2]$ への写像 f を $f(x)=x$ で定義し，$[0,2]$ から $[0,1]$ への写像 g を，$x\in[0,1]$ のとき $g(x)=x$, $x\in[1,2]$ のとき $g(x)=1$ と定義すると，$g\circ f$ は $[0,1]$ から $[0,1]$ への恒等写像で，したがって全単射であるが，f は全射でなく，g は単射でない．

7. f を M から N への写像とし，f から誘導された $\mathcal{P}(M)$ から $\mathcal{P}(N)$ への写像を $\overline{f}$ とする（第2章の§1，要項5参照）．このとき

i) f が単射ならば，$\overline{f}$ も単射であることを示せ．

ii) f が全射ならば，$\overline{f}$ も全射であることを示せ．

［解］ i) f を単射とする．$A, B\in\mathcal{P}(M)$, $A\neq B$ をとる．そのとき $x\in A\cap B^c$ となる x か，$x'\in A^c\cap B$ なる x' が存在する．前者の場合が成り立つとすればすべての $y\in B$ に対し $x\neq y$. f は単射だから $f(x)\neq f(y)$. これから $f(x)\notin f(B)$. $f(x)\in f(A)$ だから $\overline{f}(A)\neq\overline{f}(B)$，後者の場合が成り立つとしても同様で，$\overline{f}$ は単射である．

ii) 任意の C に対して $A=f^{-1}(C)$ とおく．一般に $\overline{f}(A)=C\cap f(M)$ であるが，f は仮定により全射だから $f(M)=N$. したがって $\overline{f}(A)=C$ となり，$\overline{f}$ は全射である．

8. f を L から M への写像, g を M から N への写像とする. そのとき誘導された写像 $\overline{f}:\mathcal{P}(L)\to\mathcal{P}(M)$, $\overline{g}:\mathcal{P}(M)\to\mathcal{P}(N)$, $g\circ f:\mathcal{P}(L)\to\mathcal{P}(N)$ に対して

$$\overline{g\circ f}=\overline{g}\circ\overline{f}$$

が成り立つことを示せ.

［解］ $A\in\mathcal{P}(L)$ に対し

$$\begin{aligned}\overline{g\circ f}(A)&=\textstyle\bigcup_{x\in A}g\circ f(x)=\bigcup_{x\in A}g(f(x))\\&=\overline{g}(\textstyle\bigcup_{x\in A}f(x)),\ \text{(設問 4 の i) 参照)}\\&=\overline{g}(\overline{f}(A))=\overline{g}\circ\overline{f}(A)\end{aligned}$$

ゆえに $\overline{g\circ f}=\overline{g}\circ\overline{f}$ が成り立つ.

9. M, N を空でない集合とする. $f\in\mathrm{Map}(M,N)$ に対して, 直積集合 $M\times N$ の部分集合 $\{(x,f(x))|\ x\in M\}$ を f の**グラフ**といい, graph f で表わす. π_M を $M\times N$ から M への射影, π_N を $M\times N$ から N への射影とする.

i) $M\times N$ の部分集合 S がある $f\in\mathrm{Map}(M,N)$ に対して $S=\mathrm{graph}\ f$ として表わされるための S の条件を求めよ.

ii) f が M から N への単射であることを, graph f の性質として $\pi_N{}^{-1}$ を用いていい表わせ.

iii) f が M から N への全射であることを, graph f の性質として π_N を用いていい表わせ.

iv) $f, g\in\mathrm{Map}(M,N)$ に対して, $S=\mathrm{graph}\ f\cap\mathrm{graph}\ g$ とおくと, $\pi_M(S)$ はどのような集合を表わすか.

［解］ i) S がある f で graph f と表わされるための必要十分条件は

$$x\in M \text{ に対し } \pi_M{}^{-1}(x)\cap S=1\text{ 点}$$

が成り立つことである. 実際, この条件が成り立てば $f(x)=\pi_N(\pi_M{}^{-1}(x)\cap S)$ とおくと, $f\in\mathrm{Map}(M,N)$ で, $S=\mathrm{graph}\ f$ となり, 逆に $S=\mathrm{graph}\ f$ であったとすれば $\pi_M{}^{-1}(x)\cap S=(x,f(x))$ である (図 22).

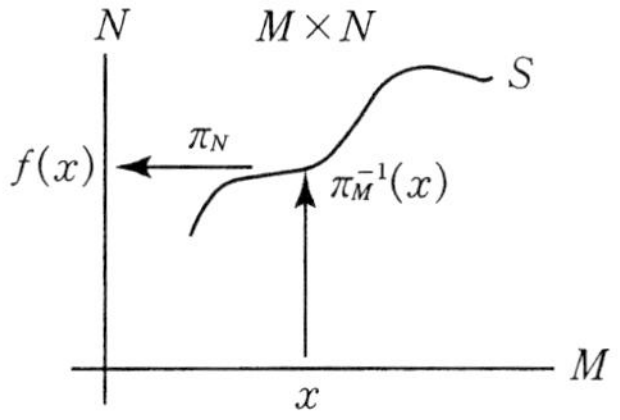

図 22

ii）単射の条件は，$y\in N$ に対し，$\pi_N{}^{-1}(y)\cap \mathrm{graph}\, f=\phi$ かまたは $=1$ 点という性質がつねに成り立つことで与えられる．

iii）全射の条件は，$\pi_N(\mathrm{graph}\, f)=N$ で与えられる．

iv）$x\in\pi_M(S)\Leftrightarrow(x, f(x))=(x, g(x))$．したがって $\pi_M(S)=\{x|\, f(x)=g(x)\}$ として表わせる．

10. $\varphi\in\mathrm{Map}\,(L, M)$ が与えられたとする．このとき，$f\in\mathrm{Map}\,(M, N)$ に対し $f\circ\varphi\in\mathrm{Map}\,(L, N)$ を対応させる対応は，$\mathrm{Map}\,(M, N)$ から $\mathrm{Map}\,(L, N)$ への写像を与える．この写像を φ^* で表わす．そのとき次のことを示せ（図 23）．

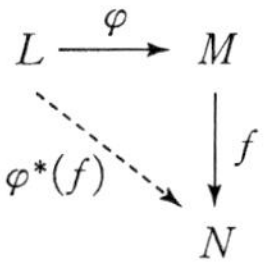

図 23

i）φ が単射ならば φ^* は全射

ii）φ が全射ならば φ^* は単射

iii）さらに $\psi\in\mathrm{Map}\,(K, L)$ が与えられたとき，$(\varphi\circ\psi)^*=\psi^*\circ\varphi^*$

［**解**］　i）φ^* が全射であることを示すには，$h\in\mathrm{Map}\,(L, N)$ が与えられたとき $h=\varphi^*(f)=f\circ\varphi$ をみたす $f\in\mathrm{Map}\,(M, N)$ の存在がいえればよい．φ は単射だから，φ^{-1}：$\mathrm{Im}\,\varphi\to L$ は存在する．そこで f を

$$f(y)=\begin{cases} h\circ\varphi^{-1}(y), & y\in\mathrm{Im}\,\varphi \\ z_0, & y\notin\mathrm{Im}\,\varphi \end{cases}$$

とおく；ここで z_0 は N から勝手にとった1つの元である．この f に対し $h=\varphi^*(f)$ が成り立つ．

実際, $\varphi^*(f)(x)=f\circ\varphi(x)=h\circ\varphi^{-1}(\varphi(x)) \quad (y=\varphi(x))$

$$=h\circ\varphi^{-1}\circ\varphi(x)=h(x)$$

ii) $f, g\in \mathrm{Map}(M, N)$ に対し, $f\neq g$ ならば $\varphi^*(f)\neq\varphi^*(g)$ を示すとよい. $f\neq g$ により, ある $y\in M$ があって $f(y)\neq g(y)$. φ は全射だから, ある $x\in L$ があって

$$\varphi(x)=y. \text{ したがって } f\circ\varphi(x)\neq g\circ\varphi(x)$$

すなわち $\varphi^*(f)\neq\varphi^*(g)$ が成り立つ.

iii) $$(\varphi\circ\psi)^*(f)=f\circ(\varphi\circ\psi)$$
$$=(f\circ\varphi)\circ\psi=\psi^*(f\circ\varphi)$$
$$=\psi^*(\varphi^*(f))=\psi^*\circ\varphi^*(f)$$

すなわち $(\varphi\circ\psi)^*=\psi^*\circ\varphi^*$ が成り立つ.

11. $\varphi\in\mathrm{Map}(M, N)$ が与えられたとする. このとき, $f\in\mathrm{Map}(L, N)$ に対し $\varphi\circ f\in\mathrm{Map}(L, N)$ を対応させる対応は, $\mathrm{Map}(L, M)$ から $\mathrm{Map}(L, N)$ への写像を与える. この写像を φ_* で表わす (図 24). そのとき次のことを示せ.

i) φ が単射ならば φ_* も単射

ii) φ が全射ならば φ_* も全射

iii) さらに $\psi\in\mathrm{Map}(N, K)$ が与えられたとき $(\psi\circ\varphi)_*=\psi_*\circ\varphi_*$

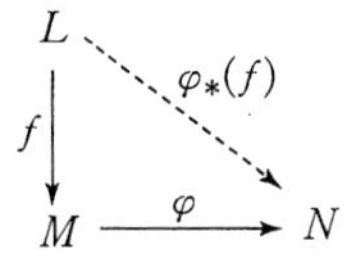

図 24

[**解**] i) φ を単射とする. $f\neq g$ ならばある $x\in L$ があって $f(x)\neq g(x)$. φ は単射だから, $\varphi\circ f(x)\neq\varphi\circ g(x)$, すなわち $\varphi_*(f)\neq\varphi_*(g)$ がいえた.

ii) φ を全射とすれば, φ により M に同値関係 $\sim$ が導入され, $M/\sim\,\simeq N$ となる (第2章の§3, 要項6参照). 代表元を選ぶ写像を $\mu: N\to M$ とする. このような写像の存在はツォルンの補題から保証されている (第2章の§5, 例題5, およびそのあとの注意参照). $z\in M$ に対し, $\varphi\circ\mu(z)=z$ が成り立つ. そこで $h\in\mathrm{Map}(L, N)$ が与えられたとき, $x\in L$ に対し

$$f(x)=\mu\circ h(x)$$

とおくと, $f\in\mathrm{Map}(L, M)$ で, かつ $\varphi\circ f=\varphi\circ\mu\circ h=h$; すなわち $h=\varphi_*(f)$ がいえて, φ_* は全射である.

iii)
$$(\psi\circ\varphi)_*(f)=\psi\circ\varphi\circ f=\psi\circ(\varphi_*(f))$$
$$=\psi_*(\varphi_*(f))=\psi_*\circ\varphi_*(f)$$

ゆえに $(\psi\circ\varphi)_*=\psi_*\circ\varphi_*$ が成り立つ．

12. M を可算集合とする．M の有限部分集合全体のつくる集合を Σ とする．Σ の濃度は $\aleph_0$ であることを示せ．

［**解**］ M を対等な集合でおきかえてもよいことは明らかだから，最初から $M=\boldsymbol{N}$（＝自然数の集合）とする．ちょうど n 個の元を含む部分集合全体のつくる集合を Σ_n とおく．明らかに $\Sigma=\bigsqcup_{n=0}^{\infty}\Sigma_n$．$k=1,2,\cdots$ に対して，$\{k,k+1,\cdots,k+(n-1)\}\in\Sigma_n$ だから $\Sigma_n\geqq\aleph_0$ である．

一方 $\Sigma_n\ni\{a_1,\cdots,a_n\}$ $(a_1<a_2<\cdots<a_n)$ に対して，$\{1,2,\cdots,n\}$ から N への写像 φ：$\varphi(i)=a_i$ $(i=1,2,\cdots,n)$ を対応させる．この対応は Σ_n から $\mathrm{Map}(\{1,2,\cdots,n\},N)$ への単射を与えている．一方，$\mathrm{Map}(\{1,2,\cdots,n\},N)$ の濃度は ${\aleph_0}^n$ である．このことは第2章の§2，例題3，i）から ${\aleph_0}^2=\aleph_0$，したがって $n>2$ ならば $\aleph_0={\aleph_0}^2\cdot{\aleph_0}^{n-2}={\aleph_0}^{n-1}$．帰納法から ${\aleph_0}^n=\aleph_0$ が成り立つことからわかる．したがって $\Sigma_n\leqq\aleph_0$ が結論される．

第2章の§2，要項3，定理1を用いて $\Sigma_n=\aleph_0$ が成り立つ．したがって $\Sigma=1+\aleph_0+\aleph_0+\cdots=\aleph_0\cdot\aleph_0={\aleph_0}^2=\aleph_0$．

13. M を可算集合とする．可算濃度をもつ M の部分集合のつくる集合 $\mathscr{C}$ の濃度を求めよ．

［**解**］ M の有限部分集合全体のつくる集合を Σ とすると，M の部分集合は有限集合が可算部分集合だから $\mathcal{P}(M)=\Sigma\sqcup\mathscr{C}$（直和集合)．一方 $\mathcal{P}(M)=\aleph$（第2章の§2，定理3，および§1，例題11参照)．したがって，上の設問12から

$$\aleph=\overline{\overline{\mathcal{P}(M)}}=\overline{\overline{\Sigma}}+\overline{\overline{\mathscr{C}}}=\aleph_0+\overline{\overline{\mathscr{C}}}$$

第2章の§2，例題4から $\overline{\overline{\mathscr{C}}}=\aleph$ が得られる．

14. 直線上の互いに重ならない開区間 (a,b) $(a<b)$ の集まりが1つ与えられたとする．このとき，ここに現われた開区間は高々可算であることを示せ．

［**解**］ 有理数の集合 $\boldsymbol{Q}$ は可算集合だから（第2章の§2，例題3，iii）参照)，$\boldsymbol{Q}=\{\gamma_1,\gamma_2,\cdots,\gamma_n,\cdots\}$ と番号をつけることができる．考えている開区間 (a,b) が1つ与えられたと

き，(a,b) にこの番号づけで最初に含まれる有理数をとり，$\gamma_{(a,b)}$ とする．$(a,b)\cap(c,d)=\phi$ ならば $\gamma_{(a,b)}\neq\gamma_{(c,d)}$．一方任意の開区間 (a,b) は少なくとも1つの有理数を含む(有理数の稠密性)．したがって考えている開区間の集合に，上の対応で，$\boldsymbol{Q}$ の部分集合がきまる；開区間が異なれば(仮定により重なっていない)，対応する有理数は異なっている．$\boldsymbol{Q}$ のこの部分集合は高々可算集合だから，開区間の‘個数’もまた高々可算である．

注意　もちろん，開区間を，半開区間，閉区間等でおきかえても成り立つ．

15　$\boldsymbol{R}$ 上で定義された，(実数値をとる)単調増加関数 $f(x)$ の不連続点は高々可算であることを示せ．

［**解**］　x_0 を $f(x)$ の不連続点とする．$f(x)$ の単調性から，右からの極限値と左からの極限値

$$\lim_{x\to x_0-0} f(y)=f(x_0-0),\quad \lim_{x\to x_0+0} f(x)=f(x_0+0)$$

は存在する．x_0 が不連続点であることは $f(x_0-0)<f(x_0+0)$ が成り立つことにほかならない．したがって不連続点 x_0 に開区間 $(f(x_0-0),f(x_0+0))$ が対応する．x_1 を x_0 と異なる不連続点とすれば，単調性から $(f(x_0-0),f(x_0+0))\cap(f(x_1-0),f(x_1+0))=\phi$．したがって不連続点の集合に，互いに重ならない開区間の集まりが1つ対応する．このことと設問14から，不連続点の集合は高々可算であることが結論できる．

注意　$[0,1]$ で定義された単調増加な有界関数で，不連続点が可算，かつ稠密に現われる例としては，$[0,1]$ の実数を2進無限小数で展開し，それを10進法でよむ関数がある：たとえば $f(1/2)=0.0111\cdots$．

16.　f は

$$f(x)=a_0x^n+a_1x^{n-1}+\cdots+a_n\quad (a_0\neq 0\,;\ a_0,a_1,\cdots,a_n：整数\,;\ n=1,2,\cdots)$$

なる形の任意の整式とする．A を $\boldsymbol{R}$ の中の空でない任意の高々可算な部分集合とする．このとき適当な f をとると $f(x)\in A$ をみたす $x\in\boldsymbol{R}$ の全体 S は $\boldsymbol{R}$ の可算部分集合をつくることを示せ．

［**解**］　$\boldsymbol{Z}$ を整数の集合とする．上のような形の代数式全体の集合を P，その中でとくに n 次なもの全体の集合を P_n で表わす．$f\in P_n$ に対し，その係数に注目して $(a_0,a_1,\cdots,a_n)\in\boldsymbol{Z}^{n+1}$ を対応させる．この対応は P_n から $\boldsymbol{Z}^{n+1}$ への単射である．したがって $P_n\leq\aleph_0{}^{n+1}=\aleph_0$ (第2章の§2，例題3，ii)参照)．

一方 $P_n \geqq \aleph_0$ は明らかだから，第2章の§2，定理1から $P_n=\aleph_0$ がでる．$P=\bigsqcup_{n=1}^{\infty} P_n$ だから $\bar{\bar{P}}=\aleph_0 \cdot \aleph_0=\aleph_0{}^2=\aleph_0$ である．

$A=\{a_1, a_2, \cdots, a_i, \cdots\}$ とする．任意の $f \in P$ に対して，$f(x)=a_i$ をみたす $x \in \boldsymbol{R}$ は，代数方程式の根として高々有限個，したがって $f(x) \in A$ をみたす x の個数は高々可算である．各 $f \in P$ に対してこれが成り立つから

$$\bar{\bar{S}} \leqq \bar{\bar{P}} \times \aleph_0=\aleph_0{}^2=\aleph_0$$

一方 S は無限集合であることは明らかだから $\bar{\bar{S}} \geqq \aleph_0$，第2章の§2，定理1を適用して $\bar{\bar{S}}=\aleph_0$ がいえた．

注意1　とくに $A=\{0\}$ のとき，S の元を**代数的な実数**という．したがって代数的な実数は可算集合をつくる．代数的な実数は有理数を含む．

注意2　代数的な実数でない実数を**超越数**という．上の結果と第2章の§2，例題4を用いると超越数全体のつくる集合の濃度は $\aleph$ であることがわかる．

17.[1]　$f(x)$ を $\boldsymbol{R}$ 上で定義された定数ではない実解析的な関数とする．A を $\boldsymbol{R}$ の中の可算部分集合とする．そのとき $S=\{x \mid f(x) \in A\}$ とおくと，S は $\boldsymbol{R}$ の中の高々可算部分集合であることを示せ．

［**解**］　$f(x)$ が実解析的であるとは，$f(x)$ は何回でも微分可能であって，任意に $x_0 \in \boldsymbol{R}$ をとったとき，十分小さい正数 ε をとると $x_0-\varepsilon<x<x_0+\varepsilon$ で

$$f(x)=\sum_{n=0}^{\infty} \frac{f^{(n)}(x_0)}{n!}(x-x_0)^n$$

と表わされることである．とくに $f(x)$ が定数でなければ，どの点 x_0 をとっても，$f^{(n)}(x_0) \neq 0$ となる n がある．$f(x)$ が実解析的ならば，$f'(x)$ も実解析的である．いま $f'(x_1)=0$ が成り立ったとする．そのとき十分小さい正数 δ をとると，$0<|x-x_1|<\delta$ で $f'(x) \neq 0$ である．実際このことは，x_1 の十分近くでは，自然数 m を適当にとると上の展開式から

$$f'(x)=(x-x_1)^m h(x)\;;\; h(x_1) \neq 0$$

と表わされるから，$h(x)$ の連続性に注意するとわかる．

したがって $f'(x)=0$ をみたす x 全体を，数直線 $\boldsymbol{R}$ から除くと，得られた集合は，互いに重ならない開区間の集まりとなる．かつこの開区間の端点がちょうど $f'(x)=0$ をみたす点となる．したがって設問13から，$f'(x)=0$ をみたす x 全体は高々可算集合をつくることがわかる（このような x で $f(x) \in A$ となるものも可算となる）．この開区間

1)　この問では，微分の知識を必要とする．

の集まりを $(x^{(i)}, y^{(i)})$, $(x^{(i)}<y^{(i)}; i=1,2,\cdots)$ とする．$x\in(x^{(i)}, y^{(i)})$ では $f'(x)\neq 0$，ゆえにつねに $f'(x)>0$ か，つねに $f'(x)<0$ かであって，$f(x)$ は，$(x^{(i)}, y^{(i)})$ で $\boldsymbol{R}$ への単射を与えている．したがって $x\in(x^{(i)}, y^{(i)})$ で，$f(x)\in A$ となる x は高々可算集合をつくる．各 $i=1,2,\cdots$ でこのことが成り立つことに注意すると

$$S\leqq\aleph_0+\aleph_0+\cdots=\aleph_0{}^2=\aleph_0$$

これで証明された．

18. 座標平面上の円の全体がつくる集合 S の濃度は $\aleph$ であることを示せ．

[**解**] 任意の円は，中心の座標 (x_0, y_0) と半径 $r\,(>0)$ できまる．各円に対して，$(x_0, y_0; r)$ を対応させる対応は，S から $\boldsymbol{R}\times\boldsymbol{R}\times\boldsymbol{R}^+$ への全単射を導く．ここで $\boldsymbol{R}^+=\{x|\,x\in\boldsymbol{R}, x>0\}$．これから $S=\aleph\cdot\aleph\cdot\aleph=\aleph^3=\aleph$（第2章の§2，例題6，iii）参照）．

19. $\boldsymbol{R}$ 上で定義された（実数値をとる）不連続関数全体のつくる集合 S の濃度は $2^{\aleph}$ に等しいことを示せ．

[**解**] 第2章の§2，例題7から，$\overline{\overline{S}}\leqq 2^{\aleph}$ はすぐにわかる．一方，$\boldsymbol{R}$ から $\{0,1\}$ への写像は，$\{0,1\}\subset\boldsymbol{R}$ により，$\boldsymbol{R}$ から $\boldsymbol{R}$ への写像と考えられるが，それが定数写像（これは2つしかない）でない限り不連続関数である．したがってこのような写像全体は S の部分集合をつくる．このことから $2^{\aleph}\leqq\overline{\overline{S}}$ がでる．第2章の§2，要項3の定理1から，$\overline{\overline{S}}=2^{\aleph}$．

20. $\boldsymbol{R}$ 上で定義された実数値関数 $g(x)$ で，適当な連続関数列 $\{f_n(x)\}$ $(n=1,2,\cdots)$ をとると

$$g(x)=\lim_{n\to\infty}f_n(x)$$

と表わせるような関数を考える．このような関数 g 全体がつくる集合 S の濃度は $\aleph$ に等しいことを示せ．

[**解**] 第2章の§2，例題6，v）から連続関数全体のつくる集合 $C(\boldsymbol{R})$ の濃度は $\aleph$ である．$f\in C(\boldsymbol{R})$ は，$f_n=f\ (n=1,2,\cdots)$ とおくことにより，$f=\lim f_n$ と表わせるから $C(\boldsymbol{R})\subset S$ である．したがって $\aleph\leqq\overline{\overline{S}}$.

いま $C(\boldsymbol{R})^\infty=C(\boldsymbol{R})\times C(\boldsymbol{R})\times\cdots\times C(\boldsymbol{R})\times\cdots$ の元 $(f_1, f_2, \cdots, f_n, \cdots)$ $(f_n\subset C(\boldsymbol{R}))$ で，$\lim_{n\to\infty}f_n(x)$ が各 $x\in\boldsymbol{R}$ で存在するようなものを考える．このような $C(\boldsymbol{R})^\infty$ の元全体

の集合 Σ は $C(\boldsymbol{R})^{\infty}$ の部分集合をつくる．したがって

$$\bar{\bar{\Sigma}} \leqq \overline{\overline{C(\boldsymbol{R})^{\infty}}} = \aleph^{\aleph_0} = \aleph$$

(第2章の§2，例題6，v）参照）である．$(f_1, f_2, \cdots, f_n, \cdots) \in \Sigma$ に対して $g = \lim_{n\to\infty} f_n$ を対応させる対応は，S の定義から，Σ から S への全射を与える．第2章の§5，例題5から $\bar{\bar{\Sigma}} \geqq \bar{\bar{S}}$ が得られる．したがって $\bar{\bar{S}} \leqq \aleph$.

前の結果とあわせて，第2章の§2，要項3の定理1を用いて $\bar{\bar{S}} = \aleph$ がいえた．

21. $\boldsymbol{R}$ の中の可算部分集合全体のつくる集合 Σ の濃度を求めよ．

［**解**］ 任意の $x \in \boldsymbol{R}$ に対し，$\{x, x+1, x+2, \cdots\} \in \Sigma$ だから，まず $\bar{\bar{\Sigma}} \geqq \aleph$ のことはわかる．

任意に $A \in \Sigma$ が与えられたとする．A は可算集合だから，$\boldsymbol{N}$ から A への全単射 φ_A が存在する．φ_A はもちろん A によって一意的にきまらないが，ツォルンの補題を用いることにより，各 $A \in \Sigma$ に対して‘代表元’ φ_A をとることができる．このような代表元 φ_A をすべての $A \in \Sigma$ にとり，それを固定して考える．したがって φ_A により，各 A は $A = \{a_1, a_2, \cdots, a_n, \cdots\}$ と番号をつけて表わせる．

$A = \{a_1, a_2, \cdots, a_n, \cdots\}$ に対して $\boldsymbol{R}^{\infty} = \boldsymbol{R} \times \boldsymbol{R} \times \cdots$ の元 $\{a_1, a_2, \cdots, a_n, \cdots\}$ を対応させる対応は，Σ から $\boldsymbol{R}^{\infty}$ への単射を与える．したがって $\bar{\bar{\Sigma}} \leqq \overline{\overline{\boldsymbol{R}^{\infty}}} = \aleph^{\aleph_0} = \aleph$（第2章の§2，例題6，v）参照）となり，前の結果とあわせて $\Sigma = \aleph$ が得られた．

22. どのような集合 M をとっても，Map (M, M) の濃度が $\aleph_0$ に等しくなることはないことを示せ．

［**解**］ M が n 個の元からなる有限集合ならば M の濃度は n, Map (M, M) の濃度は n^n であって $\neq \aleph_0$ である．M が可算集合のときには Map (M, M) の濃度は $\aleph_0{}^{\aleph_0} = \aleph$ で与えられるから，やはり $\neq \aleph_0$ である．

一方 $\mathfrak{m} \leqq \mathfrak{n}$ ならば $\mathfrak{m}^{\mathfrak{m}} \leqq \mathfrak{n}^{\mathfrak{n}}$ が成り立つ．これをみるには $M \subset N$ ならば Map (M, M) から Map (N, N) への単射が存在することを示せばよい．$\varphi \in$ Map (M, M), $x \in N$ に対し

$$\tilde{\varphi}(x) = \begin{cases} \varphi(x), & x \in M \\ y_0, & x \notin M \end{cases}$$

(y_0 は N のきまった元）とおくと，$\tilde{\varphi} \in$ Map (N, N) であって，$\varphi \to \tilde{\varphi}$ は求める単射となる．

任意の無限濃度 $\mathfrak{m}$ に対して $\aleph_0 \leqq \mathfrak{m}$ が成り立つから(第2章の§5，例題6参照)，$\aleph_0 < \aleph = \aleph_0^{\aleph_0} \leqq \mathfrak{m}^{\mathfrak{m}}$．ゆえに Map$(M, M)$ の濃度 $\mathfrak{m}^{\mathfrak{m}}$ が $\aleph_0$ になることはけっしてない．

23.　平面上の三角形の集合を S とする．S の中に同値関係 $\equiv$ を，$\varDelta, \varDelta' \in S$ に対して

$\varDelta \equiv \varDelta' \iff \varDelta$ と $\varDelta'$ が，平行移動，回転，裏返しを適当に行なうと重なるとき

と定義する．そのときある標準的な対応で

$$S/\equiv \, \simeq \boldsymbol{R}^+ \times \boldsymbol{R}^+ \times (0, \pi)$$

が成り立つことを示せ($\boldsymbol{R}^+$ は正の実数全体のつくる集合)．

[**解**]　上の関係 $\varDelta \equiv \varDelta'$ は2つの三角形が合同であるということにほかならない．そのことから同値関係を与えていることはすぐにわかる．一方2つの三角形 $\varDelta, \varDelta'$ が合同となるための必要かつ十分なる条件は，2辺と夾角が等しいことで与えられる．したがって三角形の2辺と夾角を対応させる対応は $S/\equiv$ と $\boldsymbol{R}^+ \times \boldsymbol{R}^+ \times (0, \pi)$ との同型対応を導く．

24[1]．集合 $M\,(\neq \phi)$ が与えられたとする．Map(M, M) の中で，全単射な写像全体のつくる集合を Iso(M) で表わす：Iso$(M) \subset$ Map(M, M)．

i）Iso(M) は写像の合成を積として採用することにより群をつくることを示せ．

ii）$N \subset M$ とする．このとき Iso(M) の元 φ で，とくに N から N へ全単射を与えるもの全体 I_N は Iso(M) の部分群をつくることを示せ．

iii）G を Iso(M) の部分群とし，$x, y \in M$ に対し $x \sim y$ を

$$x \sim y \iff \text{ある } \varphi \in G \text{ があって } x = \varphi(x)$$

で定義する．そのときこの関係は M に同値関係を与えることを示せ．

[**解**]　i）$\varphi_1, \varphi_2, \varphi_3 \in$ Iso(M) とすると $\varphi_1 \circ (\varphi_2 \circ \varphi_3) = (\varphi_1 \circ \varphi_2) \circ \varphi_3$ から，結合律が成り立つ．ι を恒等写像 $\iota(x) = x\ (x \in M)$ とすると $\iota \in$ Iso(M)，かつ $\iota \circ \varphi = \varphi \circ \iota = \iota$；したがって ι は単位元となる．また，$\varphi \in$ Iso(M) の逆写像 φ^{-1} は，$\varphi^{-1} \circ \varphi = \varphi \circ \varphi^{-1} = \iota$ により，Iso(M) の中で φ の逆元を与える．これらのことから Iso(M) は，$\circ$ を積の規則と

1）群の定義は既知としてこの問題では用いる．

して群となる．

ii）$\varphi, \psi \in I_N$ ならば $\varphi \circ \psi$，$\varphi^{-1} \in I_N$ は明らか．また恒等写像 ι は I_N の元となっている．

iii）恒等写像 ι は G の元で，$x = \iota(x)$；すなわち $x \sim x$ が成り立つ．$x \sim y$ とするとある $\varphi \in G$ があって $x = \varphi(y)$ であるが，両辺に φ^{-1} に適用して $\varphi^{-1}(x) = y$；$\varphi^{-1} \in G$ だから $y \sim x$ がいえた．$x \sim y, y \sim z$ とするとある $\varphi, \psi \in G$ があって $x = \varphi(y)$，$y = \psi(z)$ となる；したがって $x = \varphi \circ \psi(z)$ であるが，$\varphi \circ \psi \in G$ により $x \sim z$．これで関係～が M に同値関係を与えることがわかった．

25. $\boldsymbol{R}$ 上で定義された（実数値をとる）何回でも微分できる関数全体の集合を $C^\infty(\boldsymbol{R})$ で表わす．

i）$C^\infty(\boldsymbol{R})$ の中の 2 元 f, g の間の関係～を

$$f \sim g \iff \text{ある正数 } \varepsilon \text{ があって } x \in (-\varepsilon, \varepsilon) \text{ のとき } f(x) = g(x)$$

で定義する．この関係は同値関係であることを示せ．

ii）$C^\infty(\boldsymbol{R})$ の中の 2 元 f, g の間の関係 $\approx$ を

$$f \approx g \iff \text{すべての } n\ (=0, 1, 2, \cdots) \text{ に対して } f^{(n)}(0) = g^{(n)}(0) \text{ が成り立つ}$$

で定義する．この関係は同値関係であることを示せ．

iii）$f \sim g$ ならば $f \approx g$ が成り立つことを示せ．逆は正しいか．

［**解**］ i）$f \sim f$；$f \sim g \Rightarrow g \sim f$ は明らかである．$f \sim g$，$g \sim h$ とする．そのときある $\varepsilon > 0$，$\varepsilon_1 > 0$ があって $x \in (-\varepsilon, \varepsilon) \Rightarrow f(x) = g(x)$；$x \in (-\varepsilon_1, \varepsilon_1) \Rightarrow g(x) = h(x)$．したがって $\varepsilon_2 = \mathrm{Min}(\varepsilon, \varepsilon_1)$ とおくと，$x \in (-\varepsilon_2, \varepsilon_2)$ のとき $f(x) = h(x)$．ゆえに $f \sim h$ が成り立つ．このことから～が $C^\infty(\boldsymbol{R})$ に同値関係を与えることがわかる．

ii）これは明らかである．

iii）$f \sim g$ とする．したがってある $\varepsilon > 0$ があって $x \in (-\varepsilon, \varepsilon)$ で $f(x) = g(x)$；とくに $f(0) = g(0)$．ゆえにそこで各点の微係数も等しく，$f'(x) = g'(x)$；とくに $f'(0) = g'(0)$．以下同様にくり返して $x \in (-\varepsilon, \varepsilon)$ で $f^{(n)}(x) = g^{(n)}(x)$ $(n = 0, 1, 2, \cdots)$ が成り立つことがわかり，とくにまた $f^{(n)}(0) = g^{(n)}(0)$ $(n = 0, 1, 2, \cdots)$ が成り立つ．したがって $f \approx g$ がいえた．

逆は正しくない．実際

$$h(x) = \begin{cases} e^{-1/x^2}, & x > 0 \\ 0, & x \leqq 0 \end{cases}$$

とおくと，$h(x) \in C^\infty(\boldsymbol{R})$ であって，$h^{(n)}(0) = 0$ $(n = 0, 1, 2, \cdots)$．したがって $h \approx 0$（0 は

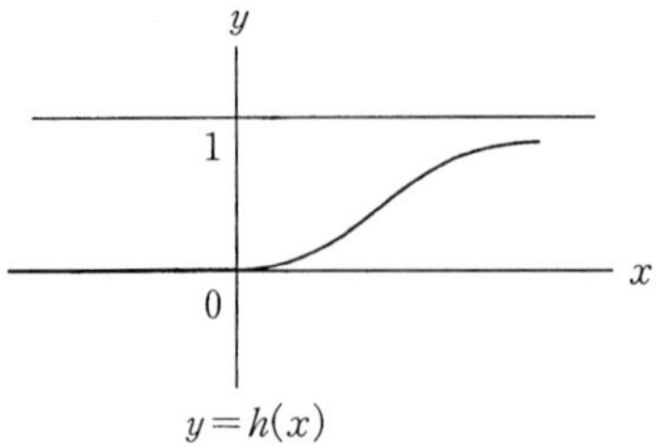

図 25

恒等的に 0 である関数を示す) であるが, $x>0$ で $h(x)>0$ だから $h\not\equiv 0$ (図 25).

注意 1 $f\in C^\infty(\boldsymbol{R})$ に対して $(f(0), f'(0), \cdots, f^{(n)}(0), \cdots)$ を対応させる対応は, 実は同型写像

$$C^\infty(\boldsymbol{R})/\approx\ \simeq \boldsymbol{R}^\infty$$

を導くことが知られている (全射であることが自明でなく, 証明を要するところである).

注意 2 $\boldsymbol{R}$ 上の実解析関数全体の集合 $C^\omega(\boldsymbol{R})$ は, $C^\infty(\boldsymbol{R})$ の部分集合をつくる. 問題で与えた 2 つの同値関係を $C^\omega(\boldsymbol{R})$ の上だけで考えることにすれば, この 2 つの同値関係は $C^\omega(\boldsymbol{R})$ の上では一致する. すなわち $f\sim g \Leftrightarrow f\approx g$ $(f, g\in C^\omega(\boldsymbol{R}))$ が成り立つ.

以下の設問 26, 27, 28 に用いるため, 定義を挿入する.

定義 順序集合 Λ が**有向系**であるとは, 任意の $\alpha, \beta\in\Lambda$ に対して $\alpha\leqq\gamma$, $\beta\leqq\gamma$ をみたす γ が存在することである.

定義 有向系 Λ, Λ によって添数のつけられた集合族 $\{A_\alpha\}_{\alpha\in\Lambda}$, および $\alpha\leqq\beta$ に対して写像 $f_\alpha{}^\beta : A_\alpha\to A_\beta$ が与えられて次の条件をみたすとき, $\{A_\alpha, f_\alpha{}^\beta\}$ を集合の有向系という (図 26).

$$\begin{array}{ccccc} A_\alpha & \xrightarrow{f_\alpha{}^\beta} & A_\beta & \xrightarrow{f_\beta{}^\gamma} & A_\gamma \\ & & \underbrace{\hphantom{xxxx}}_{f_\alpha{}^\gamma} & & \end{array}$$

図 26

i) $f_\alpha{}^\alpha$ は A_α から A_α への恒等写像

ii) $\alpha\leqq\beta\leqq\gamma$ に対して, つねに

$$f_\alpha{}^\gamma = f_\beta{}^\gamma \circ f_\alpha{}^\beta$$

が成り立つ.

26. $\{A_\alpha, f_\alpha^\beta\}\,(\alpha, \beta \in \Lambda)$ を集合の有向系とする．そのとき $\bigsqcup_{\alpha\in\Lambda} A_\alpha$ の中に次のように2元の間の関係～を導入する：

$$a_\alpha \in A_\alpha,\ a_\beta \in A_\beta \text{ に対して } a_\alpha \sim a_\beta$$
$$\Longleftrightarrow \alpha \leqq \gamma,\ \beta \leqq \gamma \text{ なる } \gamma \text{ があって } f_\alpha^\gamma a_\alpha = f_\beta^\gamma a_\beta \text{ が成り立つ}$$[1]．

このとき，この関係～は $\bigsqcup_{\alpha\in A} A_\alpha$ の中に同値関係を与えていることを示せ．

［**解**］ $a_\alpha \sim a_\alpha$ は，$\alpha \leqq \alpha$ で，$a_\alpha = f_\alpha^\alpha a_\alpha$ が成り立つことからわかる（f_α^α は定義から恒等写像であることに注意）．$a_\alpha \sim a_\beta$ の定義が，α と β に関して対称だから $a_\alpha \sim a_\beta \Rightarrow a_\beta \sim a_\alpha$ も成り立つ．最後に $a_\alpha \sim a_\beta$，$a_\beta \sim a_\gamma$ とする．そのときある δ, δ' があって $\alpha \leqq \delta$，$\beta \leqq \delta$ でかつ $f_\alpha^\delta a_\alpha = f_\beta^\delta a_\beta$；$\beta \leqq \delta'$，$\gamma \leqq \delta'$ でかつ $f_\beta^{\delta'} a_\beta = f_\gamma^{\delta'} a_\gamma$ が成り立つ．Λ は有向系だから $\delta \leqq \mu$，$\delta' \leqq \mu$ なる $\mu \in \Lambda$ が存在する．この μ に対して $\alpha \leqq \mu$，$\gamma \leqq \mu$ であって

$$\begin{aligned} f_\alpha^\mu a_\alpha &= f_\delta^\mu \circ f_\alpha^\delta a_\alpha = f_\delta^\mu \circ f_\beta^\delta a_\beta \\ &= f_\beta^\mu a_\beta = f_{\delta'}^\mu \circ f_\beta^{\delta'} a_\beta \\ &= f_{\delta'}^\mu \circ f_\gamma^{\delta'} a_\gamma = f_\gamma^\mu a_\gamma \end{aligned}$$

すなわち，$a_\alpha \sim a_\gamma$ がいえた．

これらのことから～が $\bigsqcup_{\alpha\in\Lambda} A_\alpha$ に同値関係を与えていることが証明された．

集合の有向系 $\{A_\alpha, f_\alpha^\beta\}$ にこのようにして与えられた同値関係～によって，商集合 $\bigsqcup_{\alpha\in\Lambda} A_\alpha/\sim$ が得られる．この商集合を，$\varinjlim A_\alpha$ で表わし，$\{A_\alpha, f_\alpha^\beta\}$ から得られる**直極限集合**という．

27. 集合の有向系 $\{A_\alpha, f_\alpha^\beta\}\,(\alpha, \beta \in A)$，および集合 B が与えられたとする．各 $\alpha \in \Lambda$ に対して，A_α から B への写像 g_α が与えられて，$g_\alpha = g_\beta \circ f_\alpha^\beta\,(\alpha \leqq \beta)$ なる関係をみたしているとする．そのとき次のことを示せ（図27）．

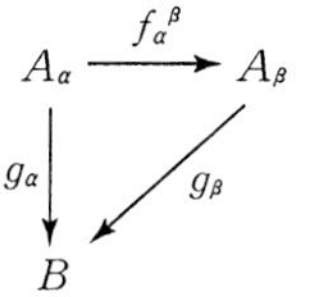

図27

i）π_α を，A_α から $\varinjlim A_\alpha$ への，同値類を対応させる写像とする．この

1）記号が繁雑になることを避けるために，ここでは $f_\alpha^\gamma(a_\alpha)$ を単に $f_\alpha^\gamma a_\alpha$ のように表わした．

とき $g\circ\pi_\alpha=g_\alpha$ $(\alpha\in\Lambda)$ をみたす，ただ1つの写像

$$g:\varinjlim A_\alpha \longrightarrow B$$

が存在する．

ii) i)で得られた写像 g が，$\varinjlim A_\alpha$ から B への全単射を与えるための必要かつ十分なる条件は次の a), b) が同時に成立することである：

a) $B=\bigcup_{\alpha\in\Lambda} g_\alpha(A_\alpha)$

b) $g_\alpha(a_\alpha)=g_\beta(a_\beta) \iff$ ある γ があって，$\alpha\leqq\gamma$, $\beta\leqq\gamma$ でかつ $f_\alpha{}^\gamma a_\alpha=f_\beta{}^\gamma a_\beta$ が成り立つ．

[解] i) $a_\alpha\in A_\alpha$, $a_\beta\in A_\beta$ に対して $a_\alpha\sim a_\beta$ であれば，$g_\alpha(a_\alpha)=g_\beta(a_\beta)$ が成り立つ．この証明：$a_\alpha\sim a_\beta$ から，ある γ があって $\alpha\leqq\gamma$, $\beta\leqq\gamma$ でかつ $f_\alpha{}^\gamma a_\alpha=f_\beta{}^\gamma a_\beta$ が成り立つが，このとき g_α の条件を用いて

$$\begin{aligned} g_\alpha(a_\alpha)&=g_\gamma\circ f_\alpha{}^\gamma a_\alpha \\ &=g_\gamma\circ f_\beta{}^\gamma a_\beta=g_\beta(a_\beta) \end{aligned}$$

が得られる．

したがって各 A_α 上では g_α と一致するとして得られる写像 $\bigsqcup_{\alpha\in\Lambda} A_\alpha\to B$ は，同値類上で同じ値をとる．したがって商集合へ移って，商集合：$\varinjlim A_\alpha$ から B への写像 g が，g_α から導かれる．つくり方から明らかに $g\circ\pi_\alpha=g_\alpha$ が成り立つ．

いま別に写像 g'：$\varinjlim A_\alpha\to B$ で，$g'\circ\pi_\alpha=g_\alpha$ $(\alpha\in\Lambda)$ をみたすものを考える．このとき g と g' は $\pi_\alpha(A_\alpha)$ $(\alpha\in\Lambda)$ 上で g_α に等しく，一致するが，$\varinjlim A_\alpha=\bigcup_{\alpha\in\Lambda}\pi_\alpha(A_\alpha)$ だから，結局 $g=g'$ がいえて，一意性が示された．

ii) 必要なこと：g が $\varinjlim A_\alpha$ から B への全射を与えているとする．g は全射だから

$$\begin{aligned} B&=g(\varinjlim A_\alpha)=g(\textstyle\bigcup_{\alpha\in\Lambda}\pi_\alpha(A_\alpha)) \\ &=\textstyle\bigcup_{\alpha\in\Lambda} g(\pi_\alpha(A_\alpha))=\bigcup_{\alpha\in\Lambda} g\circ\pi_\alpha(A_\alpha) \\ &=\textstyle\bigcup g_\alpha(A_\alpha) \end{aligned}$$

すなわち a) が成り立つ．また g は単射だから $[a_\alpha], [a_\beta]\in\varinjlim A_\alpha$ ($[a_\alpha], [a_\beta]$ はそれぞれ，a_α, a_β を含む同値類を表わす) のとき，

$$g([a_\alpha])=g([a_\beta]) \iff [a_\alpha]=[a_\beta]$$

が成り立つ．$[a_\alpha]=\pi_\alpha(a_\alpha)$, $[a_\beta]=\pi_\beta(a_\beta)$ は注意すると，この関係は

$$g_\alpha(a_\alpha)=g_\beta(a_\beta) \iff a_\alpha\sim a_\beta$$

に等しい．$a_\alpha\sim a_\beta$ の定義に戻れば，b) が成り立つことがわかる．

十分なこと：上の議論を逆にたどればよい．

28.　M を空でない集合とし，M の有限部分集合の全体を Λ で表わす．

ｉ）　$\alpha, \beta \in \Lambda$ に対して，順序 $\alpha \leqq \beta$ を，対応する M の有限部分集合 A_α, A_β が $A_\alpha \subset A_\beta$ のときと定義する．このとき Λ は有向系となっていることを示せ．

ii）　$\alpha \leqq \beta$ のとき，f_α^β を A_α から A_β の中への単射 $f_\alpha^\beta(x)=x$ と定義する．そのとき $\{A_\alpha, f_\alpha^\beta\}$ $(\alpha, \beta \in \Lambda)$ は，集合の有向系となっていることを示せ．

iii）　$g_\alpha : A_\alpha \to M$ を，$g_\alpha(x)=x$ で定義すると，g_α は前問 ii）の条件 a), b) をみたしていることを示せ．

［解］　ｉ）　A_α, A_β に対し，$A_\alpha \cup A_\beta$ を A_γ とおくと，$\alpha \leqq \gamma, \beta \leqq \gamma$；したがって Λ は有向系である．

ii）　f_α^α が A_α から A_α への恒等写像のことは定義からでる．$\alpha \leqq \beta \leqq \gamma$ とすると $A_\alpha \subset A_\beta \subset A_\gamma$；このとき $f_\alpha^\gamma = f_\beta^\gamma \circ f_\alpha^\beta$ が成り立つことも明らかであろう．

iii）　$M = \bigcup_{x \in M}\{x\}$ で $\{x\} \in \Lambda$ だから，もちろん $M = \bigcup_{\alpha \in \Lambda} g_\alpha(A_\alpha) = \bigcup_{\alpha \in \Lambda} A_\alpha$ がいえて，a) が成り立つ．また，$g_\alpha(x_\alpha) = g_\beta(x_\beta)$ は，$x_\alpha = x_\beta = x$ で $x \in A_\alpha \cap A_\beta$ が成り立つことであり，したがって $A_\gamma = A_\alpha \cup A_\beta$ とおくと $\alpha \leqq \gamma$, $\beta \leqq \gamma$ で $f_\alpha^\gamma(x_\alpha) = f_\beta^\gamma(x_\beta) = x$ が成り立つ．逆も同様である．したがって b) が成り立つ．

注意　設問 27，ii）を参照すると，直極限集合の概念を導入すれば，任意の集合 M は，その有限部分集合族の直極限集合 $\varinjlim A_\alpha$ として表わされることがわかる．

29.　順序集合において，その任意の 2 元に sup および inf が存在するものを**束**（ソク）という．4 つの元からなる束（**4 元束**という），5 つの元からなる束（**5 元束**という）をハーセの図式[1]を用いてかき表わせ．

［解］　4 元束は同型を除けば 2 つあって，それらは図 28 で与えられる．

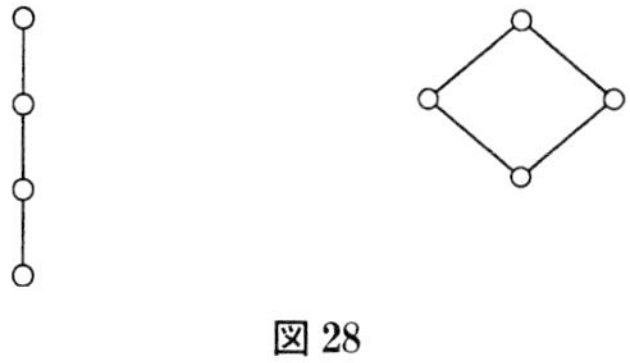

図 28

1)　**ハーセの図式**とは，有限個の元からなる順序集合をかき表わす方法で，$a<b$ のとき，平面上で a を下に，b を上においた 2 点で示す．$a<b$ で $a<x<b$ なる x が存在しないとき，a と b を線分で結ぶ．

5元束は同型を除けば5つあって，それらは図29で与えられる[2)].

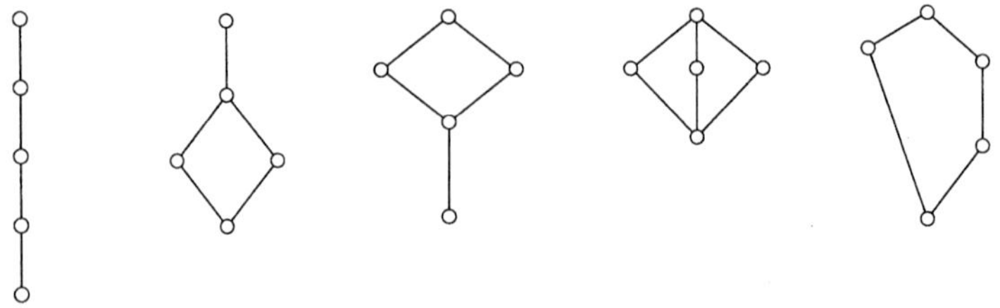

図 29

30. i) 順序集合が束であったとする．$a, b \in M$ に対して

$$a \cup b = \sup\{a, b\}, \quad a \cap b = \inf\{a, b\}$$

とおく．そのとき

(1) $a \cup b = b \cup a$, $a \cap b = b \cap a$

(2) $a \cup (b \cup c) = (a \cup b) \cup c$, $a \cap (b \cap c) = (a \cap b) \cap c$

(3) $a \cup (a \cap b) = a$, $a \cap (a \cup b) = a$

が成り立つことを示せ．

ii) 集合 M の任意の2元に対し演算 $a \cup b\ (\in M)$, $a \cap b\ (\in M)$ が与えられ，上の(1),(2),(3)をみたしているとする．そのとき $a \cup b = a$ なる関係を $a \geqq b$ で表わせば，M は $\geqq$ により順序集合となる．M はこの順序で束であって，(M にはじめに与えられてある演算) $a \cup b$, $a \cap b$ はちょうど $a \cup b = \sup\{a, b\}$, $a \cap b = \inf\{a, b\}$ となっていることを示せ．

[**解**] i) いずれも同様だから(3)の左側の等式を証明する．sup, inf の定義(第2章の§4，要項3参照)から $\sup\{a, b\} = a \cup b \geqq a, b$；$\inf\{a, b\} = a \cap b \leqq a, b$ であることを注意する．$a \cap b \leqq a$, $a \leqq a$ により，a は $\{a, a \cap b\}$ の上界である．$\sup\{a, a \cap b\}$ は上界の集合の最小元だから $\sup\{a, a \cap b\} = a \cup (a \cap b) \leqq a$．一方最初の注意から $\sup\{a, a \cap b\} \geqq a$．したがって $a \cup (a \cap b) = a$ が示された．

ii) $a \cup b = a$ は $a \cap b = b$ であることと同値であることをまず注意する．実際 $a \cup b = a$ とすると，(1)から $b \cup a = a$．(3)から $b \cap a = b \cap (b \cup a) = b$，したがってふたたび(1)から $a \cap b = b$ が成り立つ．逆に $a \cap b = b$ を仮定すれば同様にして $a \cup b = a$ が得られる．したがって $a \geqq b$ の定義は，$a \cup b = a$ か $a \cap b = b$ のいずれかが成り立つときと

2) 6元束は15通りある．

してよい．

(3) の左の等式で b を $a\cup b$ でおきかえて

$$a\cup(a\cap(a\cup b))=a$$

したがって (3) の右の等式から

$$a\cup a=a$$

が得られる (同様にして $a\cap a=a$ がいえる)．したがって $a\leqq a$．次に $a\geqq b$, $a\leqq b$ が同時に成り立ったとする．そのとき $a\cup b=a$, $a\cup b=b$；ゆえに $a=b$．最後に $a\leqq b$, $b\leqq c$ を仮定する．そのとき $a\cup b=b$, $b\cup c=c$；ゆえに $a\cup c=a\cup(b\cup c)=(a\cup b)\cup c=b\cup c=c$ ((2) を用いた)．すなわち $a\leqq c$ がいえた．したがって $\leqq$ は M に順序を与えていることが証明された．

次に $\sup\{a, b\}$ が存在して，$\sup\{a, b\}=a\cup b$ で与えられることを示す．

$$a\cup(a\cup b)=(a\cup a)\cup b=a\cup b$$

から $a\leqq a\cup b$；同様に $b\leqq a\cup b$．したがって $a\cup b$ は $\{a, b\}$ の1つの上界である．一方 c を $\{a, b\}$ の上界とすると $(a\cup b)\cup c=(a\cup c)\cup b=c\cup b=c$；すなわち $a\cup b\leqq c$．したがって $a\cup b$ は $\{a, b\}$ の上界の最小元である．ゆえに $\sup\{a, b\}=a\cup b$．

同様にして $\inf\{a, b\}$ が存在して，$\inf\{a, b\}=a\cap b$ が成り立つことが示される．

注意　したがって，束を定義するには，上の問題 ii) のように，演算 $a\cup b$, $a\cap b$ が与えられて (1), (2), (3) をみたすといってもよい．束は一般には $a\cup(b\cap c)=(a\cup b)\cap(a\cup c)$ をみたすとは限らない．たとえば設問29の解の中で与えた5元束の最後の2つでは，この等式が一般には成立しない．

31.　M を整列集合とする．A を M の部分集合とする．そのとき A は，整列集合として，M かまたはその切片に同型となることを示せ．

[解]　第2章の§4，要項5の定理から，$M\simeq A\langle a\rangle$ か，$M\simeq A$ かあるいは $M\langle b\rangle\simeq A$ のいずれか1つだけがおきる．最初の場合がおきないことを示せばよいが，それは§4，例題6，i) に示してある．

32.　α, β, γ を順序数とする．順序数の和および積に関し (49頁にある定義参照)，次のことを示せ．

i)　$\alpha+\beta=\beta+\alpha$ は一般には成り立たない．

ii)　$(\alpha+\beta)+\gamma=\alpha+(\beta+\gamma)$

iii)　$\gamma(\alpha+\beta)=\gamma\alpha+\gamma\beta$

iv)　$(\alpha+\beta)\gamma=\alpha\gamma+\beta\gamma$ は一般には成り立たない.

［**解**］　i)　$\alpha=1,\ \beta=\omega$ とすると $\alpha+\beta=1+\omega=\omega$；一方 $\beta+\alpha=\omega+1$. したがって $\alpha+\beta\neq\beta+\alpha$.

ii)　これは定義に戻って容易に示される.

iii)　A, B, C をそれぞれ順序数 α, β, γ をもつ整列集合とする. $\gamma(\alpha+\beta)$ は整列集合 $C\times(A\sqcup B)$ のもつ順序数であり, $\gamma\alpha+\gamma\beta$ は整列集合 $(C\times A)\sqcup(C\times B)$ のもつ順序数である. 集合としては, 自明な同型対応

$$C\times(A\sqcup B)\simeq(C\times A)\sqcup(C\times B)$$

が存在する. この同型対応が順序集合としても同型を与えていることをみるとよい. $C\times(A\sqcup B)$ の順序は（第2章の§4, 例題8参照), $(A\sqcup B)$ と語頭として引く辞書的順序のことに注意すると, $a\in A,\ b\in B,\ c, c'\in C$ に対してつねに $(c, a)<(c', b)$ が成り立つ. また $(c, a)\ (c\in C, a\in A)$ の形の元に対しては, $C\times A$ の順序と一致した順序がはいっている；$(c', b)\ (c'\in C, b\in B)$ の形の元に対しては, $C\times B$ の順序と一致した順序がはいっている. このことから, 上の同型が順序集合として同型であることがわかる.

iv)　まず $2\omega=\omega$ のことに注意する. 実際, $\{1, 2\}$, $\{1, 2, \cdots\}$ を自然数の大小の順序でそれぞれ順序数 2, ω をもつ整列集合にとっておくと, 2ω は

$$\{(1,1), (2,1), (1,2), (2,2), \cdots, (1,n), (2,n), (1,n+1), (2,n+1), \cdots\}$$

なる整列集合（右へ行くほど大として順序をいれてある）のもつ順序数であり, これは明らかに ω である.

したがって $\alpha=\beta=1,\ \gamma=\omega$ にとると

$$(\alpha+\beta)\gamma=2\omega=\omega,\quad \gamma(\alpha+\beta)=\omega\cdot 2$$

$\omega\cdot 2$ は $\{1, 2, \cdots, 1, 2, \cdots\}$ なる整列集合の順序数であるから $\omega\neq\omega\cdot 2$. ゆえにこの場合 $(\alpha+\beta)\gamma\neq\gamma(\alpha+\beta)$.

33.　順序数 α, β, γ が与えられ, $\alpha<\beta$ とする（第2章の§4, 例題10参照). そのとき次の不等式を示せ.

i)　$\alpha+\gamma\leqq\beta+\gamma$；$\gamma+\alpha<\gamma+\beta$

最初の式で一般に等号ははずせない.

ii)　$\gamma>0$ に対し $\alpha\gamma\leqq\beta\gamma$；$\gamma\alpha<\gamma\beta$

最初の式で一般に等号ははずせない.

［解］ A, B, C をそれぞれ順序数 α, β, γ をもつ整列集合とする．$\alpha<\beta$ だから $A=B\langle b\rangle$ $(b\in B)$ としてよい．

i） $\alpha+\gamma\leqq\beta+\gamma$ が成り立つことは $A\sqcup C\subset B\sqcup C$ により，設問31からでる．ここで等号が成り立つ場合としては，$\alpha=1$, $\beta=2$, $\gamma=\omega$ にとるとよい．また第2章の§4，例題10，ii）からある $\delta>0$ をとると $\beta=\alpha+\delta$ が成り立つ．ゆえに

$$\gamma+\beta=\gamma+(\alpha+\delta)=(\gamma+\alpha)+\delta>\gamma+\alpha$$

ii） $\alpha\gamma\leqq\beta\gamma$ が成り立つことは i）の前半と同様，ここで等号が成り立つ場合としては，$\alpha=1$, $\beta=2$, $\gamma=\omega$ にとるとよい．また $\beta=\alpha+\delta$, $\delta>0$, から

$$\gamma\beta=\gamma(\alpha+\delta)=\gamma\alpha+\gamma\delta>\gamma\alpha$$

34. α, β, ζ を順序数とし，$\zeta<\alpha\beta$ が成り立つとする．そのとき

$$\zeta=\alpha\eta+\xi,\ \xi<\alpha,\ \eta<\beta$$

なる順序数 ξ, η が（α, β, ζ により）一意的にきまることを示せ．

［解］ A, B, Z をそれぞれ順序数 α, β, ζ をもつ整列集合とする．仮定 $\zeta<\alpha\beta$ は，Z が整列集合 $A\times B$（第2章の§4，例題10参照）のある元 (a, b) による切片と同型であることを示している．: $Z\simeq(A, B)\langle(a, b)\rangle$．したがって，$A\times B$ の順序のいれ方から（第2章の§4，例題8，ii）参照）$Z\simeq\{(x, y)|\ y<b$ か，あるいは $y=b$ で $x<a\}$ のことがわかる．ゆえに

$$Z\simeq(A\times B\langle b\rangle)\sqcup A\langle a\rangle$$

$B\langle b\rangle$, $A\langle a\rangle$ のもつ順序数を η, ξ とすれば，$\xi<a$, $\eta<\beta$ で，$\zeta=\alpha\eta+\xi$ が成り立つ．一意性は，Z と A, B により切片を与える (a, b) が一意的にきまることからわかる（第2章の§4，例題7，iii）参照）．

35. M を空でない集合とする．

i） $\mathcal{P}(M)$ の部分集合 $\Sigma(\neq\phi)$ で次の a), b) をみたすものが存在することを示せ．

a） 任意に有限個の $A_1, \cdots, A_n\in\Sigma$ をとったとき，つねに $\bigcap_{i=1}^n A_i\neq\phi$

b） $B\notin\Sigma$ ならば，ある $A\in\Sigma$ があって $B\cap A=\phi$

ii） i）で得られた Σ に対し

$$\bigcap_{A\in\Sigma} A=1\text{点}\quad\text{または}\quad\phi$$

が成り立つことを示せ．

[**解**] i) $\mathcal{P}(M)$ の部分集合が a) に述べた性質をみたすということは，有限性の性質である．したがってツォルンの補題から任意に $A\neq\phi$ を与えたとき，A を含んでかつ a) の性質をもつ極大な部分集合が $\mathcal{P}(M)$ の中に存在する．それを Σ とおく．$\Sigma\neq\phi$ であって，かつ Σ は明らかに a) をみたす．また極大性から $B\notin\Sigma$ ならば，必ずある $A_1, \cdots, A_n\in\Sigma$ があって

$$B\cap(A_1\cap\cdots\cap A_n)=\phi$$

が成り立たなければならない；さもなければ $\Sigma\cup\{B\}$ が a) をみたすことになり，Σ の極大性に反するからである．一方 $A_1, \cdots, A_n\in\Sigma$ ならば $A_1\cap\cdots\cap A_n\in\Sigma$ である；さもなければ $\Sigma\cup\{\bigcap_{i=1}^n A_i\}$ が a) をみたすことになり，ふたたび a) の極大性に反するからである．したがって上にかいた式は，見かけ上は弱く，ある $A\in\Sigma$ があって $B\cap A=\phi$ が成り立つとしても同じである．すなわち b) がいえた．

ii) M の相異なる 2 点 x, y を任意にとる．もしも $\bigcap_{A\in\Sigma} A\supset\{x, y\}$ であったとすると，すべての $A\in\Sigma$ に対して $\{x\}\cap A\neq\phi$, $\{y\}\cap A\neq\phi$. したがって b) の対偶から $\{x\}$, $\{y\}\in\Sigma$ となる．$\{x\}\cap\{y\}=\phi$ だから，これは a) に反する．したがって $\bigcap_{A\in\Sigma} A$ は 2 点以上を含むことはできない．

第2部　位　相

第1章　歴史と概要

§1. 近さとは

遠い近いという空間認識にかかわる感覚は，私たち人間だけではなく，広く生物にとっても生きていく上で基本的な働きをしています．このような近さに対する感覚は，人間の思考の中で組み立てられる論理形式とはまったく別のところにあります．したがって近さとは何かということを数学の立場で取り出し，抽象化し，厳密な数学の体系の中に取り入れるというようなことは，数学の歴史をふり返っても，長い間誰によっても試みられることはありませんでした．

数学という学問は，ものを数えたり，長さを測ったりすることからはじまりましたが，いくつかのものの長さの大小をくらべるようなことは，近さそのものの感覚に直接結びつくものではありませんでした．

古代バビロニアで生まれた数表記や数の演算も，ギリシャのユークリッド幾何学も，アラビアの代数学も，主にその対象としたものは，いわば眼の前におかれたいくつかの静的なものの示す数学的な関係でした．しかしそうした中でも，古代ギリシャやオリエントで行なわれた天文観測においては，動的な星の動きを追う中で，できるだけ正しい三角比（それはいまでいうと sin の値ですが）を求めようとする努力も行なわれていました．

実際私たちがもつ近さの感覚は，たとえば「しだいに列車が駅に近づいていく」とか，「ゴール間際でＡ君がＢ君を追い抜いていった」という動的なものから喚起されてきます．したがって‘近さ’への関心は，数学内部から湧き上がるというよりは，もっと動的な運動する物体への力学的考察からまず生まれてきました．

近世力学がガリレオからはじまると，運動の観察から近づくものの状態を表わす量として速度，加速度が登場するようになり，やがてそこから時間を変量として見ようとする新しい観点が生まれてきました．時間は，長さや角のように，与えられた対象に対して私たちが実測するようなものではありません．時間の流れは，一体，どこを流れているのかと聞かれれば，誰も答えることはできないでしょう．しかし14世紀から15世紀にかけての時計の発明によって，時間は時計の針の動きによって'測られるもの'となったのです．時計の針の動くようすが，時間を変数として運動する物体の数学的記述の中に取り入れられて，やがて数体系の中に，'近づく'という考えを与えるようになってきたのです．

ニュートンは，運動する質点の速度を，動いた距離の時間に対する瞬間的割合と定義し，ここに極限概念を導入しました．時間の連続的な流れが，数学では極限をとる操作として定式化されてきたといってよいでしょう．実軸上を運動する質点を，時間 t を変数として $x=f(t)$ と表わすと，時間 t におけるこの質点の速度は

$$f'(t)=\lim_{\Delta t\to 0}\frac{f(t+\Delta t)-f(t)}{\Delta t}$$

で与えられます．

微分積分のもう1人の創始者ライプニッツは，極限概念を直接取り入れるというより，むしろ無限小量 dx, dy を数学の記号として大胆に取り入れ，そこに'無限小解析'とでもいうべき新しい数学の分野を拓きました．

18世紀の数学者たちは，関数 $y=f(x)$ と，その微分 $dy/dx=f'(x)$ と積分 $\int f(x)dx$ を中心として解析学を展開し，それを力学や技術に広く応用しました．しかし微分積分を学んだ人は気づかれたでしょうが，微分積分についてのいくつかの基本的な定理の証明が終わったあとには，lim の記号はほとんど現れることはありません．関数 $f(x)$ の中に用いられる変数 x という表現と，関数概念の中に含まれる独特な機能の中に，'近づく'という意識は吸収されてしまったのです．

また級数の表現 $a_1+a_2+\cdots+a_n+\cdots$ は，有限和 $a_1+a_2+\cdots+a_n$ が近づいていく極限として定義されますが，ここでの極限からは，時間が近づいていくような連続的な意識はあまり浮かび上がってはきません．

極限概念，さらにその根底にある'近さ'の概念は，数学の中でどのように定式化されてきたのでしょうか．

1820年代に，フランスの数学者コーシーは，実数のもつ基本的な性質を，極限概念を使って次のように取り出しました．

「実数列 $x_1, x_2, \cdots, x_n, \cdots$ がある実数 x_0 に収束する条件は

$$\lim_{m,n\to\infty}|x_m-x_n|=0$$

である」

このコーシーの定理は，極限概念が，空間概念や時間の流れとは独立に，実数という数学の構造の中に本質的に組みこまれていたということを明らかにした点で重要なものでした．逆に実数のもつこの性質によって，運動する物体の動きや，時間の流れが実数によって表わすことができたのだといってよいのです．

数学は，実数の体系の中に‘近さ’を含み，それが解析学を可能にしていたのでした．

このコーシーの定理のあと，解析学の基礎づけがはじまり，ワイエルシュトラスや，デデキントなどによって実数とは何か，連続性とは何かということがいろいろな角度から調べられ，それに基づいて解析学の厳密な体系がつくられていくようになりました．

§2. 位相の導入

オイラーは，どんな多面体をとっても

(頂点の数)−(辺の数)+(面の数)

はいつも一定で2に等しいことを示しました．多面体は，球を適当に角(かど)をつけて得られたものと考えれば，多面体どうしは互いに1対1の連続写像で移り合っています．上の値は，このような写像で不変な量となっているのです．これは位相幾何学とよばれるものの最初の結果でした．位相幾何学とは，2つの図形が1対1の連続な写像（正確には同相写像）で変わらないような，隠された図形の性質を調べる幾何学です．このような幾何学は，1895年のポアンカレの論文により，1つの数学理論として誕生しました．ポアンカレは，n次元空間の図形に対して，ホモロジーという同相写像で不変である量を導入したのです．これはAnalysis Situs（位置解析）とよばれましたが，のちにトポロジーとよばれる数学理論へと発展していきました．

一方，ジョルダンは，1893年に，円周と1対1に連続的に対応する平面曲線は，平面を内部と外部に分けるという定理――ジョルダンの曲線定理――を証明しました．この証明は難しいのです．そのことは，円周を長く延ばして，それをどんどん折っていくと，いくらでも複雑な迷路のような曲線ができることを想像してみるとよいでしょう．実際，曲線という概念自体もけっして明らかでないのです．連続曲線を区間$[0,1]$から平面の中への連続写像の像として定義することにすると，連続曲線の中には，正方形の内部を完全に埋めつくしてしまうものもあるのです．このような曲線は，1890年にペアノが見出し，当時の数学者を驚かせました．

図形の方から，私たちがよくわかっていると感じている近さの性質が問われるようになり，それが深い内容をもつものであることがしだいに明らかになってきたのです．それは‘位相的な性質’とよばれるようになりました．

1880年代に，集合論の創始者カントルは，集合という視点に立ちながら，平面上の点集合に対して，近さの性質を抽出し，集積点や，閉集合，開集合のような概念を導入し，さらにその考察を n 次元まで広げようとしました．これは‘点集合論’とよばれましたが，カントルが導入した概念は，のちに位相空間論の基礎概念となったのです．

数学者の間に，それまで捉えどころのなかった‘位相’の考えが，少しずつはっきりした形をとって現われてきたのです．

しかし，具体的な幾何学の図形を，位相的な視点に立って調べる位相幾何と，集合を背景において，まったく抽象的な立場で，近さに対する概念を抽出してくる点集合論とは，互いにまったく相容れない視点に立っていました．

‘近さ’をどのように理論体系として組み入れるかは，この時代にはまだ十分見えていませんでした．いわば‘位相’へ向けての胎動期でした．

この2つの視点の間を埋めるような動きが解析学の中から生じてきました．19世紀後半になると，積分方程式の解法が研究されるようになってきました．積分方程式にはいろいろなタイプがあります．たとえば $K(x, y)$ を $0 \leqq x \leqq 1$, $0 \leqq y \leqq 1$ で定義された連続関数，$f(x)$ を $0 \leqq x \leqq 1$ で定義された連続関数とするとき，未知関数 $\varphi(x)$ が

$$\int_0^x K(x, y)\varphi(y)dy = f(x) \qquad (*)$$

という関係をみたすとき，$\varphi(x)$ を求めよというのは積分方程式の一種です．$C[0, 1]$ により区間 $[0, 1]$ で定義された連続関数全体の集合に，‘距離’

$$\|f-g\| = \operatorname*{Max}_{0 \leqq t \leqq 1} |f(t) - g(t)| \qquad (**)$$

を導入したものを考えると，$(*)$ は $C[0, 1]$ の‘各元’$\alpha(x)$ に $\beta(x)$ を対応させる写像 Φ：

$$\Phi(\alpha)=\int_0^x K(x, y)\alpha(y)dy=\beta(x)$$

で，$\Phi(\varphi)=f$ となるような φ を求める問題となります（線形代数を学んだ人は，線形写像と連立方程式の関係を思い出すかもしれません）．ここでの考え方の基礎になるのは，‘関数空間’ $C[0,1]$ と，距離（＊＊）から入った‘近さ’の性質です．関数空間 $C[0,1]$ は，1つ1つの関数はグラフとして表わされますから，具体的な対象ともいえますが，その全体を考えればやはりそれは抽象的な対象です．このようなところに，‘近さ’の概念が現われてきたのです．

‘近さ’，あるいはもう少し一般的にいえば‘位相’は，広い数学の背景を包括する概念として，この頃から少しずつ数学の中に取り入れられるようになってきたのです．

§3. 位相空間の誕生

カントルが集合論の構想と，その理論体系を明らかにしたのは，1874 年から約 10 年間にすぎなかったのですが，この理論は当時の数学者には認め難いものであり，徹底した批判と反対にさらされることになりました．それまで数学者が研究していた，代数も，幾何も，解析も，集合論の中にはまったく姿を消し，ただ概念だけで構成されている理論など，検証することもできず，受け入れ難いのはむしろ当然であったのです．カントルの集合論は，革命的なものでした．

しかし，1910 年頃から数学の流れは確実に変わってきました．数学の中にカントルの集合論が徐々に受け入れられ，その上に抽象的な数学の体系を構築していこうという動きがはじまったのです．そのような動きは，最初に代数学で起きました．まず集合をおき，その元の間に演算規則を規定します．そうすることにより，群，環，体などの代数学の対象となる数学の体系が構成されてきます．そこには‘数’は，理論の表面から消えてしまっているのです．このようにして抽象代数学とよばれるものが誕生しました．

この時代の波に乗るかのように，1908 年にフレシェが，抽象空間論という新しい数学の場を提示しました．この抽象空間論は，抽象的な集合の中に点列の極限の概念を抽象的に導入することができるならば，19 世紀数学の得た連続関数や収束に関する多くの結果が，ほとんど果てしないほどの広がりをもった場にまで拡張されるということを示唆した点で，当時の数学界にとっては衝撃的なもの

ハウスドルフ

であり，また歴史的な意味をもつものでした．数学者の眼は，数から集合へ，集合から空間へと移行をはじめたのです．なおコンパクトという概念は，フレシェがここで最初に与えたものです．

しかし点列の収束という視点には，集合の上に‘位相’の構造を入れるにはまだ弱いものがありました．実際，私たちが数直線を見て，近さを感じとるのは，特定の点列を取り出してその収束を知るのではなく，各点のまわりの近さの状況に眼を向けることによっています．

位相空間は，1914年に著わされたハウスドルフ (Felix Hausdorff, 1868-1942) の大著 Grundzüge der Mengenlehre (集合論要諦) で，数学の上にはっきりと提示されました．

この書では，200頁以上を要して，坦々と水の流れのように集合論を展開した上で，213頁で，ハウスドルフは位相空間を次のように導入しています．

位相空間というのは，集合 E と，各元 (点) x に近傍とよばれるある部分集合 U_x が対応して，次の条件をみたしているものである．

近傍公理

(A)　すべての点 x に少なくとも1つの近傍 U_x が対応する；U_x は点 x を含んでいる．

(B)　U_x, V_x を同じ点 x の2つの近傍とすると，この2つの共通部分に含まれる近傍 W_x が存在する．

(C)　U_x の中の点 y に対し，U_x の中に含まれる y の近傍 U_y が存在する．

(D)　異なる2点 x, y に対して，共通点のない近傍 U_x, U_y が存在する．

これを見ると，現在手にすることのできる位相空間論の本を開いているような錯覚におちいるかもしれません．実際，‘Grundzüge’ ではじめて提示された位相空間は，誕生当初から完成された姿をとっていました．抽象数学では，その構造理念を明らかにすることにより，理論体系の全容が浮かび上がってきます．ハウスドルフは位相空間の構造理念は，集合と部分集合との関係にあることを明らかにしたのです．

この本の中にはコンパクト集合のことも，連結集合のことも，相対位相のことも，また距離空間のことも詳細に記されています．

これ以後，位相空間論は，数学の基礎理念を支える大きな理論体系として，数学の中に深く浸透していくことになるのですが，ここに1つの大きな問題が浮かび上がってきました．

それは私たちは，近さを測るとき，2点間の遠い近いを距離によっていい表わしています．距離は，数と結びついています．数直線，あるいは，実数の連続性そのものが，距離という考えで与えられているといってもよいのです．

それでは，ハウスドルフの提示した位相空間の中に含まれる近さの感じは，実数を用いて測られる近さの感じとどれだけ隔りがあるのでしょうか．これはカントルの導入した集合概念と，数学の基本である数概念との関連を，‘近さ’を通して問うことを意味しています．

こうして位相空間論における基本的な問題として‘Metrization Problem’(距離づけ可能問題)が提起されてきました．

位相空間に，実数を用いて近さを測るある距離が導入されて，各点 x の近傍 U_x が，その距離による ε-近傍(x から ε 以内の点の集まり)として与えられるものを距離空間といいます．

[Metrization Problem]　位相空間はどのような条件をみたすとき，距離空間となるか．

これに対する完全な解答は，1924年に，ロシアの若い数学者ウリゾーンによって与えられました．その条件は位相空間が可算基をもつ正規空間のときであると述べられます(第2章の§4，定理3，124頁)．

これによって，抽象的な位相空間論は，確かに距離空間を含む包括的な概念であることが明らかとなりました．位相空間は，直線や平面を近さという視点で捉えたとき，究極的なところまでその視野を広げたとき見えてくる数学の対象だったのです．

位相空間論は，このウリゾーンの定理によってひとまず完成しました．その後，近さの一様性を取り上げた一様位相空間論なども登場してきましたが，1940年頃までには，数学は，位相空間論を数学の基礎構造として完全に受け入れるようになりました．

第2章　位相空間論の展開

§1.　距離空間

●要　項●

1.　X を集合とします．$X \times X$ から $\boldsymbol{R}$ への写像 d で，次の3つの条件をみたすものが与えられたとき，d を X 上の**距離**といいます．

a)　$d(x, y) \geqq 0$：等号は $x=y$ のときに限って成立する．

b)　$d(x, y)=d(y, x)$

c)　$d(x, z) \leqq d(x, y)+d(y, z)$

c) をふつう**三角不等式**といいます．

$\boldsymbol{R}$ 上の距離を，$a, b \in \boldsymbol{R}$ に対して $d(a, b)=|a-b|$ とおくと，これは数直線上で考えるとふつうの線分の長さを表わしています．線分の長さと考えるとc) の三角不等式は‘三角形の2辺の和は他の1辺より大なり’ということを表わしています (三角形が‘つぶれたとき’は，この不等式で等号が成り立つときもあります)．

距離の与えられた集合を**距離空間**といいます．距離空間を表わすのに，距離も明示する必要があるときには (X, d) という表わし方をします．

集合 X に2つの距離 d, d_1 が与えられているとします．このときある正数 k, k' があって，すべての $x, y \in X$ に対して

$$k \cdot d_1(x, y) \leqq d(x, y) \leqq k' \cdot d_1(x, y)$$

が成り立つとき，d と d_1 は**同値な距離**であるといいます．以下で距離空間 (X, d) に関して述べるいろいろな性質は，とくに断ることはしませんが，d を同値な距離 d_1 でおきかえても，そのまま成り立つ性質となっています．

距離空間の元を，**点**といいます．

例1.　$\boldsymbol{R}^n$ の2点 $x=(x_1, \cdots, x_n)$, $y=(y_1, \cdots, y_n)$ に対して

(1)　$d(x, y)=\sqrt{(x_1-y_1)^2+\cdots+(x_n-y_n)^2}$

(2)　$d_1(x, y)=|x_1-y_1|+\cdots+|x_n-y_n|$

(3)　$d_2(x, y)=\operatorname*{Max}_{1\leqq i\leqq n}|x_i-y_i|$

とおくと，d, d_1, d_2 は $\boldsymbol{R}^n$ に同値な距離を与えています．

まずこれらがすべて距離の条件 a), b), c) をみたしていることをみなくてはなりませんが，a), b) は明らかです．c) の三角不等式については，それぞれの場合に証明する必要があります．

(1)　d に対しては：$\sum_{i=1}^{n}x_iy_i\leqq\left(\sum_{i=1}^{n}x_i^2\right)^{1/2}\left(\sum_{i=1}^{n}y_i^2\right)^{1/2}$ という不等式(**シュワルツの不等式**)を使って証明します．証明すべき三角不等式で $a_i=x_i-y_i$, $b_i=y_i-z_i$ とおくと $a_i+b_i=x_i-z_i$ となり，証明すべき式は

$$\sqrt{\sum_{i=1}^{n}(a_i+b_i)^2}\leqq\left(\sum_{i=1}^{n}a_i^2\right)^{1/2}+\left(\sum_{i=1}^{n}b_i^2\right)^{1/2}$$

となります．両辺を2乗して，シュワルツの不等式を使うと三角不等式が成り立つことがわかります．

(2)　d_1 に対しては：和の各成分に対して

$$|x_i-z_i|\leqq|x_i-y_i|+|y_i-z_i|$$

が成り立つことからわかります．

(3)　d_2 に対しては：$d_2(x, z)$ はある j に対して $d_2(x, z)=|x_j-z_j|$ (これが Max の値) と表わされたとすると

$$\begin{aligned}d_2(x, z)=|x_j-z_j|&\leqq|x_j-y_j|+|y_j-z_j|\\&\leqq\operatorname*{Max}_{1\leqq i\leqq n}|x_i-y_i|+\operatorname*{Max}_{1\leqq i\leqq n}|y_i-z_i|\\&\leqq d_2(x, y)+d_2(y, z)\end{aligned}$$

となることからわかります．

なお $\boldsymbol{R}^2$ のとき，d, d_1, d_2 に対して，原点0から1以内の点が，座標平面上でどのように表わされるかを図30にかいておきます．

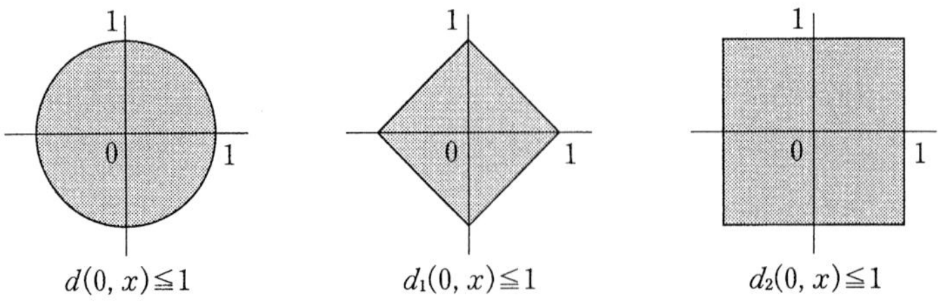

図 30

なお，$\boldsymbol{R}^n$ に距離 d を入れて得られる空間を **n 次元ユークリッド空間**といいます．

例 2.　$I=[0,1]$ とおく．I 上で定義されている実数値連続関数の集合 $C(I)$ に

$$d(f,g)=\underset{0\leqq t\leqq 1}{\mathrm{Max}}|f(t)-g(t)|$$

$(f,g\in C(I))$ とおくことにより距離がはいります．

ここでも三角不等式だけを確かめておきます．

連続関数 $f(t)$, $g(t)$ に対して，$f(t)-g(t)$ も連続関数で，区間 $[0,1]$ のある点 t_0 で最大値をとります．したがって

$$\begin{aligned}d(f,g)&=|f(t_0)-g(t_0)|\\&\leqq|f(t_0)-h(t_0)|+|h(t_0)-g(t_0)|\\&\leqq\underset{0\leqq t\leqq 1}{\mathrm{Max}}|f(t)-h(t)|+\underset{0\leqq t\leqq 1}{\mathrm{Max}}|h(t)-g(t)|\\&=d(f,h)+d(h,g)\end{aligned}$$

1つの関数 f に対して，$d(f,g)<1$ をみたす関数 $g(x)$ のグラフは，$f(x)$ のグラフから ± 1 の帯状の領域にあります（図 31 ではカゲをつけて示してあります）．

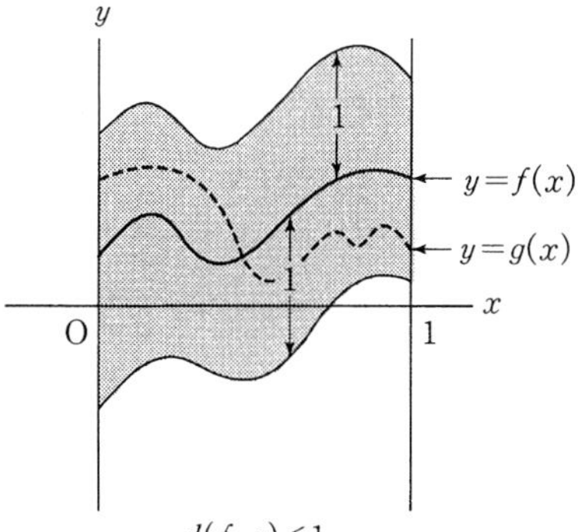

$d(f,g)<1$

図 31

2.　(X,d) を距離空間とします．

X の点列 $\{x_n\}$ $(n=1,2,\cdots)$ に対し，ある点 $x_0\in X$ があって，$d(x_n,x_0)\to 0$ $(n\to\infty)$ が成り立つとき，点列 $\{x_n\}$ は x_0 に**収束**するといい，

$$x_n \longrightarrow x_0 \quad (n\to\infty),\quad \text{または}\quad \lim_{n\to\infty}x_n=x_0$$

と表わします．点列 $\{x_n\}$ $(n=1,2,\cdots)$ が x_0 に収束すれば，$\{x_n\}$ からとった部分

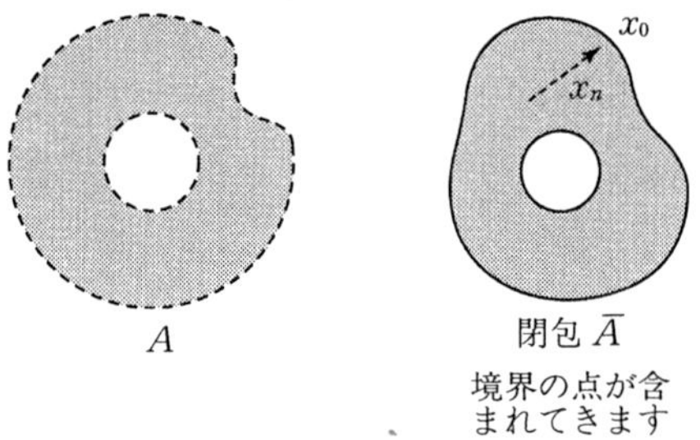

図 32

点列 $\{x_{n_i}\}$ $(i=1,2,\cdots)$ も x_0 に収束します.

A を X の部分集合とします. A から適当な点列 $\{x_n\}$ $(n=1,2,\cdots)$ をとると, $x_n \to x_0$ $(n\to\infty)$ となるような点 x_0 の全体を $\bar{A}$ と表わして, A の**閉包** (closure) といいます (図 32).

これについて次の性質が成り立ちます (⇒ **例題 1 参照**).

[閉包の性質]

(Cl) i) $A \subset \bar{A}$

ii) $\overline{A \cup B} = \bar{A} \cup \bar{B}$

iii) $\bar{A} \subset \bar{B}$

iv) $\bar{\bar{A}} = \bar{A}$

v) $\bar{\phi} = \phi$

X の部分集合 F が, $\bar{F} = F$ をみたすとき, F を**閉集合** (closed set) といいます. 閉集合の全体を $\mathscr{C}$ で表わします. これについて次の性質が成り立ちます (⇒ **例題 2 参照**).

[閉集合の性質]

(C) i) $\{F_\gamma\}_{\gamma\in\Gamma}$ を部分集合族で $F_\gamma \in \mathscr{C}$ とすると $\bigcap_{\gamma\in\Gamma} F_\gamma \in \mathscr{C}$

ii) $F, F_1 \in \mathscr{C} \implies F \cup F_1 \in \mathscr{C}$

iii) $\phi,\ X \in \mathscr{C}$

X の部分集合 O が, $O^c \in \mathscr{C}$ (すなわち O の補集合が閉集合) をみたすとき, O を**開集合** (open set) といいます. 開集合の全体を $\mathscr{O}$ で表わします. これについて次の性質が成り立ちます (⇒ **例題 3 参照**).

[開集合の性質]

(O) i) $\{O_\gamma\}_{\gamma\in\Gamma}$ を部分集合族で $O_\gamma \in \mathscr{O}$ とすると $\bigcup_{\gamma\in\Gamma} O_\gamma \in \mathscr{O}$

ii)　$O, O_1 \in \mathcal{O} \implies O \cap O_1 \in \mathcal{O}$

iii)　$\phi, X \in \mathcal{O}$

(☆)　X の部分集合 O が開集合であるための必要十分条件は，O のどの点 a をとっても，十分小さい正数 ε をとると

$$V_\varepsilon(a) = \{x \mid d(a, x) < \varepsilon\}$$

が O に含まれることです(⇒ **例題4参照**).

X の部分集合 S に対して，S を含む部分集合 U が S の**近傍**であるとは，ある開集合 O が存在して

$$S \subset O \subset U$$

が成り立つときです(図33).

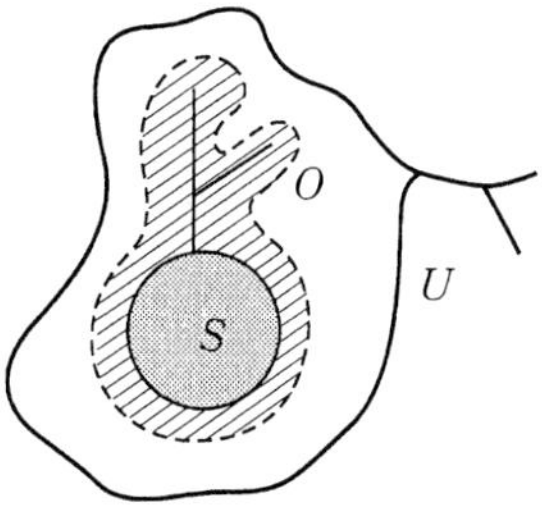

図33

3. (X, d), (Y, d') を2つの距離空間とします．X から Y への写像 f が，$x_n \to x_0\ (n \to \infty)$ のとき，つねに $f(x_n) \to f(x_0)\ (n \to \infty)$ となるとき，f は X から Y への**連続写像**であるといいます．

(☆☆)　f が連続であるということと，次の i) と ii) はそれぞれ同値です(⇒ **例題5参照**).

i)　各点 $x_0 \in X$ で，どんな $\varepsilon > 0$ に対しても，適当な $\delta > 0$ をとると

$$d(x, x_0) < \delta \implies d(f(x), f(x_0)) < \varepsilon$$

が成り立つ．

ii)　Y の開集合 $\tilde{O}$ に対して，$f^{-1}(\tilde{O})$ は X の開集合になる．

4. 距離空間 (X, d) の無限点列 $\{x_1, x_2, \cdots, x_n, \cdots\}$ が与えられているとします．このとき，適当な部分点列

$$\{x_{k_1}, x_{k_2}, \cdots, x_{k_n}, \cdots\}$$

をとると，

$$x_{k_n} \longrightarrow x_0 \quad (k_n \to \infty)$$

となる点 x_0，すなわち適当な部分点列をとると収束する点 x_0 を，$\{x_n\}$ の**集積点**といいます．

(X, d) のどんな無限点列をとっても，必ず少なくとも1つの集積点をもつような空間を，**コンパクト空間**といいます．なおこの条件の中には，有限個の点からなる距離空間は，必ずコンパクト空間であることも含まれています．

n 次元ユークリッド空間 $\boldsymbol{R}^n$ の有界な閉集合はコンパクトです．ここで有界とは，原点からある一定の距離以内にある集合をいいます（⇒ **例題 6 参照**）．

(X, d) の開集合の族 $\{O_\gamma\}_{\gamma\in\Gamma}$ が与えられて

$$\bigcup_{\gamma\in\Gamma} O_\gamma = X$$

となっているとき，$\{O_\gamma\}_{\gamma\in\Gamma}$ を X の**開被覆**といいます．

定理 1 距離空間 (X, d) がコンパクトとなるための必要十分な条件は，X の可算個の開集合からなる開被覆 $\{O_n\}$ $(n=1, 2, \cdots)$ が与えられたとき，その中から有限個の $O_{n_1}, O_{n_2}, \cdots, O_{n_k}$ を適当にとると

$$X = O_{n_1} \cup O_{n_2} \cup \cdots \cup O_{n_k}$$

が成り立つことである（⇒ **例題 7 参照**）．

このことをコンパクト空間は**有限被覆性**をもつといい表わします．実際は，コンパクトな距離空間は，どんな開被覆（可算個とは限らない）$X = \bigcup_{\gamma\in\Gamma} O_\gamma$ をとっても有限被覆性をもっています．

(☆☆☆) コンパクト空間 X から距離空間 Y への，連続写像 $f : X \to Y$ による像 $f(X)$ は，Y 上の距離を $f(X)$ 上に限って考えたとき，コンパクトな距離空間となります（⇒ **例題 8 参照**）．

5. 距離空間 (X, d) の点列 $\{x_n\}$ $(n=1, 2, \cdots)$ が $d(x_m, x_n) \to 0$ $(m, n \to \infty)$ を

みたすとき，**コーシー列**であるといいます．コーシー列が必ずある点に収束するとき，(X, d) を**完備な距離空間**といいます．実数 $\boldsymbol{R}$，一般に n 次元ユークリッド空間 $\boldsymbol{R}^n$ は完備です．

距離空間 (X, d) が次の性質をみたすとき，**ベールの性質**をもつといいます（ベール：フランスの数学者（1874-1932））．

開集合列 $\{O_n\}$ $(n=1, 2, \cdots)$ が，$\overline{O}_n=X$ $(n=1, 2, \cdots)$ という性質をみたしていれば，必ず

$$\overline{\bigcap_{n=1}^{\infty} O_n}=X$$

が成り立つ．

定理 2　完備な距離空間はベールの性質をもつ（⇒ **例題 9 参照**）．

例題 1　要項 2 にある閉包の性質 (Cl) i)-v) を示せ．

解　i）A の点 a に対して，$x_n=a$ $(n=1, 2, \cdots)$ という点列をとると，$x_n \to a$ $(n\to\infty)$．したがって $a\in\overline{A}$．これから $A\subset\overline{A}$．

ii）A または B からとった点列 $\{x_n\}$ は，当然 $A\cup B$ の点列であり，したがってこのような点列で，収束する点を考えれば $\overline{A\cup B}\supset\overline{A}\cup\overline{B}$ は明らかである．次に $A\cup B$ に属する点列 $\{x_n\}$ をとり，これがある点 x_0 に収束したとする．$\{x_n\}$ の中で，A か B かどちらか一方には無限点列 $\{x_{n_i}\}$ が含まれる．いま $x_{n_i}\in A$ とすると $x_{n_i}\to x_0$ $(n_i\to\infty)$．このとき $x_0\in\overline{A}$ となる．もし $x_{n_i}\in B$ ならば $x_0\in\overline{B}$ となる．いずれにしても $\overline{A\cup B}\subset\overline{A}\cup\overline{B}$ が成り立つ．前のことと合わせて，$\overline{A\cup B}=\overline{A}\cup\overline{B}$ がいえた．

iii）明らか．

iv）i）の $A\subset\overline{A}$ で，A を $\overline{A}$ におきかえて $\overline{A}\subset\overline{\overline{A}}$．逆の包含関係が成り立つことを示す．いま $x_0\in\overline{\overline{A}}$ をとると，$\overline{A}$ の点列 $\{x_n\}$ で，$x_n\to x_0$ となるものがある．このとき $d(x_n, x_0)\to 0$ $(n\to\infty)$ である．各 x_n $(\leqq\overline{A})$ に近づく A の点列があるから，$d(x_n, y_n)<1/n$ となる $y_n\in A$ は存在する．このとき

$$\begin{aligned} d(x_0, y_n) &\leqq d(x_0, x_n)+d(x_n, y_n) \\ &< d(x_0, x_n)+\frac{1}{n}\to 0 \quad (n\to\infty) \end{aligned}$$

したがって $y_n\to x_0$ $(n\to\infty)$ となり，$x_0\in\overline{A}$．これで $\overline{\overline{A}}\subset\overline{A}$ がいえた．した

がって $\bar{\bar{A}}=\bar{A}$ が成り立つ．

v） これは空集合 ϕ の性質から，閉包の定義自身が空となることを示している．

例題2 要項2にある閉集合の性質 (C) i)-iii) を示せ．

解 i） $\bar{F}_\gamma=F_\gamma$ である．$\bigcap F_\gamma\subset F_\gamma$ から $\overline{\bigcap F_\gamma}\subset\bar{F}_\gamma=F_\gamma$．これから $\overline{\bigcap F_\gamma}\subset\bigcap F_\gamma$．逆の包含関係 $\overline{\bigcap F_\gamma}\supset\bigcap F_\gamma$ は (Cl) i) から．したがって $\overline{\bigcap F_\gamma}=\bigcap F_\gamma$ となり，$\bigcap F_\gamma$ は閉集合となる．

ii） (Cl) ii) からわかる．

iii） (Cl) iv) からわかる．なお X は全空間だから $\bar{X}=X$ となる．

例題3 要項2にある開集合の性質 (O) i)-iii) を示せ．

解 i） 開集合 O_γ の補集合が閉集合だから $O_\gamma{}^c\in\mathscr{C}$．ド・モルガンの規則から

$$(\bigcup O_\gamma)^c=\bigcap O_\gamma{}^c\in\mathscr{C} \quad ((\mathrm{Cl})\ \mathrm{i})\ による)$$

したがって $\bigcup O_\gamma\in\mathscr{O}$．

ii） $(O\cap O_1)^c=O^c\cup O_1{}^c\in\mathscr{C}$ （(Cl) ii) による）

したがって $O\cap O_1\in\mathscr{O}$．

iii） (Cl) iii) による．

例題4 要項2にある命題 (☆) を示せ．

解 必要なこと：O を開集合とする．このとき O^c は閉集合．もし条件が成り立たないと仮定すると，矛盾が生ずることを示す．このときある $a\in O$ があって

$$V_{\frac{1}{n}}(a)=\left\{x\,\middle|\,d(a,x)<\frac{1}{n}\right\}\not\subset O \quad (n=1,2,\cdots)$$

となる (図34)．このとき

$$V_{\frac{1}{n}}(a)\cap O^c\ni x_n \quad (n=1,2,\cdots)$$

となる x_n をとることができるが，明らかに $x_n\to a\ (n\to\infty)$．O^c は閉集合だから $a\in O^c$ となる．これは矛盾である．

十分なこと：$V_\varepsilon(a)$ は開集合であることは

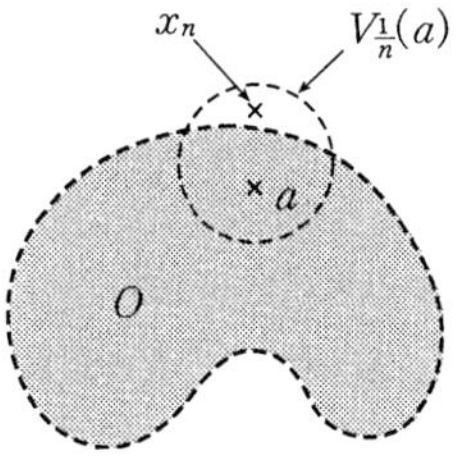

図 34

$$V_\varepsilon(a)^c=\{x \mid d(a,x)\geqq\varepsilon\}$$

が閉集合となっていることからわかる ($x_n\in V_\varepsilon(a)^c$ で $x_n\to x_0$ ならば $d(a, x_0)\geqq\varepsilon$ である). 各点 $a\in O$ に対して, 十分小さい正数 ε をとると, $V_\varepsilon(a)\subset O$ だから, O のすべての点 a に対して, このような $V_\varepsilon(a)$ の和集合をとると, $O\subset\bigcup_{a\in O}V_\varepsilon(a)\subset O$. すなわち

$$O=\bigcup_{a\in O}V_\varepsilon(a)$$

となる. $V_\varepsilon(a)$ は開集合だから, (O) i) により, O も開集合となる.

これで証明された.

例題 5　要項 3 にある命題 (☆☆) を示せ.

解　まず連続写像の定義と i) が同値であることを示し, 次に i) と ii) が同値であることを示す.

連続写像の定義 ⇒ i) : 背理法を使う. i) が成り立たないとすると, ある $x_0\in X$ とある $\varepsilon_0>0$ があって, どんな小さい正数 δ をとっても

$$d(x,x_0)<\delta \quad \text{であるが} \quad d'(f(x),f(x_0))\geqq\varepsilon_0$$

となる. ここで δ として $1, 1/2, \cdots, 1/n, \cdots$ をとると, 点列 $\{x_n\}$ で

$$*)\quad d(x_n,x_0)<\frac{1}{n},\quad d'(f(x_n),f(x_0))\geqq\varepsilon_0$$

をみたすものがとれることになる. これは $x_n\to x_0\ (n\to\infty)$ であるが, $f(x_n)$ は $f(x_0)$ に近づかないことを示しているので, 連続性の定義に反する.

i) ⇒ 連続写像の定義 : i) が成り立つとすると, 各点 x_0 で十分大きな自然数 k をとって $1/k$ を考えたとき, ある $\delta_k>0$ があって,

$$d(x,x_0)<\delta_k \implies d(f(x),f(x_0))<\frac{1}{k}$$

となる．$\{x_n\}$ $(n=1, 2, \cdots)$ を $n\to\infty$ のとき x_0 に近づく点列とすると，自然数 N を十分大きくとると，$n\geqq N$ ならば $d(x_n, x_0)<\delta_k$．したがって $d(f(x_n), f(x_0))<1/k$．これから，$k\to\infty$ とすると，$x_n\to x_0$ のとき $f(x_n)\to f(x_0)$ となることがわかる．したがって f は連続である．

i)⇒ ii)：i) が成り立つとする．Y の開集合 O をとり，$f^{-1}(O)$ から 1 点 x_0 をとって

$$f(x_0)=y_0$$

とする ($f^{-1}(O)=\phi$ のときは，ϕ は (O) iii) により開集合となっている)．このとき O は開集合なので，(☆) から十分小さい正数 ε をとると

$$V_\varepsilon(y_0)=\{y|\ d'(y, y_0)<\varepsilon\}\subset O$$

となっている．i) を仮定しているので，この ε に対してある $\delta>0$ があって

$$d(x, x_0)<\delta \implies d(f(x), y_0)<\varepsilon$$

このことは，$V_\delta(x_0)$ を写像 f で Y に移すと，$V_\varepsilon(y_0)$ に含まれることを示している．すなわち

$$f(V_\delta(x_0))\subset V_\varepsilon(y_0)\subset O$$

したがって

$$V_\delta(x_0)\subset f^{-1}(O)$$

x_0 は，$f^{-1}(O)$ のどの点でもよいので，(☆) から，このことは，$f^{-1}(O)$ が開集合のことを示している．

ii)⇒ i)：背理法を使う．i) が成り立たなければ，ii) も成り立たないことを示す．

i) が成り立たないとしたので，＊) が成り立つ．いま Y の開集合 $\tilde{O}$ を，$\tilde{O}=\{y|\ d'(y, f(x_0))<\varepsilon_0\}$ とおくと，＊) は $f^{-1}(\tilde{O})\not\ni x_n$ $(n=1, 2, \cdots)$ を示している．一方 $x_0\in f^{-1}(\tilde{O})$．$x_n\to x_0$ $(n\to\infty)$ と例題 4 から，$f^{-1}(\tilde{O})$ は開集合ではない．これで ii) が成り立たないことが示されて，証明された．

例題 6 $\boldsymbol{R}^n$ の有界な閉集合 F を，1 つの距離空間と考えるとき，F はコンパクト空間となることを示せ．

解 一般の $\boldsymbol{R}^n$ ではなくて，$\boldsymbol{R}^2$ の場合を考えることにする．$\boldsymbol{R}^2$ を座標平面として表わすと，F の点は座標によって (x, y) と表わされる．F は有界だから，適当に正数 a をとると，$(x, y)\in F$ に対して $|x|\leqq a$, $|y|\leqq a$ となる．F

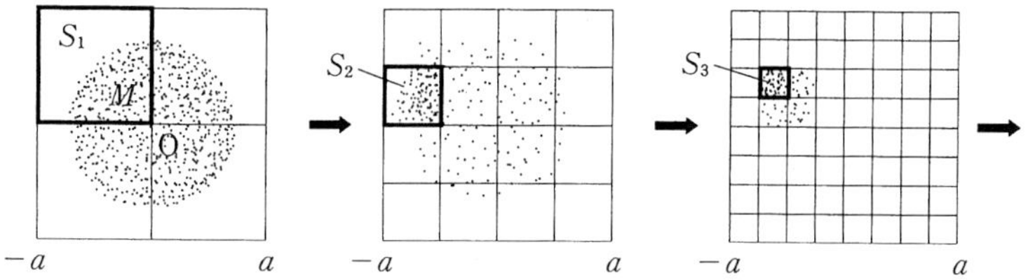

図 35

が有限集合ならばコンパクトである．F が無限集合の場合を考えることにし，F に含まれる無限点列 $M=\{x_n\}$ $(n=1, 2, \cdots)$ をとる．図 35 のように F を含む正方形を次々に 4 等分していく．このとき，まず第 1 段階で 4 等分して得られた 4 つの正方形を，第 1 象限から時計の針と逆向きに数えたとき，最初に M の点を無限に含むものを S_1 とする．次に S_1 を 4 等分して，同じような選び方でこの中で M の点を無限に含むものを S_2 とする．次に S_2 をさらに 4 等分し，同様にこの操作を続けると n 回目には，1 辺の長さが $2a/2^n$ の正方形 S_n で，S_n の中には M の点が無限に含まれているようなものが得られる．$n\to\infty$ とすると，S_n は 1 点 x_0 に近づく．すなわち $\bigcap_{n=1}^{\infty} S_n=\{x_0\}$．したがって $S_1, S_2, S_3, \cdots$ の中から，相異なる M の点 $y_1, y_2, y_3, \cdots$ をとると，

$$\lim_{n\to\infty} y_n=x_0$$

F は閉集合だから，$x_0\in F$．x_0 は M の集積点であり，F がコンパクトであることが示された．

例題 7　要項 4 の定理 1 を示せ．

解　必要性：コンパクト空間 X は有限被覆性をもつ．

背理法を用いて証明する．そのため X は有限被覆性をみたしていないとする．このとき X の可算開被覆 $X=\bigcup_{n=1}^{\infty} O_n$ で，この中からとった有限個の O_n ではけっして X を蔽いつくせないものがある．したがって $O_1\cup O_2\cup\cdots\cup O_n$ $(n=1, 2, \cdots)$ は X と一致しないから

$$x_n\notin O_1\cup O_2\cup\cdots\cup O_n \quad (n=1, 2, \cdots)$$

という点がとれる．X はコンパクトだから，点列 $\{x_n\}$ は集積点をもつ．すなわち $\{x_n\}$ から適当な部分列をとると

$$x_{i_1}, x_{i_2}, \cdots, x_{i_n}, \cdots \longrightarrow x_0 \quad (i_n \to \infty)$$

となる．一方，x_0 はある O_l には含まれている（$X=\cup O_n$ に注意）．$x_{i_n} \to x_0$ だから，N を十分大きくとって，$l<N$，かつ $i_n>N$ のとき $x_{i_n} \in O_l$ となるようにできる．一方 x_{i_n} のとり方から

$$x_{i_n} \notin O_1 \cup O_2 \cup \cdots \cup O_l \cup \cdots \cup O_{i_n}$$

これは矛盾である．したがって X は有限被覆性をもつ．

十分性：有限被覆性をもつ空間はコンパクトである．

これも背理法を用いて証明する．そのため，X は有限被覆性はもつが，コンパクト性をもたない空間として矛盾の生ずることをみる．このとき X の無限点列 $\{x_1, x_2, \cdots, x_n, \cdots\}$ で集積点を1つももたないものが存在する．したがって

$$F=\{x_1, x_2, \cdots, x_n, \cdots\}$$

は X の閉集合である（近づく点が1つもないことに注意）．したがって F の補集合を O とすると，O は開集合で

$$x_n \notin O \quad (n=1, 2, \cdots)$$

各 x_n に対して，十分小さい正数 ε_n を選んでおくと，$V_{\varepsilon_n}(x_n)=\{x|\ d(x, x_n)<\varepsilon_n\}$ の中には x_n 以外には F の元が含まれないようにすることができる．もしそうでないとすると，$\varepsilon_n \to 0$ とするとき，$V_{\varepsilon_n}(x_n)$ の中には x_n 以外の点が次々と入ってきて，x_n は集積点となってしまう．

そこで

$$O_n=V_{\varepsilon_n}(x_n) \quad (n=1, 2, \cdots)$$

とおくと，X の開被覆

$$X=O \cup O_1 \cup O_2 \cup \cdots \cup O_n \cup \cdots$$

が得られるが，この中の有限個では X を蔽うことはできない（理由：どんなに有限個の O_n を選んでみても，ある番号から先の x_n はこの中には含まれない）．したがって X は有限被覆性をもたないことになり矛盾が得られた．

例題8 要項4にある命題（☆☆☆）を示せ．

解 X をコンパクト空間，$f: X \to Y$ を連続写像とする．2つの証明を述べる．

第1証明：$f(X)$ の中からとった無限点列 $\{y_1, y_2, \cdots, y_n, \cdots\}$ に対して，

$f(x_n)=y_n$ となる $x_n \in X$ をとる．X はコンパクトだから $\{x_1, x_2, \cdots, x_n, \cdots\}$ は集積点をもち，したがって部分点列 $\{x_{n_i}\}$ を適当にとると，x_0 に収束する：$x_{n_i} \to x_0$．f は連続だから，このとき $y_0=f(x_0)$ とおくと

$$y_{n_i}=f(x_{n_i}) \longrightarrow y_0=f(x_0)$$

となり，y_0 は $\{y_n\}$ の集積点となる．したがって Y はコンパクトである．

第2証明：$f(X)$ の開被覆 $f(X)=\bigcup_{n=1}^{\infty} \widetilde{O}_n$ を1つとる（$f(X)$ 上では，Y の距離を $f(X)$ に限って考えており，$f(X)$ はそれによって距離空間となっている）．

$O_n=f^{-1}(\widetilde{O}_n)$ とおくと，要項3（☆☆），ii）から O_n は X の開集合．$X=\bigcup_{n=1}^{\infty} O_n$ だから，X のコンパクト性によって，適当な有限個の $O_{i_1}, O_{i_2}, \cdots, O_{i_n}$ をとると $X=O_{i_1} \cup \cdots \cup O_{i_n}$ となる．したがって

$$f(x)=f(O_{i_1}) \cup \cdots \cup f(O_{i_n})=\widetilde{O}_{i_1} \cup \cdots \cup \widetilde{O}_{i_n}$$

となり，$f(x)$ も有限被覆性をもち，$f(x)$ はコンパクトとなる．

例題9　(X, d) を距離空間とする．X の部分集合 A, B に対して

$$d(A, B)=\inf_{\substack{x \in A \\ y \in B}} d(x, y)$$

とおく．

i）$d(A, B)=d(\bar{A}, \bar{B})$ を示せ．

ii）$\bar{A}=\{x \mid d(x, A)=0\}$

iii）A がコンパクト，B が閉集合で $A \cap B=\phi$ ならば，$d(A, B)>0$．

解　i）$A \subset \bar{A}, B \subset \bar{B}$ から $d(A, B) \geqq d(\bar{A}, \bar{B})$ は明らか．一方，どんな小さい $\varepsilon>0$ をとっても，ある $x_0 \in \bar{A}$, $y_0 \in \bar{B}$ があって

$$d(\bar{A}, \bar{B})>d(x_0, y_0)-\frac{\varepsilon}{2}$$

が成り立つ．また閉包の定義から，ある $x \in A$, $y \in B$ があって

$$d(x_0, y_0)>d(x, y)-\frac{\varepsilon}{2}$$

が成り立つことがわかる．したがって

$$d(\bar{A}, \bar{B})>d(x, y)-\varepsilon \geqq d(A, B)-\varepsilon$$

$\varepsilon \to 0$ とすると，$d(\bar{A}, \bar{B}) \geqq d(A, B)$．前とあわせて $d(A, B)=d(\bar{A}, \bar{B})$ がいえた．

ii）　i）から，$d(x, A)=d(x, \bar{A})$．したがって $x\in\bar{A}$ ならば $d(x, A)=0$．一方，$x\notin\bar{A}$ とすると，x の ε-近傍 $V_\varepsilon(x)=\{y|\ d(x, y)<\varepsilon\}$ があって $V_\varepsilon(x)\cap A=\phi$．したがって $d(x, A)\geqq\varepsilon$．すなわち $d(x, A)=0$ ならば $x\in\bar{A}$ である．これで $\bar{A}=\{x|\ d(x, A)=0\}$ がいえた．

iii）　A の点列 $x_n\ (n=1, 2, \cdots)$ を

$$d(A, B)-\frac{1}{n}<d(x_n, B)$$

のように選ぶ．このように選べることは，$d(A, B)=\inf_{\substack{x\in A\\ y\in B}} d(x, y)$ だが，$\inf_{x\in A}(\inf_{y\in B} d(x, y))=\inf_{x\in A} d(x, B)$ からわかる．A はコンパクトだから，適当な部分点列 $\{x_{n_i}\}\ (i=1, 2, \cdots)$ をとると，$x_{n_i}\to x_0\ (n_i\to\infty)$, $x_0\in A$ となる．明らかに $d(A, B)=d(x_0, B)$．$A\cap B=\phi$ から $x_0\notin B$．また $\bar{B}=B$ から ii）により $d(x_0, B)>0$．これで $d(A, B)>0$ がいえた．

例題 10　要項5にある定理2を示せ．

解　(X, d) を完備な距離空間とし，$\{O_n\}\ (n=1, 2, \cdots)$ を X の開集合列で，$\bar{O}_n=X$ をみたすものとする．X の1点 x_0，および正数 ε が与えられたとする．$\bar{O}_1=X$ により x_0 に収束する点列が O_1 の中から選べるから，とくに $d(x_0, y_1)<\varepsilon/2$ をみたす y_1 が O_1 の中に存在する．$\varepsilon_1>0$ を十分小さくとって

$$V_{\varepsilon_1}(y_1)=\{y|\ d(y_1, y)<\varepsilon_1\}$$

とおくと，O_1 は開集合だから $V_{\varepsilon_1}(y_1)\subset O_1$ となる．$\varepsilon_1<\varepsilon/2$ であるようにとっておく．$\bar{O}_2=X$ により，ある $y_2\in V_{\varepsilon_1}(y_1)$ が存在して $y_2\in O_2$ をみたす．O_2 は開集合だから正数 $\varepsilon_2\ (<\varepsilon_1/2)$ を十分小さくとっておくと

$$\overline{V_{\varepsilon_2}(y_1)}\subset O_2\cap V_{\varepsilon_1}(y_1)$$

となることがわかる．

同様にして順次点列 $y_1, y_2, \cdots, y_n, \cdots$，および正数列 $\varepsilon_1, \varepsilon_2, \cdots, \varepsilon_n, \cdots$ を選んで

$$\varepsilon_n<\frac{\varepsilon_{n-1}}{2},\quad y_n\in O_n,\quad V_{\varepsilon_n}(y_n)\subset O_n$$

かつ

$$\overline{V_{\varepsilon_{n+1}}(y_{n+1})}\subset O_{n+1}\cap V_{\varepsilon_n}(y_n)$$

が成り立つようにできる．

点列 $\{y_n\}$ $(n=1, 2, \cdots)$ はコーシー列となっている：実際，$m, n \geqq N$ ならば y_m，$y_n \in V_{\varepsilon_N}(y_N)$ であり，したがって

$$d(y_m, y_n) \leqq d(y_m, y_N) + d(y_n, y_N) < 2\varepsilon_N \longrightarrow 0 \quad (N \to \infty)$$

X の完備性からコーシー列 $\{y_n\}$ は，$n \to \infty$ のとき1点 $z \in X$ に収束する．上のつくり方から

$$z \in \overline{V_{\varepsilon_{n+1}}(y_{n+1})} \subset V_{\varepsilon_n}(y_n)$$

が，$n=1, 2, \cdots$ で成り立つから

$$z \in \bigcap_{n=1}^{\infty} V_{\varepsilon_n}(y_n) \subset \bigcap_{n=1}^{\infty} O_n$$

である．一方

$$d(x_0, z) \leqq d(x_0, y_1) + d(y_1, z) < \frac{\varepsilon}{2} + \frac{\varepsilon}{2} = \varepsilon$$

ε はどんな小さい正数でもよかったのだから，このことは $x_0 \in \overline{\bigcap_{n=1}^{\infty} O_n}$ を示している．x_0 は X のどの点でもよかったのだから，$X = \overline{\bigcap_{n=1}^{\infty} O_n}$ が示された．

なお，完備性の仮定がないと，この定理は一般には成り立たないことを注意しておこう．$\boldsymbol{Q}$ を有理数全体のつくる集合とし，$d(\gamma, \gamma') = |\gamma - \gamma'|$ とおく．$\boldsymbol{Q}$ は距離空間ではあるが，完備ではない（$\sqrt{2}$ に近づく小数列 1.4, 1.41, 1.414, …は $\boldsymbol{Q}$ の中でコーシー列をつくるが，$\boldsymbol{Q}$ の中では収束する点がない）．$\boldsymbol{Q}$ は可算集合だから，$\boldsymbol{Q} = \{r_1, r_2, \cdots, r_n, \cdots\}$ と並べることができる．$O_n = \{r_1, r_2, \cdots, r_n\}^c$ とおくと，O_n は開集合で，$\overline{O}_n = \boldsymbol{Q}$ $(n=1, 2, \cdots)$ となるが，$\bigcap_{n=1}^{\infty} O_n = \phi$．したがってこの場合，ベールの性質は成り立たない．

§2. 位相の導入

● 要 項 ●

1. X を集合とします．$\mathcal{P}(X)$ は，X の部分集合全体のつくる集合を表わしています．

$\mathcal{P}(X)$ から $\mathcal{P}(X)$ への次の性質をみたす写像

$$A \longrightarrow \bar{A}$$

が与えられたとします．

(Cl 1) $A \subset \bar{A}$

(Cl 2) $\overline{A \cup B} = \bar{A} \cup \bar{B}$

(Cl 3) $A \subset B \Longrightarrow \bar{A} \subset \bar{B}$

(Cl 4) $\bar{\bar{A}} = \bar{A}$

(Cl 5) $\bar{\phi} = \phi$

このとき X に1つの**位相**が与えられたといい，位相の与えられた集合を**位相空間**といいます．位相空間の元を点といい，$\bar{A}$ を A の**閉包** (closure) といいます．§1，要項2により，距離空間 (X, d) に対しては1つの位相が決まります．この位相を距離 d から導かれた位相といいます．

2. X を位相空間とします．$\bar{A} = A$ をみたす X の部分集合 A を**閉集合** (closed set) といい，閉集合の全体を $\mathcal{C}$ で表わします．$\mathcal{C}$ は次の性質をもちます．

(C 1) $A_\gamma \in \mathcal{C} (\gamma \in \Gamma) \Longrightarrow \bigcap_{\gamma \in \Gamma} A_\gamma \in \mathcal{C}$

(C 2) $A, B \in \mathcal{C} \Longrightarrow A \cup B \in \mathcal{C}$

(C 3) $\phi, X \in \mathcal{C}$

(このことは，§1，例題2と同じようにして示されます)

逆に閉包は閉集合によって次のように特性づけられます．

閉包の性質 (Cl 4) により，$\bar{A}$ は閉集合です．一方，A を含む閉集合 F をとると，$A \subset F$ から (Cl 3) により，必ず $\bar{A} \subset \bar{F} = F$ となります．このことから，$\bar{A}$ は A を含む最小の閉集合であることがわかります．同じことを，$\bar{A}$ は，A を含むすべての閉集合の共通部分であるといってもよいことになります．すなわち

(＊)　$\bar{A}=\bigcap_{\alpha}\{F_{\alpha}|\ F_{\alpha}\in\mathscr{C},\ A\subset F_{\alpha}\}$

と表わせます．

(☆)　最初に集合 X の部分集合の集まり $\mathscr{C}$ で，(C 1), (C 2), (C 3) をみたすものが与えられたとき，$\bar{A}$ を (＊) で定義することにより，$\mathcal{P}(X)$ から $\mathcal{P}(X)$ への写像 $A\to\bar{A}$ が得られます．この写像は (Cl 1) から (Cl 5) までをみたし，したがって X に 1 つの位相が与えられます．この位相に関する閉集合族は，最初に与えられた $\mathscr{C}$ と一致しています (⇒ **例題 1 参照**).

その意味で，集合 X に位相を与えるには，(C 1)-(C 3) をみたす部分集合を閉集合として，そこからはじめてもよいことになります．

3.　位相空間 X の部分集合 O で，O の補集合 O^c が閉集合であるものを**開集合**といいます．開集合全体のつくる部分集合族を $\mathscr{O}$ で表わします．$\mathscr{O}$ は，$\mathscr{C}$ と双対的に次の性質をもちます．

(O 1)　$O_{\gamma}\in\mathscr{O}\ (\gamma\in\Gamma)\ \Longrightarrow\ \bigcup_{\gamma\in\Gamma}O_{\gamma}\in\mathscr{O}$

(O 2)　$O_1, O_2\in\mathscr{O}\ \Longrightarrow\ O_1\cap O_2\in\mathscr{O}$

(O 3)　$\phi, X\in\mathscr{O}$

$\mathcal{P}(X)$ から $\mathcal{P}(X)$ への全単射 $A\to A^c$ (補集合を対応させる写像) により，開集合族 $\mathscr{O}$ と閉集合族 $\mathscr{C}$ は互いに移り合うので，一方を与えれば他方が決まります．したがって X に位相を与えるには，(O 1)，(O 2)，(O 3) をみたす部分集合族 $\mathscr{O}$ を 1 つ与えてもよいのです．

4.　位相空間 X の部分集合 S に対して，V が S の**近傍**であるとは，次の 2 つの性質

$$V\supset S$$

$$\text{ある開集合 } O \text{ があって}\quad V\supset O\supset S$$

が成り立つときであると定義します (図 36).

とくに S が 1 点 x_0 のとき，x_0 の近傍全体の集合を $\mathscr{V}_{x_0}$ で表わし，$\mathscr{V}_{x_0}$ を x_0 の**近傍系**といいます．

O が開集合のときは，O の各点 x に対して，O 自身が x の 1 つの近傍となっています．

逆にある集合 V があって，V の各点 x に対して V 自身が x の 1 つの近傍と

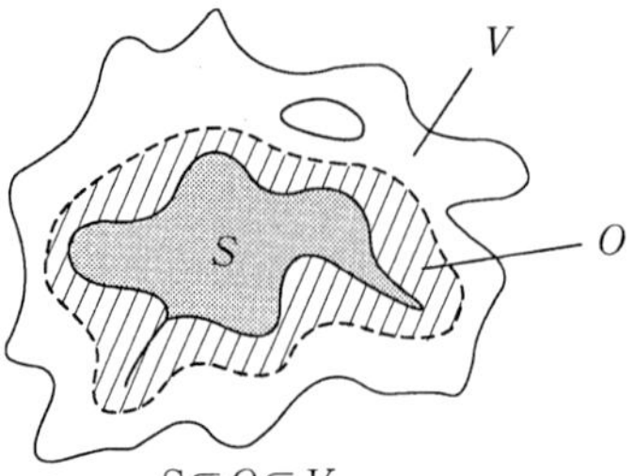

図 36

なっているとします．このときある開集合 O_x があって $x \in O_x \subset V$ となります．すべての $x \in V$ に対してこの和集合をとると

$$V \subset \bigcup_{x\in V} O_x \subset V, \quad \text{すなわち } V = \bigcup_{x\in V} O_x$$

(O 1) から $\bigcup_{x\in V} O_x$ は開集合ですから，したがって V は開集合となります．

これで

(＊＊)　O が開集合 $\iff$ O の各点 x に対して，O が x の近傍が成り立つ

ことがわかりました．

1 点 x_0 の近傍系 $\mathcal{V}_{x_0}$ は次の性質をもちます．

(N 1)　$U \in \mathcal{V}_{x_0},\ U \subset V \implies V \in \mathcal{V}_{x_0}$

(N 2)　$U, V \in \mathcal{V}_{x_0} \implies U \cap V \in \mathcal{V}_{x_0}$

(N 3)　$U \in \mathcal{V}_{x_0} \implies x_0 \in U$

(N 4)　$U \in \mathcal{V}_{x_0} \implies$ ある $V \in \mathcal{V}_{x_0}$ があって，すべての $y \in V$ に対して $U \in V_y$

(N 5)　$X \in \mathcal{V}_{x_0}$

この性質のうち，(N 4) は，V として $x_0 \in O \subset U$ となる開集合 O をとればよいことが (＊＊) からわかります．

(☆☆)　逆に各点 $x_0 \in X$ に対し，(N 1) から (N 5) までの部分集合族が与えられたとき，$x \in O \Rightarrow O \in \mathcal{V}_x$ をみたす集合 O のつくる集合族を $\mathcal{O}$ とすると，$\mathcal{O}$ は (O 1), (O 2), (O 3) をみたします．したがって X に $\mathcal{O}$ を開集合族とする 1 つの位相が決まります．この位相に関する各点 x_0 の近傍系は，最初に与えられた $\mathcal{V}_{x_0}$ の位相と一致します (⇒ **例題 2 参照**)．

$\mathcal{U} \subset \mathcal{V}_{x_0}$ が与えられ，どんな $V \in \mathcal{V}_{x_0}$ に対しても必ずある $U \in \mathcal{U}$ があって $U \subset V$ が成り立つとき，$\mathcal{U}$ を x_0 の**近傍系の基**といいます．

ある集合に位相を与えるとき，開集合の全体とか，各点の近傍の全体を指定するより，近傍系の基を与えることで位相空間とする方が，近さの性質がわかりやすく，簡明のことがあります．

たとえば実数の集合に，各点 a の近傍系の基として $(a-\varepsilon, a+\varepsilon)$ $(\varepsilon>0)$ を与えると，ふつうの数直線の位相となります．a の近傍 V は，適当に $\varepsilon>0$ をとったとき $(a-\varepsilon, a+\varepsilon)\subset V$ となるようなものです．

実数の集合に，各点 a の近傍系の基として $[a, a+\varepsilon)$ $(\varepsilon>0)$ を与えると，こうして得られた位相空間はふつうの数直線とは違います．たとえば a の左に並ぶ点列，$a-1, a-\frac{1}{2}, a-\frac{1}{3}, \cdots, a-\frac{1}{n}, \cdots$ は，$n\to\infty$ としても a に近づきません．この点列は近傍 $[a, a+\varepsilon)$ にはけっして含まれないからです．

なお，一般の集合に対して近傍系の基となるような部分集合族は，次のような性質で特性づけられます．

集合 X の各点 x_0 に対して次の (NB 1) から (NB 4) までの性質をみたす部分集合族 $\mathcal{U}_{x_0}$ が与えられたとします．

(NB 1)　$U, V\in\mathcal{U}_{x_0} \Longrightarrow$ ある $W\in\mathcal{U}_{x_0}$ があって $W\subset U\cap V$

(NB 2)　$U\in\mathcal{U}_{x_0} \Longrightarrow x_0\in U$

(NB 3)　$U\in\mathcal{U}_{x_0} \Longrightarrow$ ある $V\in\mathcal{U}_{x_\infty}$ があって，すべての $y\in V$ に対して $V_y\subset U$ となるような $V_y\in\mathcal{U}_y$ が存在する．

(NB 4)　$\mathcal{U}_{x_0}$ は少なくとも1つの集合を含む

このとき，各点 x_0 に対し $\mathcal{U}_{x_0}$ を x_0 の近傍系の基とするようなただ1つの位相が X に導入されます．

例題1　要項2に述べてある (☆) を示せ．

解　集合 X に (C 1), (C 2), (C 3) をみたす閉集合族 $\mathcal{C}$ が与えられており，それを用いて (＊) のように

$$\bar{A}=\bigcap\{F\mid F\in\mathcal{C}, A\subset F\}$$

と定義する．まずとくに A が閉集合 F ならば，この定義から $\bar{F}=F$ となることに注意する．

(Cl 1)：$A\subset\bar{A}$, (Cl 3)：$A\subset B\Rightarrow\bar{A}\subset\bar{B}$ が成り立つことは明らか．(Cl 5)：$\bar{\phi}=\phi$ は，$\phi\in\mathcal{C}$ によって成り立つと考える．以下で (Cl 2) と (Cl 4) が成り立つことを示す．

(Cl 2)：$\overline{A\cup B}=\bar{A}\cup\bar{B}$：$\bar{A}=\bigcap\{F_\alpha\mid A\subset F_\alpha\}$, $\bar{B}=\bigcap\{F_\beta'\mid B\subset F_\beta'\}$ とする．このとき $A\cup B\subset F_\alpha\cup F_\beta'$ で，(C 2) から $F_\alpha\cup F_\beta'\in\mathcal{C}$．したがって

$$\overline{A\cup B}\subset\bigcap_{\alpha,\beta'}(F_\alpha\cup F_{\beta}')$$
$$=(\bigcap_\alpha F_\alpha)\cup(\bigcap_\beta F_{\beta}')\subset\bar{A}\cup\bar{B}$$

一方，$A\cup B\subset F_\gamma\Rightarrow A\subset F_\gamma,\ B\subset F_\gamma$. したがって $\overline{A\cup B}=\cap\{F_\gamma|\ A\cup B\subset F_\gamma\}\supset\{F_\alpha|\ A\subset F_\alpha\}\cup\{F_\beta|\ B\subset F_\beta\}=\bar{A}\cup\bar{B}$. これで $\overline{A\cup B}=\bar{A}\cup\bar{B}$ がいえた．

この位相に関する閉集合とは

$$\bar{A}=\bigcap_\alpha\{F_\alpha|\ F_\alpha\in\mathscr{C},\ A\subset F_\alpha\}$$
$$=A$$

となる集合，すなわち $A=\bigcap_\alpha F_\alpha$ と表わされる集合であるが，(C 1) からこのとき $A\in\mathscr{C}$ となっている．

例題 2 要項 4 に述べてある (☆☆) を示せ．

解 各点 x_0 に (N 1) から (N 5) までの性質をもつ部分集合族 $\mathscr{V}_{x_0}$ が与えられたとき

$$x\in O \implies O\in\mathscr{V}_x \tag{1}$$

という性質をもつ集合のつくる集合族を $\mathscr{O}$ とし，$\mathscr{O}$ が (O 1), (O 2), (O 3) をみたすことを示す．

(O 1)：$x\in\bigcup_{\gamma\in\Gamma}O_\gamma$ をとると，x はある O_γ に含まれている．したがって $O_\gamma\in\mathscr{V}_x$. (N 1) から $O_\gamma\subset\bigcup_{\gamma\in\Gamma}O_\gamma\in\mathscr{V}_x$ となる．したがって $\bigcup_{\gamma\in\Gamma}O_\gamma\in\mathscr{O}$.

(O 2)：$x\in O_1\cap O_2$ とすると，$x\in O_1$ から $O_1\in\mathscr{V}_x$. $x\in O_2$ から $O_2\in\mathscr{V}_x$. (N 2) から $O_1\cap O_2\in\mathscr{V}_x$ だから，$x\in\mathscr{V}_x$ となり，$O_1\cap O_2\in\mathscr{O}$.

(O 3)：(N 5) からわかる．

次にこの開集合族 $\mathscr{O}$ から決められた x_0 の近傍系は $\mathscr{V}_{x_0}$ と一致することを示す．そのため x_0 を含む集合 U で，ある開集合 O で

$$x_0\in O\subset U$$

となるものをとってみる．(1) から $O\in\mathscr{V}_{x_0}$ だから (N 1) により，$U\in\mathscr{V}_{x_0}$ となる．

こんどは逆に $U\in\mathscr{V}_{x_0}$ を先にとったとき

$$x_0\in O\subset U$$

となる開集合 O が存在することを示す．そのためこの U に対して

$$O=\{x|\ U\in\mathscr{V}_x\}$$

とおく．$x_0\in O$ で (N 3) から $O\subset U$. O はさらにこの空間で開集合となって

いる．それは次のようにしてわかる．

$x\in O$ とすると $U\in\mathcal{V}_x$．したがって(N 4)からある $V_x\in\mathcal{V}_x$ があって，すべての $y\in V_x$ に対し，$U\in\mathcal{V}_y$ となる．O の定義を見ると，このことは $y\in O$ を示している．したがって

$$V_x\subset O$$

これは(N1)により，O の各点 x に対して，O が x の近傍となっていることを示している．要項4の(＊＊)から O は開集合である．これで証明された．

例題3　X を位相空間とする．X の部分集合 A に対し，$x\in\bar{A}$ となるための必要十分条件は，すべての $V\in\mathcal{V}_x$ に対して $V\cap A\neq\phi$ が成り立つことである．

解　必要なこと：ある $V\in\mathcal{V}_x$ に対して $V\cap A=\phi$ とすると，$x\notin\bar{A}$ を示す．$x\in O\subset V$ をみたす開集合 O をとると，$O\cap A=\phi$，すなわち $O^c\supset A$．O^c は閉集合だから，両辺の閉包をとって $O^c\supset\bar{A}$．$x\notin O^c$ により $x\notin\bar{A}$ となる．したがってすべての $V\in\mathcal{V}_x$ に対して $V\cap A\neq\phi$ が成り立つならば $x\in\bar{A}$ である．

十分なこと：対偶を示す．$x\notin\bar{A}$ とする．$O=\bar{A}^c$ とおくと O は開集合，したがって $O\in\mathcal{V}_x$ で，$O\cap A=\phi$ が成り立つ．したがって，条件は十分である．

例題4　X を位相空間，O を X の開集合とする．このとき X の部分集合 B に対して $O\cap B=\phi$ ならば，必ず $O\cap\bar{B}=\phi$ が成り立つことを示せ．また O が開集合でなければ，一般にはこのことは成り立たないことを示せ．

解　O が開集合ならば，O^c は閉集合．$O\cap B=\phi$ から $O^c\supset B$．両辺の閉包をとって $O^c\supset\bar{B}$ すなわち $O\cap\bar{B}=\phi$．

O が開集合でなければ一般には成り立たないことは，X として $\boldsymbol{R}$，A として $[0,1]$，B として $(1,2]$ をとると $A\cap B=\phi$ だが，$A\cap\bar{B}=\{1\}\neq\phi$ からわかる．

例題5　X を位相空間とする．X の部分集合 A に対し

$$A^{\circ}=(\overline{A^c})^c$$

とおき，A° を A の**内部**という（A° の点を A の**内点**という）．次のことを示せ．

i） $A^{\circ}\subset A$

ii） $(A\cap B)^{\circ}=A^{\circ}\cap B^{\circ}$

iii） $A\subset B\Rightarrow A^{\circ}\subset B^{\circ}$

iv） $A^{\circ\circ}=A^{\circ}$

v） $X^{\circ}=X$

vi） A° は A に含まれる最大の開集合

解 まず $\overline{A^c}$ は閉集合だから，A° は開集合のことを注意する．ほかも同様だから，ii), iv), vi) だけを示す．

ii） $(A\cap B)^{\circ}=(\overline{(A\cap B)^c})^c=(\overline{A^c\cup B^c})^c$

$$=(\overline{A^c}\cup\overline{B^c})^c=(\overline{A^c})^c\cap(\overline{B^c})^c=A^{\circ}\cap B^{\circ}$$

iv） かんたんのため $\overline{A}=A^b$ とおく．このとき $A^{cbc}=A^{\circ}$．したがって $A^{bb}=A^b$ に注意すると $A^{\circ\circ}=A^{cbccbc}=A^{cbbc}=A^{cbc}=A^{\circ}$．

vi） $\overline{A}$ が A を含む最小の閉集合であることからもわかるが，直接に次のようにしてもよい．A° は A に含まれる開集合であるが，一方 $O\subset A$ を開集合とすると，このとき $O^c\supset A^c$．ここで O^c が閉集合のことに注意すると $O^c\supset\overline{A^c}$．したがって $O\subset\overline{A^c}^{\,c}=A^{\circ}$．これから A° は A に含まれる最大の開集合であることがわかる．

例題 6 実数の集合に，各点 a の近傍系の基として $[a,b)\,(a<b)$ の形の集合全体を採用する．このとき区間 $[0,1)$ は開集合でもあり，閉集合でもあることを示せ．

解 $[a,b)\,(a<b)$ という形の区間は開集合である．実際十分小さい $\varepsilon>0$ をとると，$x\in[a,b)$ のとき $[x,x+\varepsilon)\subset[a,b)$ となる．このことは x は $[a,b)$ の内点であることを示しており，$[a,b)$ は開集合である．

また同様にして，$(-\infty,0)$, $[1,+\infty)$ も開集合のことがわかる．したがって

$$[0,1)=((-\infty,0)\cup[1,+\infty))^c$$

から，$[0,1)$ は閉集合にもなっている．

例題 7 (X,d) を距離空間，F を X の閉集合とする．このとき可算個の開

集合 $O_1, O_2, \cdots, O_n, \cdots$ があって

i）$O_1 \supset O_2 \supset \cdots \supset O_n \supset \cdots$

ii）$O_n \supset \overline{O}_{n+1}$　$(n=1, 2, \cdots)$

iii）$\bigcap_{n=1}^{\infty} O_n = F$

をみたすことを示せ．

解
$$O_n = \left\{ x \,\middle|\, d(x, F) < \frac{1}{n} \right\}$$
とおく．まず O_n は開集合のことを示す．$x_0 \in O_n$ とすると，十分小さい正数 ε_0 をとると，すべての $y \in F$ に対して $d(x_0, y) < \frac{1}{n} - \varepsilon_0$ となる．
$$V(x_0) = \left\{ x \,\middle|\, d(x_0, x) < \frac{\varepsilon_0}{2} \right\}$$
とおくと，$V(x_0)$ は x_0 の近傍であって，$x \in V(x_0)$ ならば，すべての $y \in F$ に対し
$$d(x, y) \leqq d(x, x_0) + d(x_0, y) < \frac{1}{n} - \frac{\varepsilon_0}{2}$$
すなわち
$$d(x, F) \leqq \frac{1}{n} - \frac{\varepsilon_0}{2} < \frac{1}{n}$$
となる．したがって
$$V(x_0) \subset O(n)$$
がいえて，O_n は開集合である．

i）が成り立つことは明らかである．ii）が成り立つことをみるために，$\overline{O}_{n+1}$ の点 x_0 を1つとる．

$x_i \in O_{n+1}$ $(i=1, 2, \cdots)$ を x_0 に収束する点列とする．$0 < \varepsilon < \frac{1}{n} - \frac{1}{n+1}$ をみたす正数 ε に対し，十分大きい自然数 N をとると，$N \leqq i$ のとき $d(x_i, x_0) < \varepsilon$．一方，$x_N \in O_{n+1}$ から $d(x_N, y_N) < \frac{1}{n+1}$ となる $y_N \in F$ がある．したがって
$$d(x_0, y_N) \leqq d(x_0, x_N) + d(x_N, y_N) < \varepsilon + \frac{1}{n+1} < \frac{1}{n}$$
このことは $x_0 \in O_n$ を示している．これで $\overline{O}_{n+1} \subset O_n$ がいえた．

iii）は，$x \in \bigcap_{n=1}^{\infty} O_n$ とすると，$d(x, F) < 1/n$ $(n=1, 2, \cdots)$．したがって $d(x, F) = 0$．§1，例題9，ii）から $x \in F$ が得られた．したがって $\bigcap_{n=1}^{\infty} O_n \subset F$．一方，$F \subset O_n$ は明らかだから $F \subset \bigcap_{n=1}^{\infty} O_n$ が示された．

§3.　連続写像と位相の強弱

●要　項●

1.　X, Y を位相空間とします．Map(X, Y) により，集合 X から集合 Y への写像全体のつくる集合を表わします．$f \in$ Map(X, Y) が X の1点 x_0 で連続であるとは

(∗)　$S \subset X$ で，$x_0 \in \overline{S}$　ならば　$f(x_0) \in \overline{f(S)}$

が成り立つことであると定義します．

$f \in$ Map(X, Y) が x_0 で連続とし，$g \in$ Map(Y, Z) が $f(x_0) \in Y$ で連続ならば，$g \circ f \in$ Map(X, Z) も x_0 で連続です．

このことは $x_0 \in \overline{S}$ ならば $f(x_0) \in \overline{f(S)}$ ですが，g が $f(x_0)$ で連続なので，上の(∗)で S として $f(S)$ に適用すると $g \circ f(x_0) \in \overline{g \circ f(S)}$ となることからわかります．

$f \in$ Map(X, Y) が X の各点で連続のとき，f は X から Y への**連続写像**であるといいます．X から Y への連続写像全体のつくる集合を $C(X, Y)$ で表わします．$f \in$ Map(X, Y)，$g \in$ Map(Y, Z) に対して合成写像 $g \circ f \in$ Map(X, Y) を対応させる写像は，連続写像に限れば

$$\begin{array}{ccc} C(X, Y) \times C(Y, Z) & \longrightarrow & C(X, Z) \\ \Cup & & \Cup \\ (f, g) & \longrightarrow & g \circ f \end{array}$$

という写像を導きます．

2.　$f \in$ Map(X, Y) が $C(X, Y)$ に属するための必要十分な条件は，次の同値な条件のどれか1つが成り立つことです．

(a)　$S \subset X$ に対して

$$f(\overline{S}) \subset \overline{f(S)}$$

(b)　Y の閉集合 F に対して $f^{-1}(F)$ は X の閉集合

(c)　Y の開集合 O に対して $f^{-1}(O)$ は X の開集合(⇒ **例題1参照**)

3.　$f \in C(X, Y)$ が X から Y への全単射であって，$f^{-1} \in C(Y, X)$ が成り立つとき，f は X から Y への**同相写像**であるといいます．

f が X から Y への同相写像のとき，前項2の(b)，(c)からまず Y の閉集合，開集合はそれぞれ X の閉集合，開集合へと移ることがわかります．$(f^{-1})^{-1}=f$ に(b)，(c)を適用すると逆に X の閉集合，開集合は，それぞれ Y の閉集合，開集合へと移ります．

$$X \underset{f^{-1}}{\overset{f}{\rightleftarrows}} Y$$

閉集合 $\longleftrightarrow$ 閉集合

開集合 $\longleftrightarrow$ 開集合

すなわち，X と Y は‘位相空間として’，f により同型に移り合うのです．

X から Y への同相写像が存在するとき，X と Y は**同相**である，または**位相同型**であるといいます．

4.　一般に集合 X に位相を導入する仕方はいろいろありますが，それは各部分集合 A に対して閉包をとる写像 $A \to \bar{A}$ をどのように決めるか，あるいは，閉集合族としてどのような部分集合族をとるかによって決まってきます．

集合 X に導入される位相全体の集合を $\mathrm{T}(X)$ で表わします．$\mathrm{T}(X)$ の元を τ，τ_1 などで表わし，集合 X に位相 τ を与えて得られる位相空間を (X, τ) で表わします．

一般に，集合 X から X への写像 ι で，$\iota(x)=x$ をみたすものを**恒等写像**といいます．

X の中に入る位相の集合 $\mathrm{T}(X)$ の中に順序関係を次のように導入します．

$\tau \geqq \tau_1 \iff$ 恒等写像 ι が (X, τ) から (X, τ_1) への連続写像

そしてこのとき，τ は τ_1 より**強い位相**(または**細かい位相**)といい，τ_1 は τ より**弱い位相**(または**粗い位相**)といいます．

(X, τ) の閉包，閉集合族，開集合族を $\bar{S}, \mathscr{C}, \mathscr{O}$

(X, τ_1) の閉包，閉集合族，開集合族を $\bar{S}^{(1)}, \mathscr{C}^{(1)}, \mathscr{O}^{(1)}$

と表わします．

このとき $\tau \geqq \tau_1$ となるための必要十分な条件は，次の同値な条件のどれか1つが成り立つことです．

(A) $\overline{S}\subset\overline{S}^{(1)}$

(B) $\mathscr{C}\supset\mathscr{C}^{(1)}$

(C) $\mathcal{O}\supset\mathcal{O}^{(1)}$

このことは，恒等写像 ι が (X,τ) から (X,τ_1) への連続写像であるということを，要項2の (a)，(b)，(c) でいい直してみるとわかります．

$\iota(\overline{S})\subset\overline{\iota(S)}$，すなわち $\overline{S}\subset\overline{S}^{(1)}$

(X,τ_1) の閉集合 F_1 に対して，$\iota^{-1}(F_1)=F$ は (X,τ) の閉集合

(X,τ_1) の開集合 O_1 に対して，$\iota^{-1}(O_1)=O$ は (X,τ) の開集合

T(X) の中の最強の元，すなわち X の最強位相は，すべての部分集合を開集合，したがってまたすべての部分集合を閉集合として与えられる位相です．このときすべての集合 S に対して $\overline{S}=S$ です．これを集合 X に与えられた**ディスクリート位相**（または**離散位相**）といいます．

T(X) の中の最弱な元は，すなわち X に導入されるもっとも弱い位相は，開集合族として $\mathcal{O}=\{\phi,X\}$ をとることによって与えられる位相です．このときは $S\neq\phi$ ならば，$\overline{S}=X$ となります．

5. X の部分集合族 $\{S_\gamma\}_{\gamma\in\Gamma}$ が与えられたとき，$\{S_\gamma\}_{\gamma\in\Gamma}$ をすべて開集合とするような X の最弱位相が存在します．それは，$\{S_\gamma\}_{\gamma\in\Gamma}$ から有限個の $S_{\gamma_1},\cdots,S_{\gamma_n}$ をとって共通部分をとった集合

$$S_{\gamma_1}\cap\cdots\cap S_{\gamma_n}$$

の，任意個数の和集合として表わされる集合（および ϕ と X）全体を開集合族 $\mathcal{O}$ として採用して得られる位相です．

$$\mathcal{O}=\{\bigcup(S_{\gamma_1}\cap\cdots\cap S_{\gamma_n}),\ \phi,\ X\mid S_{\gamma_i}\in\{S_\gamma\}_{\gamma\in\Gamma}\}$$

一般に，開集合族 $\mathcal{O}$ の部分族 $\{S_\gamma\}_{\gamma\in\Gamma}$ があって，$\mathcal{O}$ が S_γ により上のように表わされたとき，$\{S_\gamma\}_{\gamma\in\Gamma}$ を，開集合の**準基**といいます．

6. X を集合，$\{Y_\lambda\}_{\lambda\in\Lambda}$ を位相空間の空でない族とします．すなわち $\Lambda\neq\phi$ で，また各位相空間 Y_λ も空でないとします．各 $\lambda\in\Lambda$ に対して写像

$$f_\lambda: X \longrightarrow Y_\lambda$$

が与えられたとき，すべての $f_\lambda\,(\lambda\in\Lambda)$ を連続とするような X の最弱位相が存

在します．それは

$$\{f_\lambda^{-1}(O_\lambda) \mid O_\lambda \text{ は } Y_\lambda \text{ の開集合},\ \lambda \in \Lambda\}$$

をすべて開集合とするような X の最弱位相として与えられます．

とくに，Y を位相空間，X が Y の部分集合の場合を考えてみます．このとき，自然の単射 $\tau_{xy}: X \to Y\ (\tau_{xy}(x)=x)$ を連続とするような最弱位相を X に導入することができます．これを Y から導かれた X の**相対位相**といいます．このとき X の閉集合 F は，Y の閉集合 $\tilde{F}$ によって $F=X\cap\tilde{F}$ と表わされます．また X の開集合 O は，Y の開集合 $\tilde{O}$ によって $O=X\cap\tilde{O}$ と表わされます (図 37)．

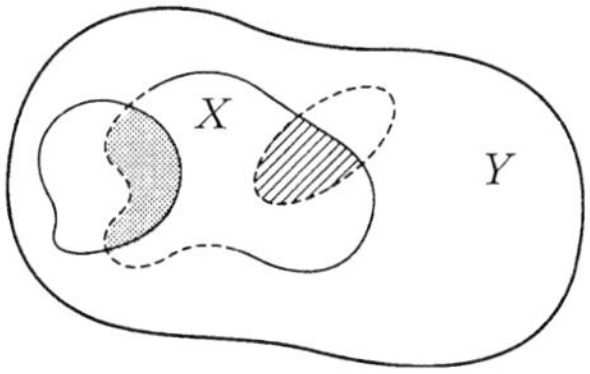

カゲをつけた部分は X の閉集合
斜線部分は X の開集合

図 37

積集合

$$X=\prod_{\lambda\in\Lambda} X_\lambda$$

が与えられ，各 X_λ は位相空間とします．このとき各射影

$$\pi_\lambda: X \longrightarrow X_\lambda \quad (\lambda\in\Lambda)$$

を連続とするような最弱位相が X に存在します．この位相を，X の**積位相**，または**弱位相**といい，このとき $\prod_{\lambda\in} X_\lambda$ を $X_\lambda\ (\lambda\in\Lambda)$ の**積空間**，または**直積空間**といいます．

7.　X を位相空間，Y を集合とします．$f\in \mathrm{Map}(X, Y)$ が与えられたとき，f を連続とするような最強位相が Y に存在します．そのような位相は，Y の開集合として，$f^{-1}(O)$ が X の開集合となるような集合を採用することにより得られます．

とくに，位相空間 X に同値関係～が与えられたとき，商集合 $Y=X/\sim$ 上に，標準的な射影 $\pi: X \to Y$ が連続となるような最強位相を導入することができます．商集合 Y にこの位相をいれたものを**商空間**といいます．

例題1 要項2で述べているように，$f \in \mathrm{Map}(X, Y)$ の連続性は同値な条件(a)，(b)，(c)でも与えられる．このことを示せ．

解 連続性 ⇔ (a)：連続性が成り立つとする．$f \in C(X, Y)$ とする．$S \subset X$ が与えられたとき，$x \in \overline{S}$ ならば $f(x) \in \overline{f(S)}$：すなわち $f(\overline{S}) \subset \overline{f(S)}$．逆も同様である．

(a) ⇔ (b)：(a)が成り立つとする．Y の閉集合を F とする．(a)から

$$f(\overline{f^{-1}(F)}) \subset \overline{f(f^{-1}(F))} = F$$

したがって $\overline{f^{-1}(F)} \subset f^{-1}(F)$．逆向きの包含関係は明らかに成り立つから，$\overline{f^{-1}(F)} = f^{-1}(F)$，すなわち $f^{-1}(F)$ は閉集合であり，(b)が成り立つ．

逆に(b)が成り立つとする．$S \subset f^{-1}(f(S))$ だから，もちろん $S \subset f^{-1}(\overline{f(S)})$ である．$\overline{f(S)}$ は Y の閉集合だから(b)を用いて，$f^{-1}(\overline{f(S)})$ は X の閉集合．したがって $\overline{S} \subset f^{-1}(\overline{f(S)})$，すなわち $f(\overline{S}) \subset \overline{f(S)}$ がいえて(a)が成り立つ．

(b) ⇔ (c)：これは開集合，閉集合が互いに補集合をとることで移り合うことと，「集合論の広がり」設問5(62頁)から明らか．

例題2 $f \in C(X, X)$ が与えられたとする．適当な自然数 n をとったとき，f の n 回の繰り返し

$$f^n = \underbrace{f \circ f \circ \cdots \circ f}_{n\text{回}}$$

は X から X への同相写像になっていたとする．このとき f は同相写像であることを示せ．

解 第1部§1，例題6(19頁)から f は X から X への全単射である．f^n が連続であることは，f^{-n} が X の開集合族 $\mathcal{O}$ を X の開集合族に移していること，すなわち

$$f^{-n} \in \mathrm{Map}(\mathcal{O}, \mathcal{O})$$

であるが，いまの場合 f^n が同相写像だから，f^{-n} は $\mathcal{O}$ から $\mathcal{O}$ への全単射を与えている．したがってふたたび同じ例題6を適用して，$f^{-1} \in \mathrm{Map}(\mathcal{O}, \mathcal{O})$ が全単射のことがわかる．これは f が同相であることを示している．

例題3 2つの距離空間 (X, d)，(X, d_1) に対し，ある定数 $k\,(>0)$ があって

$$d_1(x, y) \leqq k\, d(x, y)$$

がつねに成り立つとする．このとき距離 d から導かれた位相を τ，距離 d_1 から導かれた位相を τ_1 とすると，τ は τ_1 より強い位相であることを示せ．

解　$S\subset X$ に対して，(X, d) についての閉包を $\bar{S}$ とすると，

$x_0\in\bar{S} \iff$ ある $x_n\in S_n\,(n=1, 2, \cdots)$ があって $d(x_n, x_0) \longrightarrow 0 \quad (n\to\infty)$

このとき条件から

$$d_1(x_n, x_0) \longrightarrow 0 \quad (n\to\infty)$$

となる．したがって $x_0\in\bar{S}^{(1)}$ となる．ここで $\bar{S}^{(1)}$ は τ_1 についての S の閉包である．したがって $\bar{S}\subset\bar{S}^{(1)}$ となり，$\tau\geqq\tau_1$ が示された．

例題 4　数直線上の閉区間 $[0, 1]$ で定義された連続関数全体の集合 $C[0, 1]$ に，次のように2つの距離 d, d_1 をいれる．

$$d(f, g)=\underset{0\leqq t\leqq 1}{\mathrm{Max}}\,|f(t)-g(t)|$$

$$d_1(f, g)=\int_0^1|f(t)-g(t)|dt$$

i）　距離 d から導かれた位相を τ，距離 d_1 から導かれた位相を τ_1 とすると，τ は τ_1 より強い位相であることを示せ．

ii）　$d_1(f_n, f)\to 0\,(n\to\infty)$ であるが，$d(f_n, f)\geqq 1$ であるような例をあげよ．

解　i）　定積分の性質から

$$\int_0^1|f(t)-g(t)|dt\leqq\underset{0\leqq t\leqq 1}{\mathrm{Max}}\,|f(t)-g(t)|$$

したがって $d_1(f, g)\leqq d(f, g)$ となり，例題3から $\tau\geqq\tau_1$ となる．

ii）　$$f_n(t)=\begin{cases} nt, & 0\leqq t\leqq\dfrac{1}{n} \\ 1, & \dfrac{1}{n}\leqq t\leqq 1 \end{cases}$$

$f(t)=1$　(定数関数)

とする．このとき

$$d_1(f_n, f)=\int_0^1|f_n(t)-f(t)|dt=\int_0^{1/n}nxdx$$

$$=\frac{1}{2n}\quad(\text{図38でカゲの面積})$$

$$\longrightarrow\ 0\quad(n\to\infty)$$

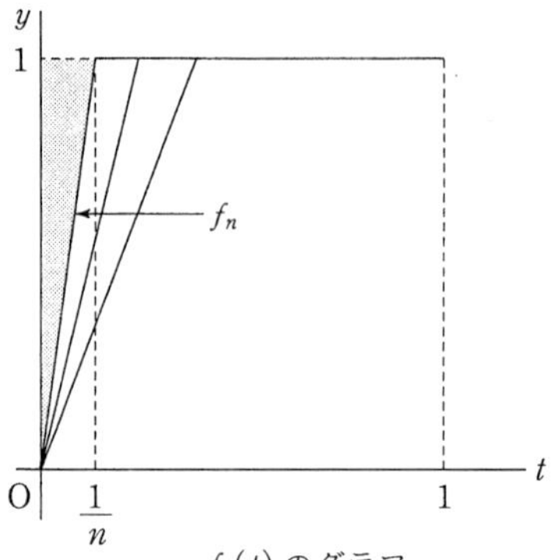

$y=f_n(t)$ のグラフ

図 38

しかし $1-f_n(0)=1$ だから

$$d(f_n, f)=\operatorname*{Max}_{0\leq t\leq 1}|f_n(t)-f(t)|=1$$

となっている.

例題 5 i） Y を位相空間 $X\subset Y$ とする．このとき相対位相による X の開集合族を具体的に求めよ．

ii） 積集合 $X=\prod_{\lambda\in\Lambda}Y_\lambda$ で，$Y_\lambda\,(\lambda\in\Lambda)$ は位相空間とする．このとき積位相による X の開集合族を具体的に求めよ．

解 i） τ_{XY} を X から Y への自然な単射とする．要項 5, 6 によれば，相対位相による X の開集合は

$$\bigcup(\tau_{XY}{}^{-1}(O_1)\cap\cdots\cap\tau_{XY}{}^{-1}(O_n))$$

の形で与えられる．ここで $O_1, \cdots, O_n$ は Y の開集合で，任意に有限個を取ったものである．この集合は

$$\tau_{XY}{}^{-1}(\bigcup(O_1\cap\cdots\cap O_n))$$

と表わされ，カッコの中は Y の開集合だから，結局 X の開集合は $\tau_{XY}{}^{-1}(O)$ (O は Y の開集合) と表わされる．

ii） 要項 5, 6 を参照して，i）と同様に議論すれば，X の開集合の準基は

$$\{\pi_\lambda{}^{-1}(O^{(\lambda)})\mid\lambda\in\Lambda,\ O^{(\lambda)} \text{ は } Y_\lambda \text{ の開集合}\}$$

で与えられ，したがってまた X の開集合の基[1] は

$$\{\pi_{\lambda_1}{}^{-1}(O^{(\lambda_1)})\cap\cdots\cap\pi_{\lambda_n}{}^{-1}(O^{(\lambda_n)})\mid \lambda_1,\cdots,\lambda_n\in\Lambda,\ O^{(\lambda_i)}\text{ は }Y_{\lambda_i}\text{ の開集合}\}$$

で与えられる．

注意　とくに $Y_1\times Y_2$ の開集合の基は U, V をそれぞれ Y_1, Y_2 の開集合とするとき $\pi^{-1}(U)\cap\pi^{-1}(V)=(U\times Y_2)\cap(Y_1\times V)=U\times V$ で与えられる．

例題 6　i)　$X, Y_\lambda\ (\lambda\in\Lambda)$ を位相空間とし，各 $\lambda\in\Lambda$ に対し連続写像 f_λ：$X\to Y_\lambda$ が与えられているとする．π_λ を積空間 $\prod_{\lambda\in\Lambda}Y_\lambda$ から Y_λ への射影とする．このとき連続写像 $f: X\to\prod_{\lambda\in\Lambda}Y_\lambda$ で，$f_\lambda=\pi_\lambda\circ f$ をみたすものがただ1つ存在することを示せ．

ii)　X, Y を位相空間とし，X に同値関係～が与えられているとする．π を X から商空間 $X/\sim$ への標準的な射影とする．X から Y への連続写像 g で，$x\sim y$ ならば，$g(x)=g(y)$ という性質をみたすものが与えられているとする．このとき $G\circ\pi=g$ をみたすただ1つの連続写像 $G: X/\sim\ \to Y$ が存在することを示せ（図 39）.

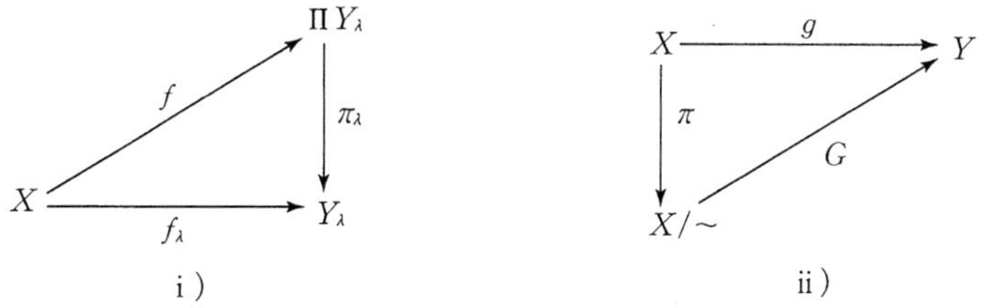

図 39

解　i), ii) について，そのような性質をみたす写像 f, G が存在して，ただ1つに限ることは明らかである．f, G の連続性だけを示せばよい．

i)　f の連続性を示すには，O_λ を Y_λ の開集合とすると，

$$\begin{aligned} f^{-1}(\pi_\lambda{}^{-1}(O^{(\lambda)})) &= f^{-1}\circ\pi_\lambda{}^{-1}(O^{(\lambda)}) \\ &= (\pi_\lambda\circ f)^{-1}(O^{(\lambda)}) \\ &= f_\lambda{}^{-1}(O^{(\lambda)}) \end{aligned}$$

$f_\lambda{}^{-1}$ の連続性から，この集合は X の開集合である．例題 5，ii) を参照する

1) (120 頁)　X の開集合族 $\mathcal{O}$ の部分族 $\tilde{\mathcal{O}}$ で，どんな $O\in\tilde{\mathcal{O}}$ も，$\tilde{\mathcal{O}}$ に属する集合の和集合として表わされるとき，$\tilde{\mathcal{O}}$ を開集合の**基**という．

と，これから f が連続のことがわかる．

ii）Y の開集合 O をとる．このとき

$$g^{-1}(O)=(G\circ\pi)^{-1}(O)=\pi^{-1}\circ G^{-1}(O)$$

g の連続性から $g^{-1}(O)$ は X の開集合．一方，商空間 $X/\sim$ の開集合 A とは，$\pi^{-1}(A)$ が X の開集合となるような集合である（要項7参照）．したがって $G^{-1}(O)$ は $X/\sim$ の開集合となり，これで G の連続性が示された．

§4. 分離公理

● 要　項 ●

1. 位相空間 X に対して次の条件を考えます(図40).

(T_0) 異なる2点 a, b に対し，b を含まぬ a の近傍か，a を含まぬ b の近傍が必ず存在する.

(T_1) 異なる2点 a, b に対し，b を含まぬ a の近傍が必す存在する.

(T_2) 異なる2点 a, b に対し，a, b の近傍で互いに共通点のないものが存在する.

(T_3) 1点 a，および a を含まぬ閉集合 F に対し，a と F の近傍で互いに共通点がないものが存在する.

(T_4) 共通点のない2つの閉集合 F_1, F_2 に対し，F_1 と F_2 の近傍で互いに共通点のないものが存在する.

これを**分離公理**といいます.

位相空間 X が条件(T_i)($i=0, 1, 2, 3, 4$)のいずれかをみたすとき，X は T_i 空間であるといい，またその位相を T_i 位相といいます．T_2 空間を**分離空間**，または**ハウスドルフ空間**ともいいます.

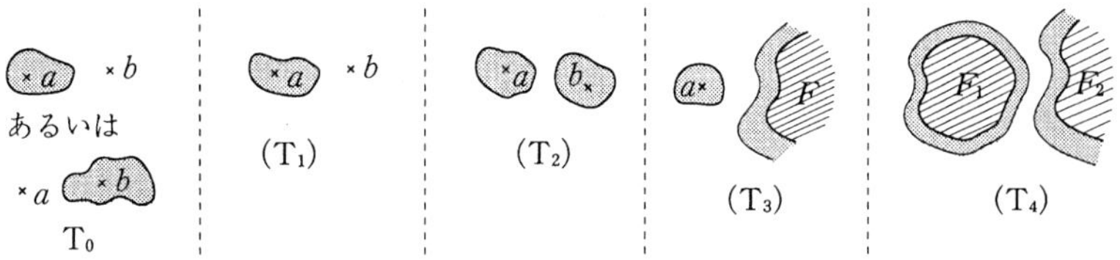

図40

2. T_1 と T_3 をともにみたす空間を**正則空間**といいます．T_1 と T_4 をともにみたす空間を**正規空間**といいます.

条件(T_1)は1点は閉集合であることと同値です(⇒ **例題1参照**)．したがってこのことから正則空間，正規空間は，T_2 をみたし，分離空間となっていることがわかります．条件(T_3)，(T_4)は別の表わし方もあります(⇒ **例題2参照**).

定理 1　正規空間 X の共通点のない閉集合 F_0, F_1 に対して，X 上の実数値連続関数 $f(x)$ で，F_0 上で 0，F_1 上で 1 という値をとり，$0 \leqq f(x) \leqq 1$ をみたすものが存在する[1] (⇒ **例題 3 参照**).

定理 2　正規空間 X の閉集合 F，および F 上の実数値連続関数 $\varphi(x)$ が与えられたとする．このとき X 上の実数値連続関数 $f(x)$ で

$$x \in F \text{ のとき } f(x) = \varphi(x)$$
$$|f(x)| \leqq \sup_{x \in p} |\varphi(x)|$$

をみたすものが存在する[2] (⇒ **例題 4 参照**).

距離空間は正規空間です (⇒ **例題 5 参照**).

3.　T_1 空間 X で，次の条件 $(\widetilde{T}_3)$ をみたすものを**完全正則空間**といいます．

$(\widetilde{\mathbf{T}}_3)$　1 点 a，および a を含まぬ閉集合 F に対し，a で 0，F 上で 1 の値をとる実数値連続関数 $f(x)$ で，$0 \leqq f(x) \leqq 1$ をみたすものが存在する．

定理 1 から，正規空間は完全正則空間です．

4.　位相空間 X が距離空間に同相となるとき，X は**距離づけ可能**な位相空間であるといいます．

位相空間 X が**可算基**をもつというのは，X の開集合族の中に可算個の開集合族からなる部分族 $\widetilde{\mathcal{O}}$ が存在して，X の開集合は，$\widetilde{\mathcal{O}}$ に属する適当な開集合の和として表わされることです．

位相空間 X の中の部分集合 A が，$\bar{A} = X$ をみたすとき，A は**稠密な集合**であるといいます．X の中に稠密な高々可算な集合が存在するとき，X を**可分**といいます．可算基をもつ位相空間は可分です．距離空間が可分ならば可算基をもちます．

定理 3　可算基をもつ正規空間は距離づけ可能である (⇒ 第 3 章設問 25 (164 頁) 参照)

---

1)　これを**ウリゾーンの定理**といいます．ウリゾーン (1898-1924) はロシアの数学者です．

2)　これを**ティエツェの定理**といいます．ティエツェ (1880-1964) はドイツの数学者です．

例題1　位相空間 X に関する条件 (T_1), (T_2) につき，次のことを示せ．

i）条件 (T_1) は，1点は閉集合であることと同値である．

ii）条件 (T_2) は，積空間 $X\times X$ の中で対角線集合

$\Delta=\{(x, x)|\, x\in X\}$ が閉集合であるということと同値である．

解　i）1点 a が閉集合であることは，$\overline{\{a\}}=\{a\}$，すなわち $a\neq b$ ならば $\overline{\{a\}}\not\ni b$ と同値である．§2，例題3（111頁）から，このことはまた $a\neq b$ ならば b のある近傍 V があって $a\notin V$ と同値である．これは，条件 (T_1) にほかならない．

ii）Δ が閉集合であることは，1点 $(a, b)\in X\times X$ が Δ に属しないとき（すなわち $a\neq b$ のとき）には，(a, b) の近傍 W があって $W\cap\Delta=\phi$ となることである．$X\times X$ の位相のいれ方から，a の近傍 U, b の近傍 V が存在して $U\times V\subset W$．ゆえに Δ が閉集合であるための条件は，$a\neq b$ に対して $(U\times V)\cap\Delta=\phi$ で与えられる．この最後の条件は $U\cap V=\phi$ と同値である．すなわち (T_2) にほかならない．

例題2　位相空間 X に関する条件 (T_3), $(\tilde{T}_3)$, (T_4) につき次のことを示せ．

i）条件 (T_3) は，任意の点 a および a の近傍 U に対し

$$a\in V\subset\overline{V}\subset U$$

なる a の近傍 V が存在することと同値である．

ii）X が $(\tilde{T}_3)$ をみたせば，必然的に (T_3) もみたすことを示せ．

iii）条件 (T_4) は，任意の閉集合 F および F の近傍 U に対して

$$F\subset V\subset\overline{V}\subset U$$

となる F の近傍 V が存在することと同値である．

解　i）必要なこと：(T_3) が成り立つとする．必要なら U を U に含まれている a の開近傍でおきかえることにより，最初から U は a の開近傍であるとして一般性を失わない．a と U^c に対して (T_3) が適用され，したがって a の近傍 V, U^c の近傍 W で $V\cap W=\phi$ となるものが存在する．ここで上と同じ理由で W は開集合としてよい．§2，例題4（111頁）から $\overline{V}\cap W=\phi$ が成り立つ．したがって $\overline{V}\cap U^c=\phi$．ゆえに $V\subset\overline{V}\subset U$ をみたす a の近傍 V の存在がいえた．

十分なこと：条件を仮定する．1点 a を含まない開集合 F をとる．仮定か

ら a の近傍 V で $V\subset\overline{V}\subset F^c$ をみたすものが存在する．$W=\overline{V}^c$ とおくと，W は F の近傍で $V\cap W=\phi$ である．

ii) X が $(\tilde{\mathrm{T}}_3)$ をみたすとする．1点 a および a を含まぬ閉集合 F に対し，a で 0，F 上で 1 となる X 上の連続関数 $f(x)$ が存在する．

$$U=\left\{x\,\middle|\,f(x)<\frac{1}{3}\right\},\qquad V=\left\{x\,\middle|\,f(x)>\frac{2}{3}\right\}$$

とおくと，U, V は開集合で，それぞれ a および F の近傍を与えている．$U\cap V=\phi$ だから (T_3) が成り立つ．

iii) これは i) と同様にして示すことができる．

例題3 要項2にある定理1を証明せよ．

解 X を正規空間とする（以下の証明でわかるように，T_4 空間の仮定で実は十分である）．F_0, F_1 を共通点のない閉集合とする．(T_4) 条件から，例題2，iii) を参照すると開集合 U, V で $F_0\subset V\subset\overline{V}\subset U\subset F_1{}^c$ をみたすものが存在することがわかる．$G(0)=V$，$G(1)=U$ とおく．$\overline{G(0)}\subset G(1)$ に例題2，iii) を適用して，$\overline{G(0)}\subset G(1/2)\subset\overline{G(1/2)}\subset G(1)$ なる開集合 $G(1/2)$ の存在がわかる．この操作は繰り返して行なっていくことができる．実際ある自然数 n まで，開集合 $G(m/2^n)$ $(m=0,1,2,\cdots,2^n)$ が得られて，$m<m'$ ならば

$$(1_n)\qquad \overline{G\left(\frac{m}{2^n}\right)}\subset G\left(\frac{m'}{2^n}\right)$$

をみたしているとする．例題2，iii) から

$$\overline{G\left(\frac{2m}{2^{n+1}}\right)}\subset G\left(\frac{2m+1}{2^{n+1}}\right)\subset\overline{G\left(\frac{2m+1}{2^{n+1}}\right)}\subset G\left(\frac{2m+1}{2^{n+1}}\right)$$

なる開集合 $G(2m+1/2^{n+1})$ の存在がわかり，したがって $G(m/2^{n+1})$ $(m=0, 1, 2, \cdots, 2^{n+1})$ なる開集合で，性質 (1_{n+1}) をみたすものが得られた（図41）．

したがって帰納法で $m/2^n$ $(m=0,1,\cdots,2^n)$ の形の有理数 r に対して開集合 $G(r)$ がきまって，$r<r'$ ならば $\overline{G(r)}\subset G(r')$ をみたすものが存在することがわかる．

そこで X 上の関数 $f(x)$ を

$$f(x)=\begin{cases}1, & x\notin G(1)\\ \inf\{r\,|\,x\in G(r)\}\end{cases}$$

で定義する．$x\in F_0\Rightarrow f(x)=0$；$x\in F_1\Rightarrow f(x)=1$ は明らかである．また x

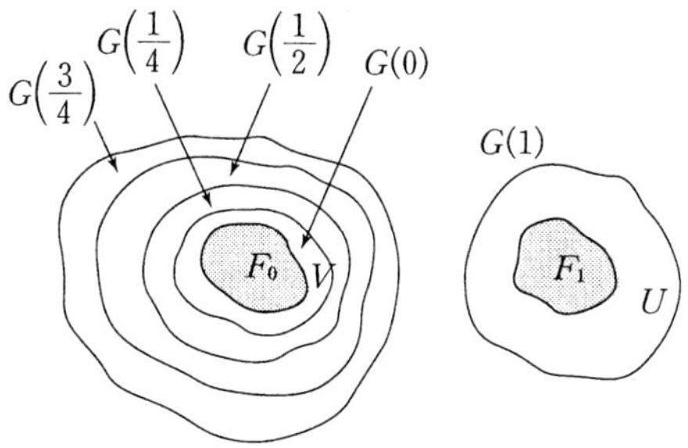

図 41

$\in G(r)$ ならば $f(x) \leqq r$, $x \notin G(r)$ ならば $f(x) \geqq r$ である．さらに $x \in \overline{G(r)}$ のとき $x \in \bigcap_{r'>r} G(r')$ に注意すると，$x \in \overline{G(r)}$ ならば $f(x) \leqq r$ がいえる．

$f(x)$ は連続である．実際，$x \in X$ は $0<f(x)<1$ をみたすとし，任意の $\varepsilon>0$ に対して $f(x)-\varepsilon<r<f(x)<r'<f(x)+\varepsilon$ のように 2 進小数 r, r' をとる．$U=G(r')-\overline{G(r)}$ とおくと，U は開集合で x を含み，かつ $y \in U \Rightarrow r \leqq f(y) \leqq r'$ となる．したがって f は x で連続である．x が $f(x)=0$，または $f(x)=1$ をみたすときも，上の議論を多少修正して f は x で連続であることがわかる．

これで定理で述べてある連続関数 $f(x)$ の存在がいえた．

例題 4　要項 2 にある定理 2 を証明せよ．

解　$\mu_0=\sup_{x\in F}|\varphi(x)|$ とおく．$\mu_0=0$ ならば $f(x)\equiv 0$ とおけば，f は求める関数となるから，$\mu_0>0$ の場合を考える．

$\varphi_0=\varphi$ とおく．φ_0 は F 上の関数である．

$$A_0=\{x \mid x\in F,\ \varphi_0(x)\leqq -\mu_0/3\}$$
$$B_0=\{x \mid x\in F,\ \varphi_0(x)\geqq \mu_0/3\}$$

とおくと，φ_0 の連続性から，A_0, B_0 は F の閉集合であるが，F が閉集合のことに注意すると，A_0, B_0 は X の閉集合でもある．定理 1 により X 上の連続関数 $f_0(x)$ で

$$x\in A_0 \implies f_0(x)=-\mu_0/3$$
$$x\in B_0 \implies f_0(x)=\mu_0/3$$
$$-\mu_0/3\leqq f_0(x)\leqq \mu_0/3$$

をみたすものが存在する．$x \in F$ で

$$\varphi_1(x) = \varphi_0(x) - f_0(x)$$

とおくと，$\varphi_1(x)$ は F 上の連続関数で $\mu_1 = \sup_{x \in F} |\varphi_1(x)| \leqq 2\mu_0/3$．$\varphi_0$ に対して行なった上の議論を，そのまま φ_1 で繰り返して行なうと，

$$A_1 = \{x \mid x \in F,\ \varphi_1(x) \leqq -\mu_1/3\}$$

$$B_1 = \{x \mid x \in F,\ \varphi_1(x) \geqq \mu_1/3\}$$

とおいて，X 上の連続関数 f_1 で

$$x \in A_1 \implies f_1(x) = -\mu_1/3$$

$$x \in B_1 \implies f_1(x) = \mu_1/3$$

$$-\mu_1/3 \leqq f_1(x) \leqq \mu_1/3$$

をみたすものが存在する：$x \in F$ で

$$\varphi_2(x) = \varphi_1(x) - f_1(x)$$

とおく．

$$\mu_2 = \sup_{x \in F} |\varphi_2(x)| \leqq \left(\frac{2}{3}\right)^2 \mu_0$$

である．この議論を繰り返すと，F 上の連続関数の系列 $\{\varphi_0(x), \varphi_1(x), \cdots, \varphi_n(x), \cdots\}$ と，X 上の連続関数の系列 $\{f_0(x), f_1(x), \cdots, f_n(x), \cdots\}$ が存在して

$$\varphi_{n+1}(x) = \varphi_n(x) - f_n(x)$$

$$\sup_{x \in F} |\varphi_n(x)| \leqq \left(\frac{2}{3}\right)^n \mu_0$$

$$\sup_{x \in X} |f_n(x)| \leqq \left(\frac{2}{3}\right)^n \left(\frac{\mu_0}{3}\right)$$

が成り立つことがわかる．$\sum_{n=0}^{\infty} f_n(x)$ の優級数

$$\sum_{n=0}^{\infty} \left(\frac{2}{3}\right)^n \left(\frac{\mu_0}{3}\right)$$

は収束して，その値は μ_0 だから，級数

$$f(x) = \sum_{n=0}^{\infty} f_n(x)$$

は X 上で一様収束して，$f(x)$ は X 上の連続関数，かつ $|f(x)| \leqq \mu_0$ が成り立つ．$x \in F$ のとき $\lim \varphi_n(x) = 0$ だから，

$$f(x) = \lim_{n \to \infty} \left(\sum_{i=1}^{n} f_i(x) \right)$$

$$=\lim_{n\to\infty}\left(\sum_{i=1}^{n}(\varphi_i(x)-\varphi_{i+1}(x))\right)$$
$$=\lim_{n\to\infty}(\varphi_0(x)-\varphi_{n+1}(x))=\varphi_0(x)$$
$$=\varphi(x)$$

したがって $f(x)$ は求める X 上の連続関数である．

例題 5　距離空間は正規空間であることを示せ．

解　(X, d) を距離空間とする．まず (X, d) が (T_2) をみたすことは，異なる 2 点 a, b に対し，$\varepsilon_0=d(a, b)\,(>0)$ とおき，$U=\{x|\ d(a, x)<\varepsilon_0/3\}$，$V=\{x|\ d(b, x)<\varepsilon_0/3\}$ とおくと，U, V はそれぞれ a, b の近傍で $U\cap V=\phi$ となる．

(T_4) をみたすことをみるために，まず X の任意の部分集合 A，および 2 点 x, y に対し

$$|d(x, A)-d(y, A)|\leqq d(x, y)$$

が成り立つことを示す（$d(x, A)$ の定義については §1，例題 9 参照，103 頁）．実際，$a\in A$ に対して

$$d(x, a)\leqq d(x, y)+d(y, a)$$

a に関する inf をとって

$$d(x, A)\leqq d(x, y)+d(y, A)$$

同様に

$$d(y, A)\leqq d(x, y)+d(x, A)$$

この 2 つをあわせて，上の不等式が得られる．したがって，A を固定しておけば，$d(x, A)$ は，x の連続関数である．

F_1, F_2 を共通点のない閉集合とするとき，

$$U=\{x|\ d(x, F_1)<d(x, F_2)\}$$
$$V=\{x|\ d(x, F_2)<d(x, F_1)\}$$

とおくと，$d(x, F_1)$, $d(x, F_2)$ の連続性から，U, V は開集合であって

$$F_1\subset U,\ F_2\subset V,\ U\cap V=\phi$$

が成り立つ．すなわち (T_4) がいえた．

§5. コンパクト性と連結性

● 要　項 ●

1. X を位相空間とします．X の開集合族 $\{O_\gamma\}_{\gamma\in\Gamma}$ で，$\bigcup_{\gamma\in\Gamma} O_\gamma = X$ となるものを，X の**開被覆**といいます．

位相空間 X が次の同値な条件 (C_1) または (C_2) をみたすとき，**コンパクト**であるといいます．

(C_1)　X の開被覆 $\{O_\gamma\}_{\gamma\in\Gamma}$ が与えられたとき，その中から適当な有限個 $O_{\gamma_1}, \cdots, O_{\gamma_n}$ をとると

$$X = O_{\gamma_1} \cup \cdots \cup O_{\gamma_n}$$

が成り立つ(**有限被覆性**)．

(C_2)　X の閉集合の族 $\{F_\gamma\}_{\gamma\in\Gamma}$ が与えられ，その中からとった有限個の $F_{\gamma_1}, \cdots, F_{\gamma_n}$ に対しては，つねに有限交差性 $\bigcap_{i=1}^n F_{\gamma_i} \neq \phi$ が成り立つとする．このとき $\bigcap_{\gamma\in\Gamma} F_\gamma \neq \phi$ が成り立つ．

(C_1) と (C_2) が同値な条件であることは，次のようにしてわかります．開集合 O_γ に対して

$$F_\gamma = O_\gamma^{c}$$

とおくと，F_γ は閉集合です．開被覆の有限被覆性 (C_1) は

$$X = \bigcup_{\gamma\in\Gamma} O_\gamma \implies \text{ある } \{O_{\gamma_1}, \cdots, O_{\gamma_n}\} \text{ で } X = \bigcup_{i=1}^n O_{\gamma_i}$$

は，補集合へ移ると，ド・モルガンの規則から

$$\phi = \bigcap_{\gamma\in\Gamma} F_\gamma \implies \text{ある } \{F_{\gamma_1}, \cdots, F_{\gamma_n}\} \text{ で } \phi = \bigcap_{i=1}^n F_{\gamma_i}$$

となります．

したがって，どんな有限個の $\{F_{\gamma_1}, \cdots, F_{\gamma_n}\}$ をとっても $\bigcap_{i=1}^n F_{\gamma_i} \neq \phi$ ならば $\bigcap_{\gamma\in\Gamma} F_\gamma \neq \phi$ となります．これは (C_2) にほかなりません．

(C_2) から (C_1) も，いまの議論を逆にたどると得られます．

注意　§1，要項4 (96頁) で，距離空間のときのコンパクトの定義を，'無限点列は必ず集積点をもつ' として与え，定理1で，この条件は '可算個の開被覆は，必ず有限被覆性をもつ' ことと同値であると述べました．距離空間が，開集合の可

算基をもつときには，任意に開被覆が与えられれば，必ずその中から適当に可算個の開集合を選んで，開被覆をつくることができます．したがって，開集合の可算基をもつ距離空間に対しては，§1で与えたコンパクトの定義と，ここで与えたコンパクトの定義は一致します．なお，$\boldsymbol{R}^n$ の部分集合は開集合の可算基をもちます．したがって $\boldsymbol{R}^n$ の部分集合がコンパクトとなるための必要十分条件は，有界な閉集合であることです(十分性については§1，例題6参照，100頁)．

2. コンパクトな位相空間は，重要で，現代数学のいろいろなところで応用されています．コンパクトな位相空間に関する主要な定理を列記しておきます．

(A)　コンパクト T_2 空間は正規空間である(⇒**例題1参照**)．

(B)　コンパクト空間の閉集合はコンパクトである．逆にコンパクト T_2 空間の部分空間 S がコンパクトならば，S は閉集合である(⇒**例題1．注意参照**)．

(C)　X をコンパクト空間，Y を位相空間とする．X から Y への連続写像 f に対し，$f(X)$ は Y のコンパクト部分空間になる．とくに Y が T_2 空間ならば，(B) から $f(X)$ は Y の閉集合となる(⇒**例題2参照**)．

(C) で，X を，X の任意の閉集合でおきかえてもよいことが (B) からわかります．そこで (C) の結論を用いると次の (D) が得られます．

(D)　コンパクト空間 X から T_2 空間 Y への連続写像 f は，閉集合を閉集合へうつす．

この事実を，f は X から Y への**閉写像**である，といい表わします．

このことからさらに次のことが導かれます．

(E)　コンパクト空間 X から T_2 空間 Y への連続な全単射 f が与えられれば，f^{-1} もまた連続となり，したがって f は同相写像である．

注意　$f(x)=f^{-1}(f^{-1}(x))$ に注意すると，f^{-1} の連続性は f が閉写像のことで与えられます．

3. $\{X_\lambda\}_{\lambda\in\Lambda}$ $(\Lambda\neq\phi)$ を位相空間の族とします．

定理　積空間 $X=\prod_{\lambda\in\Lambda}X_\lambda$ が，(積位相で) コンパクトになるための必要十分条件は，各 X_λ $(\lambda\in\Lambda)$ がコンパクトのことである[1]．

この定理は深い定理で，この定理の十分性の部分は，ツォルンの補題と同値であることが知られています（⇒ **例題 5 参照**）．

4.　位相空間 X で，各点 $x\in X$ が（少なくとも1つの）コンパクトな近傍をもつとき，X を**局所コンパクトな空間**といいます．局所コンパクトな T_2 空間は，適当な意味で1点をつけ加えることによりコンパクト空間とすることができます（⇒ **例題 6 参照**）．

例　$\boldsymbol{R}^n$ はコンパクトではないが，局所コンパクトです．

5.　X の2つの開被覆 $\{O_\gamma\}_{\gamma\in\Gamma}$，$\{O_{\gamma'}\}_{\gamma'\in\Gamma'}$ が与えられたとします．$\{O_{\gamma'}\}_{\gamma'\in\Gamma'}$ が $\{O_\gamma\}_{\gamma\in\Gamma}$ の細分であるとは，どんな $\gamma'\in\Gamma'$ に対しても，必ずある $\gamma\in\Gamma$ があって $O_{\gamma'}\subset O_\gamma$ が成り立つことをいいます．

6.　X の開被覆 $\{O_\gamma\}_{\gamma\in\Gamma}$ が**局所有限**であるとは，各点 x に対し x の近傍 U があって，$U\cap O_\gamma\neq\phi$ となる O_γ は有限個に限るという性質をもつことです．

T_2 空間 X で，X のどんな開被覆をとっても必ず局所有限な細分をもつときに，X を**パラコンパクト空間**といいます．パラコンパクト空間には，'1の分解' とよばれるプロセスが可能となり，それはよく用いられます（⇒ **例題 7 参照**）．

なお，パラコンパクト空間は必ず正規空間となります．また，コンパクト空間，距離空間はパラコンパクトです．

7.　位相空間 X が，互いに共通点のない2つの空でない開集合の和として表わされないとき，X は**連結**であるといいます．

例　$\boldsymbol{R}^1$ の開集合 O が連結であるための必要十分な条件は，O が開区間 (a, b) $(-\infty\leqq a<b\leqq+\infty)$ として表わされることです（⇒ **例題 8 参照**）．

連結性に関する主要な定理を列記しておきます（⇒ **例題 9 参照**）．

$(\tilde{\mathrm{A}})$　X を連結な位相空間，$f: X\to Y$ を位相空間 Y への連続写像とする

---

1)　この定理は**チホノフの定理**といいます．チホノフ (1906-1994) はロシアの数学者です．

と，$f(X)$ は Y の中で，連結な部分空間となっている．

($\widetilde{\mathrm{B}}$)　位相空間 X の部分集合 S が連結ならば，$\overline{S}$ も連結である．

($\widetilde{\mathrm{C}}$)　X の部分集合族 $\{S_\gamma\}_{\gamma\in\Gamma}$ で，各 S_γ が連結で，$\bigcap_{\gamma\in\Gamma} S_\gamma \neq \phi$ ならば $\bigcup_{\gamma\in\Gamma} S_\gamma$ も連結となる．

($\widetilde{\mathrm{C}}$) から位相空間 X には，X の1点 x を含む最大の連結部分空間が存在することがわかります．それには ($\widetilde{\mathrm{C}}$) から，x を含む連結部分空間全体を考えて，その和集合をとるとよいのです．($\widetilde{\mathrm{B}}$) からこの和集合は閉集合となります．この部分空間を，x の**連結成分**といいます．

位相空間 X で，各点の近傍系の基として連結な近傍からなるものがとれるとき，X を**局所連結**であるといいます．

位相空間 X のどんな異なる2点 a, b に対しても，$\boldsymbol{R}^1$ の区間 $[0, 1]$ から X への連続写像 φ で，$\varphi(0)=a$, $\varphi(1)=b$ をみたすものが存在するとき，X を**弧状連結**な空間といいます．

例題1　コンパクト T_2 空間は，(T_4) をみたすこと（したがって正規空間になること）を示せ．

解　F_1, F_2 を互いに共通点のない2つの閉集合とする．F_1 の任意の点 a をとり，ひとまず固定して考える（図42）．そのとき F_2 の各点 b に対し，(T_2) 条件から a の近傍 $U_b(a)$, b の近傍 $V(b)$ があって $U_b(a)\cap V(b)=\phi$ となる（$U_b(a)$ は a の近傍のとり方が b によることを示す）．F_2 はコンパクト空間の

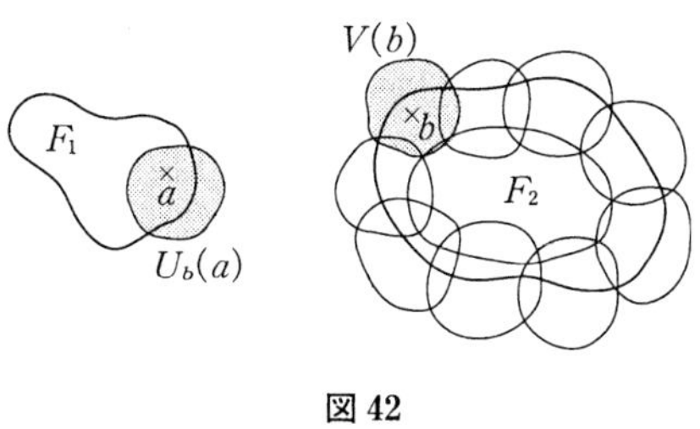

図42

閉集合としてコンパクトだから，F_2 の開被覆 $\{V(b)\}_{b\in F_2}$ の中から有限個の $V(b_1), V(b_2), \cdots, V(b_n)$ をとり出して

$$F_2 \subset \bigcup_{i=1}^{n} V(b_i)$$

が成り立つようにできる．$U(a)=\bigcap_{i=1}^{n} U_{b_i}(a)$,　$V_a(F_2)=\bigcup_{i=1}^{n} V(b_i)$ とおくと，$U(a)$, $V_a(F_2)$ はそれぞれ a, F_2 の近傍であって

$$U(a)\cap V_a(F_2)=\phi \qquad (1)$$

F_1 の各点 a に対してこのような近傍 $U(a)$ を与えると，この全体 $\{U(a)\}_{a\in F_1}$ は，F_1 の開被覆をつくる．したがってその中から適当な有限個 $U(a_1), U(a_2), \cdots, U(a_m)$ をとると，

$$F_1 \subset \bigcup_{i=1}^{m} U(a_i)$$

が成り立つ．そこで，$U(F_1)=\bigcup_{i=1}^{m} U(a_i)$, $V(F_2)=\bigcap_{i=1}^{m} V_{a_i}(F_1)$ とおくと，$U(F_1)$, $V(F_2)$ はそれぞれ F_1, F_2 の近傍であって

$$U(F_1)\cap V(F_2)=\phi$$

が成り立つ．すなわち (T_4) 条件がいえた．

注意　証明の前半で，F_2 がコンパクト部分集合，$a\notin F_2$ のことだけしか使わなかったことに注意する．(1) からとくに $U(a)\cap F_2=\phi$ が得られている．このことは F_2 の補集合が開集合であることを示している．したがって F_2 は閉集合，一般に，T_2 空間のコンパクト部分集合は閉集合であることも，あわせて証明されたわけである．

例題 2　X をコンパクト空間，Y を位相空間とする．X から Y への連続写像 f に対して，$f(X)$ は Y の部分空間としてコンパクトになることを示せ．

解　位相空間 Y における $f(X)$ の開被覆 $\{\widetilde{O}_\gamma\}_{\gamma\in\Gamma}$ をとる．このとき $\{f(X)\cap \widetilde{O}_\gamma\}_{\gamma\in\Gamma}$ は，相対位相による位相空間 $f(X)$ の開被覆で，$f^{-1}(f(X)\cap\widetilde{O}_\gamma)$ は，$f^{-1}(\widetilde{O}_\gamma)$ に等しいことを注意する．$\{f^{-1}(\widetilde{O}_\gamma)\}_{\gamma\in\Gamma}$ は X の開被覆だから，X のコンパクト性により，この中から適当に有限個をとると

$$X=f^{-1}(\widetilde{O}_{\gamma_1})\cup\cdots\cup f^{-1}(\widetilde{O}_{\gamma_n})$$

となる．これから

$$f(X)=f(X)\cap(\widetilde{O}_{\gamma_1}\cup\cdots\cup\widetilde{O}_{\gamma_n})$$

となり，$f(X)$ がコンパクトであることが示された．

例題 3　コンパクト空間 X 上の実数値連続関数 f は有界であって，必ず X のある点で最大値，最小値をとることを示せ．

解　f を X から $\boldsymbol{R}$ への連続写像と考える．そのとき例題2から $f(X)$ は $\boldsymbol{R}$ のコンパクト部分空間となり，要項1の注意から $f(X)$ は $\boldsymbol{R}$ の有界な閉集合となる．したがって $f(x)\,(x\in X)$ は有界であって，かつ $\sup_{x\in X}f(x)$, $\inf_{x\in X}f(x)$ は $f(X)$ の中に存在するから，ある点 $x_0, x_1\in X$ があって

$$f(x_0)=\sup_{x\in X}f(x),\quad f(x_1)=\inf_{x\in X}f(x)$$

となる．すなわち，f は最大値，最小値をとる．

例題4　要項3にある定理を証明せよ．

解　$\pi_\lambda\,(\lambda\in\Lambda)$ により $X=\prod_{\lambda\in\Lambda}X_\lambda$ から X_λ への射影を表わすことにする．

必要なこと：X がコンパクトとすると，$X_\lambda=\pi_\lambda(X)\,(\lambda\in\Lambda)$ も X の連続写像としてコンパクトである．

十分なこと：$X_\lambda\,(\lambda\in\Lambda)$ をコンパクトする．X がコンパクトであることを示すには，X の任意の**有限交差性**をもつ部分集合族 $\{A_\gamma\}_{\gamma\in\Gamma}$，すなわち性質

(P)　任意に有限個の $A_{\gamma_1},\cdots,A_{\gamma_n}$ を $\{A_\gamma\}_{\gamma\in\Gamma}$ からとったとき，つねに

$$\bigcap_{i=1}^n A_{\gamma_i}\neq\phi$$

をみたす部分集合族 $\{A_\gamma\}_{\gamma\in\Gamma}$ に対して，必ず $\bigcap_{\gamma\in\Gamma}\overline{A}_\gamma\neq\phi$ が成り立つことを示すとよい．

性質(P)は X の部分集合族に関する有限性の性質だから，与えられた $\{A_\gamma\}_{\gamma\in\Gamma}$ を含んで性質(P)をみたす極大な部分集合族 $\{B_\delta\}_{\delta\in\Delta}$ が存在する．

$\bigcap_\gamma\overline{A}_\gamma\supset\bigcap_\delta\overline{B}_\delta$ だから，$\bigcap\overline{B}_\delta\neq\phi$ を示せば十分である．$\{B_\delta\}_{\delta\in\Delta}$ の性質(P)に関する極大性から

$$B_{\delta_1},\cdots,B_{\delta_n}\in\{B_\delta\}_{\delta\in\Delta}\implies\bigcap_{i=1}^n B_{\delta_i}\in\{B_\delta\}_{\delta\in\Delta}\qquad(*)$$

および，$S\subset X$ に対し

$$S\cap B_\delta\neq\phi\,(\delta\in\Delta)\implies S\in\{B_\delta\}_{\delta\in\Delta}\qquad(**)$$

が成り立つことは容易にわかる．各 $\lambda\in\Lambda$ に対して $\{\pi_\lambda(B_\delta)\}_{\delta\in\Delta}$ は X_λ の部分集合族であるが，

$$\pi_\lambda(B_1\cap\cdots\cap B_n)\subset\pi_\lambda(B_1)\cap\cdots\cap\pi_\lambda(B_n)$$

が成り立つから，$\{\pi_\lambda(B_\delta)\}_{\delta\in\Delta}$ は有限交差性をもつ．したがって X_λ のコンパクト性から

$$\bigcap_{\delta\in\Delta}\overline{\pi_\lambda(B_\delta)}\neq\phi$$

が得られる．$x_\lambda{}^0\in\bigcap_{\delta\in\Delta}\overline{\pi_\lambda(B_\delta)}$ とする．

そこで $x^0=(x_\lambda{}^0)_{\lambda\in\Lambda}$ とおいて $x^0\in\bigcap_{\delta\in\Lambda}\bar{B}_\delta$ を示そう．

任意に B_δ をとる．$x^0\in\bar{B}_\delta$ を示すには，x^0 の基本近傍系に属する任意の近傍

$$U=\bigcap_{i=1}^n\pi_{\lambda_i}^{-1}(U_{\lambda i})$$

(U_{λ_i} は $x_{\lambda_i}{}^0$ の X_λ における近傍)(§3，例題6，ii)参照，121頁)に対して

$$U\cap B_\delta\neq\phi \tag{1}$$

を示せばよい．$x_\lambda{}^0\in\overline{\pi_\lambda(B_\delta)}$ だから，$x_\lambda{}^0$ の任意の近傍 U_λ に対して $U_\lambda\cap\pi_\lambda(B_\delta)\neq\phi$．したがって

$$\pi_\lambda{}^{-1}(U_\lambda)\cap B_\delta\neq\phi$$

となる．(＊＊)から $\pi_\lambda{}^{-1}(U_\lambda)\in\{B_\delta\}_{\delta\in\Delta}$ が得られ，したがって(＊)から

$$\bigcap_{i=1}^n\pi_{\lambda_i}^{-1}(U_{\lambda_i})\cap B_\delta\neq\phi$$

すなわち(1)がいえた．ゆえに $x^0\in\bigcap_{\delta\in\Delta}\bar{B}_\delta$ が示されて，X のコンパクト性がいえた．

注意 この十分性の証明にはツォルンの補題が本質的に用いられている．次の例題は，ある意味でこの逆が成り立つことを示している．

例題5 $\Lambda\neq\phi$ とし $X_\lambda\,(\lambda\in\Lambda)$ をコンパクト空間の族とする．‘$X=\prod_{\lambda\in\Lambda}X_\lambda$ が空でない’という条件の下で，X がコンパクトであるということが成り立っていると仮定する．そのときこの仮定からツォルンの補題を導くことができる．

解 ツォルンの補題の(A)—選択公理—が成り立つことを導く．すなわち $X_\lambda\,(\lambda\in\Lambda)$ を空でない集合とするとき，直積集合 $X=\prod_{\lambda\in\Lambda}X_\lambda$ が空でないことを導く(第1部§5参照，51頁)．

$\bigcup_{\lambda\in\Lambda}X_\lambda$ に属しない元 ω を任意に1つとり，

$$Y_\lambda=X_\lambda\cup\{\omega\}\quad(\lambda\in\Lambda)$$

とおく．Y_λ を位相空間として考察するため，各集合 Y_λ の閉集合族として $\{\phi, X_\lambda$ の有限部分集合，$X_\lambda, Y_\lambda\}$ を採用する．Y_λ の有限交差性をもつ閉集合族 $\{F_\gamma{}^{(\lambda)}\}_{\gamma\in\Gamma}$ は，それが $\{X_\lambda\},\{Y_\lambda\},\{X_\lambda, Y_\lambda\}$ のいずれかに一致する場合を除けば，必ず有限部分集合を含み，したがってそのことから容易に $\bigcap_{\gamma\in\Gamma}F_\gamma{}^{(\lambda)}\neq\phi$ が成り立つことがわかる．すなわち Y_λ はコンパクトである．$Y=\prod_{\lambda\in\Lambda}Y_\lambda$ は，各 λ-成分が ω であるような元 $y=(\omega)$ を含むから $Y\neq\phi$．したがっ

て最初においた仮定から Y はコンパクトである．

$Z_\lambda=\pi_\lambda^{-1}(X_\lambda)$ $(\lambda\in\Lambda)$ とおくと，Z_λ は Y の閉集合である．任意に $Z_{\lambda_1},\cdots,Z_{\lambda_n}$ をとると，$\bigcap_{i=1}^n Z_{\lambda_i}\neq\phi$ である．実際，$x_{\lambda_i}\in X_{\lambda_i}$ $(i=1,2,\cdots,n)$ を任意にとって，Y の元 z を，λ_i 成分は x_{λ_i} $(i=1,2,\cdots,n)$，他の成分は ω で与えられるような元として定義すると，$z\in\bigcap_{i=1}^n Z_{\lambda_i}$ である．ゆえに $\{Z_\lambda\}_{\lambda\in\Lambda}$ は有限交差性をもつ Y の閉部分集合族であり，したがって Y のコンパクト性から

$$\bigcap_{\lambda\in\Lambda} Z_\lambda=\prod_{\lambda\in\Lambda} X_\lambda\neq\phi$$

すなわち選択公理が導かれた．

例題 6　局所コンパクトな T_2 空間 X に 1 点 x_∞ をつけ加えた集合

$$Y=X\cup\{x_\infty\}$$

に次の性質をもつ位相を導入することができる．

i）Y はコンパクト T_2 空間である．

ii）Y の部分空間として導かれた X の相対位相は，X のはじめの位相と一致する．

解　X の開集合族を $\mathcal{O}$ とする．Y の開集合族 $\tilde{\mathcal{O}}$ を次のような部分集合族として定義する．

$$\tilde{\mathcal{O}}=\{O,\ F^c\cup\{x_\infty\},\ Y \mid O\in\mathcal{O},\quad F\text{ は }X\text{ のコンパクト集合}\}$$

ここで F は X の閉集合だから，$O\cap(F^c\cup\{x_\infty\})\in\mathcal{O}$；$\{F_\gamma\}_{\gamma\in\Gamma}$ をコンパクト集合の族とすると $\bigcup_\gamma(F_\gamma{}^c\cup\{x_\infty\})=(\bigcap_\gamma F_\gamma)^c\cup\{x_\infty\}$ で $\cap_\gamma F_\gamma$ はコンパクト；これらに注意すると $\tilde{\mathcal{O}}$ が開集合族の公理 (O1)，(O2)，(O3) (§ 2，要項 3，107 頁) をみたすことは容易に確かめられる．

$\tilde{\mathcal{O}}$ の中で，X に属する集合全体は，ちょうど $\mathcal{O}$ と一致するから，まず ii) が成り立つことがわかる．

Y が (T_2) をみたすことをみる：相異なる 2 点 a,b がともに X に属するときは，X が (T_2) をみたすことから，(T_2) 条件が成り立つことは明らかである．$a\in X$ と x_∞ とに対しては，局所コンパクトの仮定から，a のコンパクト近傍 U が存在するが，$V=U^c\cup\{x_\infty\}$ とおくと V は x_∞ の近傍で $U\cap V=\phi$ である．

Y がコンパクトのこと：Y の任意の開被覆 $\{O_\lambda, F_\mu{}^c\cup\{x_\infty\} \mid \lambda\in\Gamma, \mu\in M\}$ をとる ($O_\lambda\in\mathcal{O}$，F_μ は X のコンパクト集合)．$O_\lambda\not\ni x_\infty$ により $M\neq\phi$．した

がって少なくとも1つの $F_\mu{}^c \cup \{x_\infty\}$ は存在する．F_μ は X の，したがってまた Y のコンパクト集合であり，上の開被覆 O_λ の中からとった有限個 $O_1{}^*$, $\cdots$, $O_n{}^*$ で F_μ は蔽われていなくてはならない．すなわち $O_1{}^* \cup \cdots \cup O_n{}^* \supset F_\mu$，したがって

$$Y = O_1{}^* \cup \cdots \cup O_n{}^* \cup (F_\mu{}^c \cup \{x_\infty\})$$

すなわち Y はコンパクトである．

注意　Y はコンパクト T_2 空間だから，正規空間，したがって当然正則空間である．§4，例題2，i)，125頁から容易に正則空間の任意の部分空間は正則空間であることがわかる．とくに今の場合にこのことを適用すれば，X は Y の部分空間だから，局所コンパクトな T_2 空間は正則空間であることがわかる．

次の例題7を解くためには，以下の命題が必要である．

X を正規空間，$\{O_\gamma\}_{\gamma\in\Gamma}$ を局所有限な X の開被覆とする．そのとき各 $\gamma\in\Gamma$ に対して閉集合 A_γ を選んで

$$A_\gamma \subset O_\gamma \quad \text{かつ} \quad \bigcup_{\gamma\in\Gamma} A_\gamma = X$$

が成り立つようにできる．

この証明にはツォルンの補題を必要とする[1]．

例題7　X を正規空間，$\{O_\gamma\}_{\gamma\in\Gamma}$ を局所有限な X の開被覆とする．そのとき各 $\gamma\in\Gamma$ に対して，X 上の実数値連続関数 φ_γ が存在して，次の性質をみたす．

i)　$0 \leqq \varphi_\gamma(x) \leqq 1$

ii)　$x \notin O_\gamma$ ならば $\varphi_\gamma(x) = 0$

iii)　$\sum_{\gamma\in\Gamma} \varphi_\gamma(x) \equiv 1$[2]

解　すぐ上に述べた命題から，$A_\gamma \subset O_\gamma$ かつ $\bigcup_{\gamma\in\Gamma} A_\gamma = X$ をみたす閉集合 A_γ が存在する．§4，定理1(124頁)から，各 $\gamma\in\Gamma$ に対して X 上の実数値連続関数 $\psi_\gamma(x)$ が存在して，$0 \leqq \psi_\gamma(x) \leqq 1$；$x\in A_\gamma \Rightarrow \psi_\gamma(x)=1$；$x\notin O_\gamma \Rightarrow$

1)　たとえば，河田敬義，「現代数学概説II」(岩波書店，1965年)，139～140頁参照．

2)　この左辺の和は次の意味である．$\{O_\gamma\}_{\gamma\in\Gamma}$ は局所有限だから，任意の $x\in X$ に対して，ii)から $\varphi_\gamma(x)\neq 0$ なる γ は高々有限個；$\varphi_\gamma(x)\neq 0$ なる γ につき和をとると，それが1に等しいことを示す．

$\psi_\gamma(x)=0$ をみたす．そのとき

$$\varphi_\gamma(x)=\frac{\psi_\gamma(x)}{\sum_{\gamma\in\Gamma}\psi_\gamma(x)} \tag{1}$$

とおくと，これが求める関数である：実際，$\{A_\gamma\}_{\gamma\in\Gamma}$ は X の被覆だから，任意の x に対しある ψ_γ をとると，$\psi_\gamma(x)>0$．ゆえに $\sum_{\gamma\in\Gamma}\psi_\gamma(x)\neq 0$．したがって φ_γ の定義は意味をもつ．φ_γ の $x\,(\in X)$ における連続性も，$\varphi_\gamma(x)\neq 0$ なる x は O_γ に属し，O_γ 上で考えれば，(1) の分母は本質的には有限個の連続関数しか現われていないことに注意するとよい．φ_γ が条件 i), ii), iii) をみたすことは明らかであろう．

注意　連続関数族 $\{\varphi_\gamma\}_{\gamma\in\Gamma}$ を，開被覆 $\{O_\gamma\}_{\gamma\in\Gamma}$ に属する **1 の分解**という．

例題 8　$\boldsymbol{R}^1$ の開集合 O が連結となるための必要かつ十分なる条件は O は開区間として $O=(a,b)\,(-\infty\leqq a<b\leqq+\infty)$ と表わされることである．

解　必要なこと：O を連結とする．O が異なる 2 点 $x,y\,(x<y)$ を含めば $O\supset[x,y]$ である．なぜなら，もしそうでないとすると $x<z<y$ で $z\notin O$ なる z が存在しなければならず，$O\cap(-\infty,z)$ と $O\cap(z,+\infty)$ は，O を共通点のない空でない 2 つの開集合にわけてしまうからである．$a=\inf_{x\in O}x$, $b=\sup_{x\in O}y$ とおくと ($a=-\infty$,　$b=+\infty$ も許せば，これは必ず存在する)，このことから容易に $O=(a,b)$ が得られる．

十分なこと：O が連結でないとすると，共通点のない 2 つの開集合 O_1, O_2 があって $O_1\neq\phi$, $O_2\neq\phi$, $O=O_1\cup O_2$ と表わされる．$c\in O_1$, $d\in O_2$ をとる．$c<d$ と仮定しても一般性を失わない．$z=\sup\{x\,|\,(c,x)\subset O_1\}$ とおく．O_1 は開集合だから，$\{\quad\}$ の中の集合は空でなく，また $(c,x)\subset O_1$ ならば $x<d$ だから z は (有限な実数として) 存在する．sup の定義と O_1 が開集合から $z\notin O_1$ は明らかである．一方 O_2 は開集合だから $z\notin O_2$ もでる：$z\in O_2$ とすると，$\varepsilon>0$ を十分小さくとると $(z-\varepsilon,z)\subset O_2$ となり，これは z のとり方に反するからである．したがって $c,d\in O$ であるが，$c<z<d$ なる z で O に含まれないものがある．$c,d\in O$ で $(c,d)\not\subset O$ だから，O は開区間で表わせない．

注意　必要性の証明から，$\boldsymbol{R}^1$ の少なくとも 2 点を含む連結な集合は，必ずある区間 (開区間，閉区間，半開区間) で与えられることがわかる．

例題 9　要項7にある連結性の定理$(\tilde{\mathrm{A}})$, $(\tilde{\mathrm{B}})$, $(\tilde{\mathrm{C}})$を示せ．

解　$(\tilde{\mathrm{A}})$の証明：もし$f(X)$が連結でなければ，Yの部分空間$f(X)$の空でない2つの開集合$\tilde{O}_1, \tilde{O}_2$によって$f(X)=\tilde{O}_1\cup\tilde{O}_2$ $(\tilde{O}_1\cap\tilde{O}_2=\phi)$と表わされる．このとき$O_1=f^{-1}(\tilde{O}_1)$, $O_2=f^{-1}(\tilde{O}_2)$とおくと，O_1, O_2はXの開集合で，$O_1\cap O_2=\phi$, $X=f^{-1}(\tilde{O}_1\cup\tilde{O}_2)=f^{-1}(\tilde{O}_1)\cup f^{-1}(\tilde{O}_2)=O_1\cup O_2$となり$X$の連結性に反する．

$(\tilde{\mathrm{B}})$の証明：$\bar{S}$が連結でなく，共通点のないXの2つの開集合O_1, O_2 $(\neq\phi)$によって

$$\bar{S}=(\bar{S}\cap O_1)\cup(\bar{S}\cap O_2)$$

と表わされたとする．§2, 例題4(111頁)から，このとき$S\cap O_1\neq\phi$, $S\cap O_2\neq\phi$となることがわかり，

$$S=(S\cap O_1)\cup(S\cap O_2)$$

と表わされ，Sの連結性に反する．

$(\tilde{\mathrm{C}})$の証明：もし$\bigcup_{\gamma\in\Gamma}S_\gamma$が連結でなければ，空でない開集合$O_1, O_2$によって

$$\bigcup_{\gamma\in\Gamma}S_\gamma=O_1\cup O_2\quad(O_1\cap O_2=\phi)$$

と分解される．各S_γは連結だから，$S_\gamma=(S_\gamma\cap O_1)\cup(S_\gamma\cap O_2)$とすると，このどちらかは空集合．したがって，$\Gamma$は$\Gamma=\Gamma_1\sqcup\Gamma_2$と分かれて

$$\bigcup_{\gamma\in\Gamma_1}S_\gamma=O_1,\quad \bigcup_{\gamma\in\Gamma_2}S_\gamma=O_2$$

となる．$O_1\cap O_2=\phi$だから，これは$\bigcap_{\gamma\in\Gamma}S_\gamma\neq\phi$という仮定に反する．

例題 10　fを連結空間X上の実数値連続関数とする．Xの2点x_{-1}, x_1で，$f(x_{-1})<0$, $f(x_1)>0$とすれば，必ずある点$x_0\in X$で$f(x_0)=0$をみたす．

解　$a=f(x_{-1})$, $b=f(x_1)$とおくと，$\mathrm{Im}\,f$は$\boldsymbol{R}$の連結な集合だから，上の例題7の注意から，$\mathrm{Im}\,f$は$a\,(<0)$, $b\,(>0)$を含む区間であり，したがって$\mathrm{Im}\,f\supset[a, b]\ni 0$. ゆえにある点$x_0\in X$が存在して$f(x_0)=0$となる．

例題 11　Xは少なくとも2点を含む連結な正規空間とする．そのときXに含まれる点の濃度は$\geqq\aleph$であることを示せ．

解　$a, b\in X$, $a\neq b$とする．$\{a\}, \{b\}$は共通点のない閉集合だから，§4, 要項2, 定理1(124頁)により，aで0, bで1の値をとるX上の実数値連続関

数 $f(x)$ が存在する．例題 10 と同様に考えて，$\mathrm{Im}\, f \supset [0,1]$．ゆえに任意の $0 \leqq t \leqq 1$ に対し，$x_t \in f^{-1}(t)$ なる $x_t \in X$ が存在する．$\{x_t\}_{0 \leqq t \leqq 1}$ の濃度は明らかに $=\aleph$ だから，$\overline{\overline{X}} \geqq \aleph$ が証明された．

例題 12　i）X が弧状連結ならば連結といえるか．

ii）X が局所連結ならば連結といえるか．

iii）X が連結ならば局所連結といえるか．

解　i）X は連結となる：X の任意の 1 点 a をとり固定して考える．$x \in X$, $x \neq a$ をとると，仮定により $\varphi_x(a)=0$, $\varphi_x(x)=1$ となる $[0,1]$ から X への連続写像 φ_x が存在する．各 $x\,(x \neq a)$ に対してこのような φ_x を 1 つとり，$S_x = \mathrm{Im}\, \varphi_x$ とおく．S_x は X の連結な部分集合であって，$a \in S_x$，ゆえに要項 7 ($\tilde{\mathrm{C}}$) から $X = \bigcup_{\substack{x \in X \\ x \neq a}} S_x$ は連結である．

ii）一般に連結とはいえない．たとえば $\boldsymbol{R}^1$ の部分集合 X を $X=(0,1) \cup (2,3)$ とおくと，X は局所連結ではあるが連結ではない．

iii）一般には局所連結になるとはいえない．たとえば $\boldsymbol{R}^2$ の部分集合 X を

$$X=[0,1]\times[0,1]-\bigcup_{n=2}^{\infty}\left\{\left(\frac{1}{n}, y\right) \middle| \, 0 \leqq y \leqq 1-\frac{1}{n}\right\}$$

とおく (図 43 参照)．このとき X の任意の 2 点は折れ線で結べることは容易にわかり，したがって X は弧状連結である；i) から X は連結にもなる．

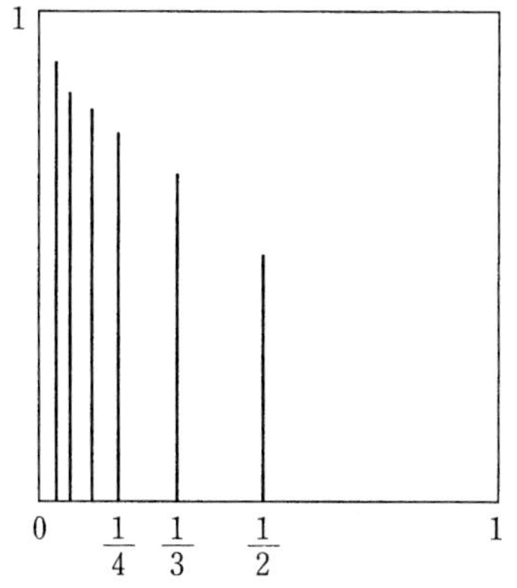

図 43

しかし点 $(0, y)$ $(0<y<1)$ を考えると，この点の十分小さな近傍は連結とはなりえない．したがって X は局所連結ではない．

第3章　位相空間論の広がり

この章では，設問の形で問題を提示し，その解答を述べてみることにより，位相空間論がさまざまな方向に展開していく広がりを示します．

1.　i）集合 X が与えられたとする．このとき

$$d_0(x, y)=\begin{cases}1, & x\neq y\\ 0, & x=0\end{cases}$$

とおくと，d_0 は X に距離を与えることを示せ．また (X, d_0) の位相はディスクリート位相であることを示せ．

ii）距離空間 (X, d) が与えられたとする．このとき

$$\tilde{d}(x, y)=\frac{d(x, y)}{1+d(x, y)}$$

とおくと，$\tilde{d}(x, y)$ は X に1つの距離を与えていることを示せ．

iii）$\tilde{d}(x, y)<1$ を示し，次に距離空間 (X, d) と $(X, \tilde{d})$ は位相空間としては同相のことを示せ．

［**解**］　i）d が距離を与えていることは容易にわかる．$\{y|\, d(x, y)<1/2\}=\{x\}$ だから1点 x は開集合．したがって任意の部分集合 S は $S=\bigcup_{x\in S}\{x\}$ により開集合．すなわち，(X, d) はディスクリート位相をもつ．

ii）$\tilde{d}(x, y)$ が§1，要項1(91頁)の距離の条件のうち a) $\tilde{d}(x, y)\geqq 0$；等号は $x=y$ のときに限って成り立つ．b) $\tilde{d}(x, y)=\tilde{d}(y, x)$ をみたしていることはすぐに確かめられる．c) $\tilde{d}(x, z)\leqq\tilde{d}(x, y)+\tilde{d}(y, z)$（三角不等式）が成り立つことは次のようにしてわかる．

$d(x, z)=A$,　$d(x, y)=B$,　$d(y, z)=C$ とおくと，d は距離だから

$$A\leqq B+C$$

が成り立つ．このとき不等式

$$\frac{A}{1+A}\leqq\frac{B}{1+B}+\frac{C}{1+C}$$

が成り立つことを示すとよい．以下その証明：

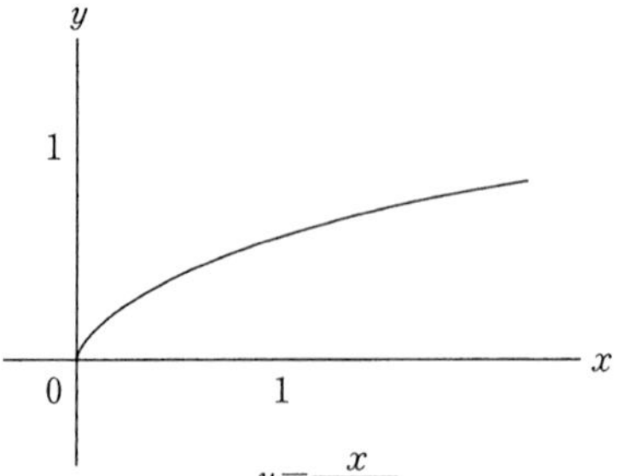

$y=\dfrac{x}{1+x}$

図 44

$$\frac{A}{1+A}=\frac{1}{1+\dfrac{1}{A}}\leqq\frac{1}{1+\dfrac{1}{B+C}}=\frac{B+C}{1+B+C}$$

$$\leqq\frac{B+C+BC}{1+B+C+BC}$$ （一般に $m,n,k\geqq0$ で $m\geqq n$ ならば $\dfrac{n}{m}\leqq\dfrac{n+k}{m+k}$ となる）

$$\leqq\frac{B+C+2BC}{(1+B)(1+C)}$$

$$=\frac{B(1+C)+C(1+B)}{(1+B)(1+C)}=\frac{B}{1+B}+\frac{C}{1+C}$$

iii）$\tilde{d}(x,y)<1$ は明らか．(X,d) と $(X,\tilde{d})$ が同相のことは，恒等写像 $x\to x$ がこの2つの同相を与えていることをみるとよい．すなわち

$$d(x_n,x_0)\to0 \iff \tilde{d}(x_n,x_0)\to0 \quad (n\to\infty)$$

をみればよいが，それは $y=\dfrac{x}{1+x}$（図 44）のグラフからわかる．

2. f を位相空間 X 上で定義された実数値（この場合とくに，$\pm\infty$ もとることを許す）関数とする．任意の α に対して $\{x|\,f(x)<\alpha\}$ が開集合のとき f を**上半連続**といい，任意の β に対して $\{x|\,f(x)>\beta\}$ が開集合のとき f を**下半連続**という．そのとき次のことを示せ．

i）f が上半連続で同時に下半連続であり，かつ $f(x)\in\boldsymbol{R}$ $(x\in\boldsymbol{R})$ ならば，f は連続関数である．

ii）X 上の上半連続関数列 $\{f_n(x)\}_{n=1,2,\cdots}$ が $f_1(x)\geqq f_2(x)\geqq\cdots\geqq f_n(x)\geqq\cdots$ をみたせば，極限関数 $f_0(x)=\lim_{n\to\infty}f_n(x)$（$-\infty$ も許しているから，この極限値はつねに存在する）はまた上半連続であることを示せ．

iii)　X をとくに距離空間とする．f が X 上の上半連続関数であるための条件は，各点 $x_0 \in X$ で

$$\overline{\lim}_{x \to x_0} f(x) \leqq f(x_0)$$

が成り立つことである．

iv)　ii), iii) に対応する命題を下半連続関数について考えよ．

［解］　i)　仮定によって実数 $\beta, \alpha\,(\beta < \alpha)$ に対し，開区間 (β, α) の f による逆像 $f^{-1}((\beta, \alpha))$ は X の開集合であり，開区間は $\boldsymbol{R}$ の開集合の基をつくるから，$\boldsymbol{R}$ の任意の開集合 O に対し $f^{-1}(O)$ は開集合であることがわかる．したがって f は X から $\boldsymbol{R}$ への写像として連続である．

ii)　容易にわかるように

$$\{x \mid f_0(x) < \alpha\} = \bigcup_{n=1}^{\infty} \{x \mid f_n(x) < \alpha\}$$

が成り立つ（図 45 参照）．右辺は開集合の和として開集合，したがって左辺も開集合であって，f は上半連続である．

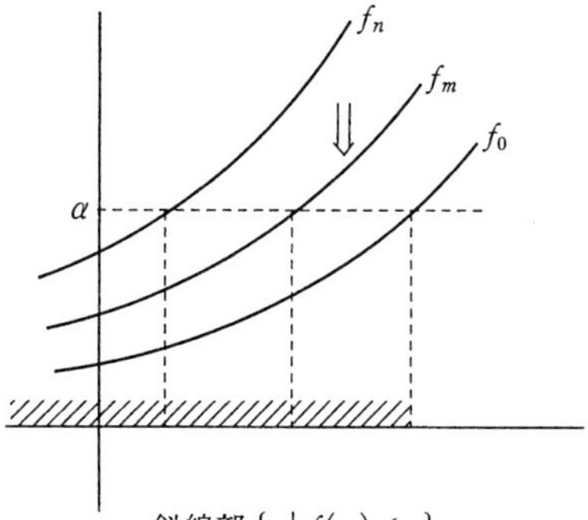

斜線部 $\{x \mid f(x) < \alpha\}$

図 45

iii)　必要なこと：上半連続とする．$x_0 \in X$ とする．正数 ε に対して，$\{x \mid f(x) < f(x_0) + \varepsilon\}$ は x_0 を含む開集合であり，したがってある $\delta > 0$ があって，x_0 の δ-近傍 $V_\delta(x_0) = \{x \mid d(x, x_0) < \delta\}$ を含む．$x_n \to x_0$ とすると，ある番号から先の x_n は $V_\delta(x_0)$ に含まれるから，$\overline{\lim}\, f(x_n) \leqq f(x_0) + \varepsilon$．$\varepsilon$ は任意だから $\overline{\lim}\, f(x_n) \leqq f(x_0)$ が得られた．

十分なこと：ある α に対して $\{x \mid f(x) < \alpha\}$ が開集合でないとすると，$f(x_n) \geqq \alpha$ $(n = 1, 2, \cdots)$，$f(x_0) < \alpha$，$x_n \to x_0\ (n \to \infty)$ をみたす点列 $\{x_n\}$ $(n = 1, 2, \cdots)$ と 1 点 x_0 が存在する．このとき $\overline{\lim}_{x_n \to x_0} f(x) \geqq \alpha > f(x_0)$ となり，条件に反する．

iv)　下半連続のときは，ii) に対応する命題は増加列に対して，iii) に対応する条件

は $\overline{\lim}_{x\to x_0} f(x) \geqq f(x_0)$ でおきかえて成り立つ．証明は同様である．

> **3.** (X, d) をコンパクトな距離空間とする．
>
> i) X 上の上半連続な関数 f は，X のある点で最大値をとる．
>
> ii) X 上の下半連続な関数 f は，X のある点で最小値をとる．
>
> iii) X から距離空間 (Y, d_1) への連続写像 f は一様連続である：すなわち与えられた $\varepsilon > 0$ に対してある $\delta > 0$ をとると，x, x' のとり方によらずつねに
>
> $$d(x, x') < \delta \implies d_1(f(x), f(x')) < \varepsilon$$
>
> が成り立つ．
>
> iv) $\{f_n\}$ $(n=1, 2, \cdots)$ を X 上の実数値連続関数の単調減少列とし，極限関数 $f_0(x) = \lim_{n\to\infty} f_n(x)$ は存在して連続とするとき，任意の $\varepsilon > 0$ に対しある自然数 N があって
>
> $$n \geqq N \implies |f_n(x) - f_0(x)| < \varepsilon$$
>
> が成り立つ（すなわち f_n は f_0 に一様に収束する）．

[**解**]　i) ある点 x_0 で $f(x_0) = +\infty$ となるときは，この x_0 で f は最大値をとるから問題ない．そうでないとき，$\alpha \in \boldsymbol{R}$ に対し $U_\alpha = \{x \mid f(x) < \alpha\}$ とおくと，$X = \bigcup_\alpha U_\alpha$．$U_\alpha$ は開集合だから，X のコンパクト性により，ある $\alpha_1, \cdots, \alpha_s$ で

$$X = U_{\alpha 1} \cup \cdots \cup U_{\alpha s}$$

となる．$k = \mathrm{Max}(\alpha_1, \cdots, \alpha_s)$ とおくと $f(x) < k$；したがって $f(x)$ は上に有界である．$\{x_n\}$ $(n=1, 2, \cdots)$ を $f(x_n) \to \sup_{x\in X} f(x)$ $(n \to \infty)$ をみたす X の点列とすると，X はコンパクトだから，（必要なら部分点列をとることにより）はじめから $\{x_n\}$ $(n=1, 2, \cdots)$ は $n \to \infty$ のとき1点 $x_0 \in X$ に収束すると仮定してさしつかえない．そのとき，

$\sup_{x\in X} f(x) = \lim_{n\to\infty} f(x_n) \leqq f(x_0)$（設問2，iii)）．したがって $\sup f(x) = f(x_0)$ となり，x_0 で f は最大値をとる．

ii) i)と同様にして証明される．

iii) 結論が成り立たないとすると，ある正数 ε_0 があって，$n=1, 2, \cdots$ に対し点列 x_n, x_n' で

$$d(x_n, x_n') < \frac{1}{n}, \quad d_1(f(x_n), f(x_n')) \geqq \varepsilon_0$$

をみたすものが存在する．X はコンパクトだから $\{x_n\}$ の部分点列 $\{x_{n_i}\}$ で $n_i \to \infty$ のときある点 x_0 に収束するものが存在する．同じ理由で $\{x'_{n_i}\}$ の部分点列 $\{x'_{n_j}\}$ で x'_{n_j}

$\to x_0'\ (n_j \to \infty)$ となるものが存在する．そのとき

$$d(x_0, x_0') = \lim d(x_{n_j}, x'_{n_j}) = 0$$

ゆえに $x_0 = x_0'$，したがって

$$0 = d_1(f(x_0), f(x_0)) = \lim d_1(f(x_{n_j}), f(x'_{n_j})) \geqq \varepsilon_0 > 0$$

となり矛盾が得られた．

iv）仮定から

$$f_1(x) \geqq f_2(x) \geqq \cdots \geqq f_n(x) \geqq \cdots \geqq f_0(x)$$

$\varepsilon > 0$ が与えられたとする．

$$U_n = \{x \mid f_n(x) - f_0(x) < \varepsilon\}$$

とおくと，$X = \bigcup_{n=1}^{\infty} U_n$ で各 U_n は開集合である．さらに $U_1 \subset U_2 \subset \cdots \subset U_n \subset \cdots \to X$ が成り立つ．したがって X のコンパクト性から，ある $n_1, \cdots, n_s$ をとると

$$X = U_{n_1} \cup \cdots \cup U_{n_s}$$

となる．$N = \mathrm{Max}\{n_1, \cdots, n_s\}$ とおくと $X = U_N$ であり，したがって $n \geqq N$ ならばすべての $x \in X$ に対して

$$|f_n(x) - f_0(x)| = f_n(x) - f_0(x) \leqq f_N(x) - f_0(x) < \varepsilon$$

4.　$f(x)$ を $\boldsymbol{R}$ 上の区間 $[a, b]\ (a < b)$ で定義された1対1の実数値連続関数とする（すなわち，$\boldsymbol{R}$ への連続単射とする）．そのとき f は単調増加か単調減少な関数であることを示せ．

［**解**］　$\boldsymbol{R}^2$ の部分集合

$$S = \{(x, y) \mid a \leqq x \leqq b,\ a \leqq y \leqq b,\ x < y\}$$

を考える．S の異なる2点は線分で結べるから弧状連結，したがってまた連結である．

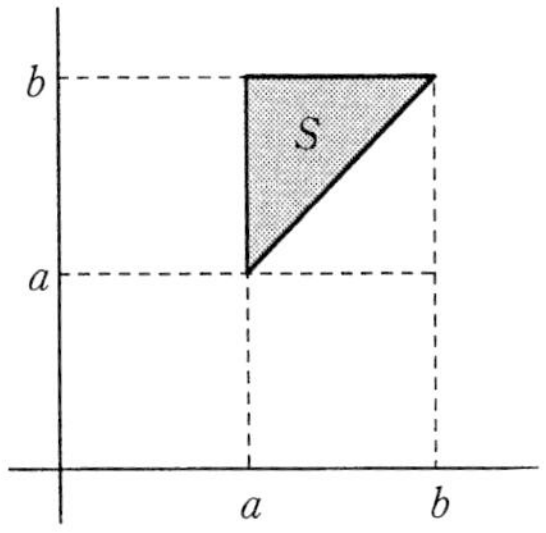

図 46

S 上の連続関数

$$F(x, y)=(f(x)-f(y))(x-y)$$

は仮定から 0 となることはない．したがって F による S の像は連結であり，1点か $\boldsymbol{R}$ の 0 を含まない区間となる（§5，例題 8（139 頁）参照）．このことから S 上で F はつねに正か，つねに負のことがわかる．前者の場合 f は $[a, b]$ で単調増加であり，後者の場合 f は $[a, b]$ で単調減少である（図 46）．

5. (X, d) を完備な距離空間とし，Φ を X から X への写像で，$0<\alpha<1$ をみたすある α をとるとすべての $x, y\in X$ に対し

$$d(\Phi(x), \Phi(y))\leqq \alpha\cdot d(x, y)$$

をみたすとする．そのとき $\Phi(z_0)=z_0$ をみたす点 $z_0\in X$ がただ1つ存在することを示せ．

［**解**］ 存在：任意の点 $x\in X$ をとり，$x_0=x$ とおく．次に順次 $x_1=\Phi(x_0)$, $x_2=\Phi(x_1)$, $\cdots$, $x_n=\Phi(x_{n=1})$, $\cdots$ として点列 $\{x_n\}$ $(n=1, 2, \cdots)$ を定義する．

$$d(x_{n+1}, x_n)=d(\Phi(x_n), \Phi(x_{n-1}))\leqq \alpha\cdot d(x_n, x_{n-1})$$

が成り立つから，これを繰り返して

$$d(x_{n+1}, x_n)\leqq \alpha^n\cdot d(x_1, x_0)$$

が得られる．したがって任意の自然数 k, n に対し

$$\begin{aligned} d(x_{n+k}, x_n) &\leqq \sum_{i=1}^{k} d(x_{n+i}, x_{n+i-1}) \\ &\leqq \alpha^{n-1}\sum_{i=1}^{k}\alpha_i\cdot d(x_1, x_0) \\ &\leqq \frac{\alpha^n}{1-\alpha}d(x_1, x_0) \\ &\to 0 \quad (n\to\infty) \end{aligned}$$

ゆえに $\{x_n\}$ $(n=0, 1, \cdots)$ はコーシー列である．X は完備だからある点 z_0 があって $x_n\to z_0$ $(n\to\infty)$ となる．

$$d(\Phi(x_n), \Phi(z_0))\leqq \alpha\cdot d(x_n, z_0)\to 0 \quad (n\to\infty)$$

により，$\Phi(x_n)\to\Phi(z_0)$ $(n\to\infty)$．したがって $x_n=\Phi(x_{n-1})$ で $n\to\infty$ とすると $z_0=\Phi(z_0)$ が得られた．

一意性：$z_0=\Phi(z_0)$, $z_1=\Phi(z_1)$ とする．そのとき

$$\begin{aligned} d(z_0, z_1) &= d(\Phi(z_0), \Phi(z_1)) \\ &\leqq \alpha\cdot d(z_0, z_1) \end{aligned}$$

ここで $0<\alpha<1$ だから，この式が成り立つのは $d(z_0, z_1)=0$ すなわち $z_0=z_1$ のときに限る．

6. $\boldsymbol{R}$ の閉区間 $[a, b]$ に対し，$[a, b]$ 上の実数値連続関数全体のつくる集合に，距離

$$d(f, g)=\mathrm{Max}_{a\leqq t\leqq b}|f(t)-g(t)|$$

を導入して得られる距離空間を $C[a, b]$ と表わす．このとき $C[a, b]$ は完備な距離空間となることを示せ．

［**解**］ この距離に関するコーシー列を $\{f_n\}$ とする：$d(f_m, f_n)\to 0\ (m, n\to\infty)$．このとき $\varepsilon>0$ をとったときある番号 N があって

$$m, n\geqq N \implies \mathrm{Max}\,|f_m(x)-f_n(x)|<\varepsilon$$

すなわちすべての $x\in[a, b]$ に対して $|f_m(x)-f_n(x)|<\varepsilon$ となる．このとき $\lim_{n\to\infty} f_n(x)=f(x)$ とすると，$f_n(x)$ は $f(x)$ に一様に収束しているので，連続関数となり，$f\in C([a, b])$ となる．したがって $C[a, b]$ は完備である．

7. $K(s, t)$ を $\boldsymbol{R}\times\boldsymbol{R}$ 上で定義された実数値連続関数とし，ある正数 L をとると

$$|K(s, t)-K(s, t_1)|\leqq L|t-t_1|$$

がつねに成り立つとする．

i） α を $0<\alpha<1$ をみたす任意の実数とし，$\delta=\alpha/L$ とおく．そのとき実数 s_0 に対して $C([s_0-\delta, s_0+\delta])$ から自身への写像

$$\Phi(f)(s)=\int_{s_0}^{s}K(s, f(s))ds$$

は設問5の条件をみたすことを示せ．

ii）［微分方程式の解の存在定理］ i）の結果を用いて，微分方程式

$$\frac{dy}{ds}=K(s, y(s))$$

は $s=s_0$ のとき $y=y_0$ となる解 $y(s)$ を，$s_0-\delta\leqq s\leqq s_0+\delta$ なる範囲でただ1つもつことを示せ．

［**解**］ i） 前問から，$C([s_0-\delta, s_0+\delta)])$ は完備な距離空間である．

$$d(\Phi(f),\Phi(g))=\mathrm{Max}_{s_0-\delta\leqq s\leqq s_0+\delta}\left|\int_{-\infty}^{\infty}(K(s,f(s))-K(s,g(s))ds\right|$$
$$\leqq L\cdot\delta\cdot\mathrm{Max}_{s_0-\delta\leqq s\leqq s_0+\delta}|f(s)-g(s)|$$
$$=L\cdot\delta\cdot d(f,g)=\alpha\cdot d(f\cdot g)$$

により，Φ は設問5の条件をみたす．

ii）求める微分方程式の解は

$$y(s)=y_0+\int_{s_0}^{s}K(s,y(s))ds$$

をみたす $y(s)$ で与えられる．したがって i）と設問5の結果を適用すればよい（設問5の z_0 が，いまの場合求める解 $y(s)$ となっている）．

8.　i）§1，要項5，定理2（97頁）は次のようにも述べられることを示せ：X を完備な距離空間とし F_n ($n=1,2,\cdots$) を内点（§1，例題3参照）をもたない閉集合列とする．そのとき $\bigcup_{n=1}^{\infty}F_n$ も内点をもたない．

ii）I を $\boldsymbol{R}$ の区間 $[0,1]$ とし，自然数 n に対し $C(I)$ の部分空間 F_n を

$$F_n=\{f|\text{ ある } t_0 \text{ があってすべての } h \text{ に対し } |f(t_0+h)-f(t_0)|\leqq n|h|\}$$

で定義する．そのとき F_n は内点をもたない閉集合であることを示せ．

iii）i），ii）の結果を用いて，I 上の連続関数で，各点で微分不可能なものが存在することを示せ．

［**解**］　i）$O_n=F_n{}^c$ とおく．O_n は開集合であるが，F_n は内点をもたないから $\overline{O}_n{}^c=(\overline{F_n{}^c})^c=\phi$ となり，$\overline{O}_n=X$ となる．したがって§1，定理2の結論―ベールの性質―$\overline{\cap O_n}=X$ は，今の場合 $\overline{(\cap F_n{}^c)}=X$，あるいは同じことであるが $\overline{(\cap F_n{}^c)}^c=\phi$ と書き表わされる．一方 $(\cup F_n)^\circ=\overline{(\cup F_n)^c}^c=\overline{(\cap F_n{}^c)}^c$ が成り立つから，結局§1，定理2の結論は，$(\cup F_n)^\circ=\phi$ が成り立つことと同値なことがいえた．

ii）F_n が閉集合のこと：$f_i\in F_n$ ($i=1,2,\cdots$) で $f_i\to g$ ($i\to\infty$) とする．各 f_i に対してある $t_0{}^{(i)}\in I$ があって

$$|f_i(t_0{}^{(i)}+h)-f_i(t_0{}^{(i)})|\leqq n|h|$$

がすべての h で成り立つ．必要なら適当な部分点列をとればよいから，最初から $t_0{}^{(i)}$ ($i=1,2,\cdots$) は，$t\to\infty$ のときある点 $s_0\in I$ に収束するとしてよい．

$$|g(s_0+h)-g(s_0)|\leqq|g(s_0+h)-f_i(s_0+h)|+|f_i(s_0+h)-f_i(t_0{}^{(i)}+h)|$$
$$+|f_i(t_0{}^{(i)}+h)-f_i(t_0{}^{(i)})|+|f_i(t_0{}^{(i)})-g(t_0{}^{(i)})|+|g(t_0{}^{(i)})-g(s_0)|$$

が成り立つが，f_i が g に I 上一様に収束することと，g の連続性に注意すると，上式右第1，2，4，5項は i を十分大きくとればいくらでも小さくなる．したがって

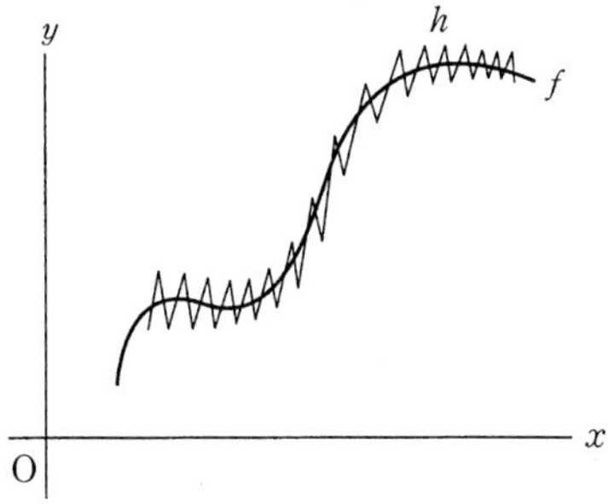

図 47

$$|g(s_0+h)-g(s_0)| \leqq n|h|$$

が成り立ち，$g \in F_n$；これで F_n は $C(I)$ の閉集合であることが示された．

F_n が内点を含まぬこと：$f \in F_n$ が与えられたとき図 47 のように，f に（$C(I)$ の位相で）十分近い h を，勾配の絶対値が n を越す折れ線のグラフで表わされる関数としてとると，明らかに $h \notin F_n$．ゆえに $f \in F_n$ の近傍に必ず F_n に属しない元が存在する．このことは F_n が内点をもたないことを示す．

iii）$C(I)$ は完備な距離空間だから，i）の結果が ii）で作った F_n $(n=1, 2, \cdots)$ に適用される．とくに $\bigcup_{n=1}^{\infty} F_n$ に属しない $C(I)$ の元 f_0 が存在する．f_0 はどのような自然数 n，どのような点 t をとっても，必ずある h があって

$$|f_0(t+h)-f_0(t)| > |h| \cdot n \tag{1}$$

が成り立つという性質をもつ．f_0 は各点で微分可能でない．実際もし $t_0 \in I$ で f_0 が微分可能とすると，微分の定義から正数 ε_0 を十分小さくとると

$$|h| \leqq \varepsilon_0 \implies |f_0(t_0+h)-f_0(t_0)| \leqq |h|(|f'(t_0)|+1)$$

が成り立つ．一方

$$\begin{aligned} |h| > \varepsilon_0 \implies |f_0(t_0+h)-f_0(t_0)| &= \varepsilon_0 \frac{|f_0(t_0+h)-f_0(t_0)|}{\varepsilon_0} \\ &< \varepsilon_0 \frac{2M}{\varepsilon_0} < |h| \frac{2M}{\varepsilon_0} \end{aligned}$$

である：ここで $M = \mathrm{Max}\,|f_0(t)|+1$ とおいた．したがって自然数 n を $|f'(t_0)|+1$ および $2M/\varepsilon_0$ より大にとれば，すべての h に対し

$$|f_0(t_0+h)-f_0(t_0)| \leqq n|h|$$

となって (1) に反する．したがって f_0 は $[0, 1]$ の各点で微分不可能である．

注：iii）のような関数が存在することは，最初ワイエルシュトラス（1815-1897）により示された．ここで注べた証明法はバナッハ（1892-1945）による．

9. コンパクトな距離空間 X は開集合の可算基(§4, 要項4(124頁)参照)をもつことを示せ.

[**解**] 各点 $x\in X$ に $(1/n)$-近傍 $V_{1/n}(x)=\{y|\ d(x,y)<1/n\}$ を与えると, $\{V_{1/n}(x)\}_{x\in X}$ は, 明らかに X の開被覆をつくる. したがってその中から有限個 $V_{1/n}(x_1^{(n)}),\cdots, V_{1/n}(x_{k_n}^{(n)})$ をとると,

$$X=V_{1/n}(x_1^{(n)})\cup\cdots\cup V_{1/n}(x_{k_n}^{(n)})$$

となる. $n=1,2,\cdots$ に対しそれぞれこのような有限個の開集合 $V_{1/n}(x_i^{(n)})\ (i=1,\cdots,k_n)$ を取り出すと, これら全体は可算個の開集合族をつくる. それを改めて $\{O_1,O_2,\cdots\}$ と表わす. $\{O_1,O_2,\cdots\}$ は開集合の基をつくる. 実際任意に開集合 O が与えられたとする：O の任意の点 x をとると, x の適当な ε-近傍は O に含まれる. $2/n<\varepsilon$ なる自然数 n をとると, $V_{1/n}(x_i^{(n)})\ (i=1,\cdots,k_n)$ は X の開被覆だから, 必ずある i があって $x\in V_{1/n}(x_i^{(n)})$. このとき

$$x\in V_{1/n}(x_i^{(n)})\subset O$$

となる. したがって O の各点 x に対して $\{O_1,O_2,\cdots\}$ に属する適当な O_x をとると $x\in O_x\subset O$ が成り立つことがわかった. $O=\cup_{x\in O}O_x\subset O$ により $O=\cup_{x\in O}O_x$. したがって, $\{O_1,O_2,\cdots\}$ は開集合の基をつくる.

10. 距離空間 X の点列 $\{x_n\}\ (n=1,2,\cdots)$ が次の条件をみたすとき $x_n\to\infty$ と表わす：X のどんなコンパクト集合 K をとっても, ある番号 N があって, $n\geqq N\Rightarrow x_n\notin K$.

X, Y を距離空間とする. X から Y への連続写像 f に対し

$L(f)=\{y|$ ある X の点列 $x_n\ (n=1,2,\cdots)$ があって $x_n\to\infty,\ f(x_n)\to y\}$

とおき, $L(f)$ を f の**極限集合**という. f がとくに X から Y への連続な単射のとき次のことを示せ.

i) f が X から $\mathrm{Im}\,f(\subset Y)$ への同相写像を与える条件は $\mathrm{Im}\,f\cap L(f)=\phi$ で与えられる.

ii) $\mathrm{Im}\,f$ が Y の閉集合であるための条件は $L(f)\subset\mathrm{Im}\,f$ で与えられる.

[**解**] i) 必要なこと：f が同相写像とする. もし $\mathrm{Im}\,f\cap L(f)\ni y_0$ とするとある $x_0\in X$ があって $f(x_0)=y_0$, 一方ある $x_n\ (n=1,2,\cdots)$ があって $x_n\to\infty\ (n\to\infty)$ で $f(x_n)\to y_0\ (n\to\infty)$. したがって $f(x_n)\to f(x_0)\ (n\to\infty)$. f は同相写像だから $x_n\to x_0$ (n

$\to\infty$）．このとき $\{x_1,\cdots,x_n,\cdots,x_0\}$ はコンパクト集合である．これは $x_n\to\infty\ (n\to\infty)$ に反する．

十分なこと：背理法で証明する．f が同相写像でないと仮定する．そのとき f^{-1} は連続でないから，ある点列 $\{y_n\}\ (n=1,2,\cdots)$ および1点 y_0 が $\mathrm{Im}\, f$ の中にあって，$y_n\to y_0\ (n\to\infty)$ であるが $f^{-1}(y_n)$ は $n\to\infty$ のとき $f^{-1}(y_0)$ に収束しないものがある．$x_n=f^{-1}(y_n)$, $x_0=f^{-1}(y_0)$ とおく．必要なら $\{x_n\}\ (n=1,2,\cdots)$ の部分点列をとればよいから，最初からある正数 δ_0 があって

$$d(x_n, x_0)\geqq\delta_0 \quad (n=1,2,\cdots) \tag{1}$$

が成り立っているとしてさしつかえない．このとき $\{x_n\}\ (n=1,2,\cdots)$ はあるコンパクト集合に含まれることはない．以下その証明：いま $\{x_n\}\ (n=1,2,\cdots)$ が X のあるコンパクト集合 K に含まれていたとすると，$\{x_n\}\ (n=1,2,\cdots)$ から適当な部分点列 $\{x_{n_i}\}\ (i=1,2,\cdots)$ をとると $n_i\to\infty$ のとき，x_{n_i} は K の1点 x_0' に収束する．f の連続性から $y_{n_i}=f(x_{n_i})=f(x_{n_i})\to f(x_0')=y_0\ (n_i\to\infty)$．したがって $x_0'=f^{-1}(y_0)=x_0$．$d(x_{n_i}, x_0)\to 0\ (n_i\to\infty)$．これは(1)に反する．

同様の論法で $\{x_n\}$ のいかなる部分点列もあるコンパクト集合に含まれることはない．したがって $x_n\to\infty\ (n\to\infty)$ である．このことは $y_0\in L(f)$ を示している．前のこととあわせて $y_0\in\mathrm{Im}\, f\cap L(f)$ がいえた．

ii）必要なこと：$\mathrm{Im}\, f$ が閉集合ならば，極限集合の定義から $L(f)\subset\mathrm{Im}\, f$ は明らかである．

十分なこと：$L(f)\subset\mathrm{Im}\, f$ とする．このとき $\mathrm{Im}\, f$ が閉じていることを示せばよい．そのため点列 $\{y_n\}\ (n=1,2,\cdots)$ を $\mathrm{Im}\, f$ からとり，$y_n\to y_0\ (n\to\infty)$ とする．そのとき $y_0\in\mathrm{Im}\, f$ を示せばよい．$x_n=f^{-1}(y_n)$ とおく．もし $\{x_n\}\ (n=1,2,\cdots)$ の部分点列で，コンパクト集合の外に出て行くものがあれば $y_0\in L(f)$ となり，この場合は仮定から $y_0\in\mathrm{Im}\, f$ となる．したがってコンパクト集合 $K\subset X$ があって $x_n\in K\ (n=1,2,\cdots)$ が成り立つときを考えればよい．このときは，$\{x_n\}\ (n=1,2,\cdots)$ の部分点列 $\{x_{n_i}\}\ (i=1,2,\cdots)$ を適当にとれば，x_{n_i} は $n_i\to\infty$ のときある点 $x_0\in K$ に収束し，したがって $y_0=f(x_0)$ となって，この場合も $y_0\in\mathrm{Im}\, f$ が示された．したがって $\mathrm{Im}\, f$ は閉集合である．

11.　文字 $\{1,2,\cdots,n\}$ の置換全体を S とおき，S の元を σ,τ 等で表わす．$\boldsymbol{C}^n$ の元 $x=(x_1,x_2,\cdots,x_n)$ と $\sigma\in S$ に対して，$x^\sigma=(x_{\sigma(1)},x_{\sigma(2)},\cdots,x_{\sigma(n)})$ とおく．$\boldsymbol{C}^n$ の2元の間の関係～を

$$x\sim y \iff \text{ある } \sigma,\tau\in S \text{ があって}$$
$$x^\sigma=y^\tau$$

により導入する．

i） この関係は同値関係であることを示せ．

ii） $x=(x_1, \cdots, x_n)$ を含む同値類を $[x]$ で表わすとき，商空間 $\boldsymbol{C}^n/\sim$ の位相は距離

$$d([x],[y])=\mathrm{Min}_{\sigma,\tau\in S}\|x^\sigma-y^\tau\|$$

で与えられた位相と一致することを示せ．

（ここで $\|x-y\|=\sqrt{(x_1-y_1)^2+\cdots+(x_n-y_n)^2}$ とおいた）

iii） $x=(x_1, \cdots, x_n)\in \boldsymbol{C}^n$ に対し $s_1=\sum_{i=1}^n x_i$, $s_2=\sum_{i>j} x_ix_j$, $s_3=\sum_{i>j>k} x_ix_jx_k, \cdots, s_n=x_1x_2\cdots x_n$ とおく．このとき $\boldsymbol{C}^n$ から $\boldsymbol{C}^n$ への対応

$$(x_1, \cdots, x_n) \longrightarrow (s_1, s_2, \cdots, s_n)$$

は，x の同値類のとり方によらないことを示し，したがって $\boldsymbol{C}^n/\sim$ から $\boldsymbol{C}^n$ への写像を導くことを示せ．

iv） この $\boldsymbol{C}^n/\sim$ から $\boldsymbol{C}^n$ への写像は同相写像であり，したがって

$$\boldsymbol{C}^n/\sim\,\simeq \boldsymbol{C}^n$$

であることを示せ．

［**解**］ i） ほかは明らかだから，推移律だけ確かめる．$x\sim y$, $y\sim z$ とする．ある $\sigma, \tau, \lambda, \mu\in S$ に対して $x^\sigma=y^\tau$, $y^\lambda=z^\mu$ が成り立つが，$x^{\sigma\tau^{-1}}=y$, $y=z^{\mu\lambda^{-1}}$ により $x^{\sigma\tau^{-1}}=z^{\mu\lambda^{-1}}$；ゆえに $x\sim z$.

ii） まず一般に $\|x-y\|=\|x^\sigma-y^\sigma\|$ が成り立つから

$$\mathrm{Min}_{\sigma,\tau}\|x^\sigma-y^\tau\|=\mathrm{Min}_{\sigma,\tau}\|x^{\sigma\tau^{-1}}-y\|=\mathrm{Min}_\sigma\|x^\sigma-y\|$$

に注意する．また $x\sim x_1$, $y\sim y_1$ ならば $\mathrm{Min}_{\sigma,\tau}\|x^\sigma-y^\tau\|=\mathrm{Min}_{\sigma,\tau}\|x_1{}^\sigma-y_1{}^\tau\|$ も容易に確かめられる．したがって

$$d([x],[y])=\mathrm{Min}_{\sigma,\tau}\|x^\sigma-y^\tau\|$$

とおくことに意味はある．これが距離の定義をみたすことは，$d([x],[y])\geqq 0$, $d([x],[y])=d([y],[x])$ は自明であり，また $d([x],[y])=0 \Leftrightarrow$ ある $\sigma, \tau\in S$ で $x^\sigma=y^\tau \Leftrightarrow x\sim y \Leftrightarrow [x]=[y]$.

したがってあとは，三角不等式だけを確かめればよい．$\sigma_0, \tau_0\in S$ に対し

$$\|x^{\sigma_0}-y\|=\mathrm{Min}_{\tau\in S}\|x^\sigma-y\|$$
$$\|y-z^{\tau_0}\|=\mathrm{Min}_{\tau\in S}\|y-z^\tau\|$$

が成り立つとする．そのとき

$$d([x],[z])=\mathrm{Min}_{\sigma,\tau}\|x^\sigma-z^\tau\|$$

$$\leqq \mathrm{Min}_{\sigma,\tau}\{\|x^{\sigma}-y\|+\|y-z^{\tau}\|\}$$
$$=\|x^{\sigma_0}-y\|+\|y-z^{\tau_0}\|$$
$$=d([x],[y])+d([y],[z])$$

したがって三角不等式も成り立ち，$(\boldsymbol{C}^n/\sim, d)$ は距離空間となる．

以下では‘商空間’ $\boldsymbol{C}^n/\sim$ と‘距離空間’$(\boldsymbol{C}^n\sim, d)$ が同相のことを示す．

$$d([x],[y])\leqq\|x-y\|$$

だから，x に $[x]$ を対応させる対応は $\boldsymbol{C}^n$ から $(\boldsymbol{C}^n/\sim, d)$ への連続写像を与える．したかって§3，例題6，ii)，121頁を用いると，恒等写像 ι は $\boldsymbol{C}^n/\sim$ から $(\boldsymbol{C}^n\sim, d)$ への連続写像を与えていることがわかる．

ι が同相写像であることをみるには，さらに ι^{-1} が連続であることをみるとよい．そのため $\boldsymbol{C}^n/\sim$ の任意の開集合 $\widetilde{O}$ および $\widetilde{O}$ の1点 $[x]$ をとる．商空間の位相の定義から，そのとき $O=\pi^{-1}(\widetilde{O})$ は $\boldsymbol{C}^n$ の開集合である．ゆえに $\pi^{-1}[x]=\{x^{\sigma}|\ \sigma\in S\}\subset O$ に対してある $\varepsilon>0$ があって，$\{y|\ \|x^{\sigma}-y\|<\varepsilon, \sigma\in S\}\subset O$ となる（$\{x^{\sigma}|\ \sigma\in S\}$ は有限個の点からなることに注意）．したがって

$$d([x],[y])=\mathrm{Min}_{\sigma\in S}\|x^{\sigma}-y\|<\varepsilon$$

をみたす y は O に属し，したがってまた $[y]\in\widetilde{O}$；すなわち，$(\boldsymbol{C}^n/\sim, d)$ における $[x]$ の ε-近傍は $\widetilde{O}$ に属する．このことから容易に $\boldsymbol{C}^n/\sim$ の開集合 $\widetilde{O}$ は，$(\boldsymbol{C}^n/\sim, d)$ でも開集合のことがわかる．§3，要項4（115頁）を参照すれば，これは ι^{-1} の連続性を示している．

したがって ι は同相写像で，したがってまた位相空間として $\boldsymbol{C}^n/\sim=(\boldsymbol{C}^n/\sim, d)$ が成り立つ．

iii)　$s_1, s_2, \cdots, s_n$ が $(x_1, \cdots, x_n)$ に関して対称式であることに注意すればこれは明らかである．

iv)　$(x_1, \cdots, x_n)\to(s_1, \cdots, s_n)$ は $\boldsymbol{C}^n$ から $\boldsymbol{C}^n$ への写像と考えて連続だから，§3，例題6，ii)（121頁）から $[x]\to(s_1, \cdots, s_n)$ は $\boldsymbol{C}^n/\sim$ から $\boldsymbol{C}^n$ への連続写像である．この写像が全単射のことは，根と係数による：実際 $\{x_1, x_2, \cdots, x_n\}$ は

$$z^n-s_1z^{n-1}+s_2z^{n-2}+\cdots+(-1)^n s_n=0$$

の根として確定する．逆写像の連続のことは根が係数に連続的に従属していることからわかる．したがってこの写像は同相写像を与え

$$\boldsymbol{C}^n/\sim\ \simeq\boldsymbol{C}^n$$

である．

注意　対応する結果は実数の場合に成り立たない．たとえば $n=2$ のときに検証してみるとよい．

12.　i）　可算個の距離空間 (X_k, d_k) $(k=1, 2, \cdots)$ が与えられたとする．このとき積集合 $\prod_{k=1}^{\infty} X_k$ の2元 $x=(x_1, \cdots, x_k, \cdots)$，$y=(y_1, \cdots, y_k, \cdots)$ の距離を

$$d(x, y)=\sum_{k=1}^{\infty}\frac{1}{2^k}\frac{d_k(x_k, y_k)}{1+d_k(x_k, y_k)} \tag{1}$$

によって導入する．設問1，ii）を参照して，これが $\prod_{k=1}^{\infty} X_k$ に距離を与えることを示せ．

ii）　このときこの距離空間は，積空間 $X=\prod_{k=1}^{\infty} X_k$（弱位相）（§3，要項6，116頁）と同相となることを示せ．

iii）　2点 $\{0, 1\}$ からなる空間にディスクリート位相をいれる．このとき $\{0, 1\}$ の可算無限直積空間

$$X=\prod_{k=1}^{\infty} X_k, \quad X_k=\{0, 1\}$$

はコンパクト，完全非連結な距離空間であるが，ディスクリート位相ではないことを示せ．

［**解**］　i）　設問1，ii）から，

$$\frac{d_k(x_k, y_k)}{1+d_k(x_k, y_k)}$$

は，X_k に，距離空間 (X_k, d_k) と同相な位相を与える距離となっている．また，この距離では，2点間の距離はつねに <1．このことから，(1) の $d(x, y)$ が $\prod_{k=1}^{\infty} X_k$ の距離を与え，また $d(x, y)<1$ となっていることもわかる．

ii）　積空間 $X=\prod_{k=1}^{\infty} X_k$（各 X_k 上の距離 d_k から導かれる弱位相）と，距離空間 $\widetilde{X}=(\prod X_k, d)$ が同相のことを示すには次の a)，b) がいえればよい．

a)　距離空間 $\widetilde{X}$ で，射影 $\pi_k : \widetilde{X} \to X_k$ $(k=1, 2, \cdots)$ が連続のこと

b)　距離空間 $\widetilde{X}$ の各点への近傍は，必ず X の近傍を含むこと，すなわち位相の強弱でいうと，X の位相 $\geqq \widetilde{X}$ の位相

a), b) がいえれば，X の位相は，各射影 π_k を連続とする最弱位相だったから，X と $\widetilde{X}$ は同相のことがわかる．

a) の証明：距離 d につき $x^{(n)}=(x_1^{(n)}, \cdots, x_k^{(n)}, \cdots) \to x^{(0)}=(x_1^{(0)}, \cdots, x_k^{(0)}, \cdots)$ $(n \to \infty)$ ならば，各 X_k 成分につき $d_k(x_k^{(n)}, x_k^{(0)}) \to 0$ $(n \to \infty)$ となることは明らかである．

b) の証明：任意に1点 $x=(x_1, x_2, \cdots) \in \widetilde{X}$ をとり，その ε-近傍 $U_\varepsilon(x)$ を考える．

$$\begin{aligned} U_\varepsilon(x) &= \{y \mid d(x, y) < \varepsilon\} \\ &= \left\{y \,\middle|\, \sum_{k=1}^{\infty}\frac{1}{2^k}\frac{d_k(x_k, y_k)}{1+d_k(x_k, y_k)} < \varepsilon\right\} \end{aligned}$$

k を

$$\sum_{i=k+1}^{\infty}\frac{1}{2^i}<\frac{\varepsilon}{2}$$

のようにとると，$U_\varepsilon(x)$ は

$$U_{\varepsilon_1}(x_1)\times U_{\varepsilon_2}(x_2)\times\cdots\times U_{\varepsilon_k}(x_k)\times X_{k+1}\times X_{k+2}\cdots \qquad (*)$$

を含む．ここで $\varepsilon_1, \cdots, \varepsilon_k$ は

$$\sum_{i=1}^{k}\frac{1}{2^i}\frac{\varepsilon_i}{1+\varepsilon_i}<\frac{\varepsilon}{2}$$

をみたす任意の正数．(*)の集合は，積空間 X における x の近傍だから，このことは，$\widetilde{X}$ における x の近傍は，必ず X における x の近傍となっていることを示している．すなわち $\widetilde{X}$ の位相は X の位相よりも強い(かまたは等しい)．

iii)　2点 $\{0,1\}$ からなるディスクリート空間は，設問1，i)により，距離空間と考えられ，したがって i)から X は距離空間である．$\{0,1\}$ がコンパクトのことは自明だから，§5，要項3，定理(131頁)により，X はコンパクトである．X の連結集合を S とすれば，各射影 π_k は連続な写像だから，$\pi_k(S)$ は $\{0,1\}$ の連結集合，したがって $\{0\}$ かまたは $\{1\}$ のいずれか1点からなる．各 $k=1,2,\cdots$ に対してこれがいえるから S は1点からなる．ゆえに X は完全非連結である．X がディスクリート位相ではないこと：もしもディスクリートとすれば各点は開集合でなければならず，X のコンパクト性から X は有限集合とならなければならない．これは明らかに矛盾である．

13.　X を位相空間，Y を T_2 空間とする．

i)　$f: X\to Y$, $g: X\to Y$ を連続写像とするとき

$$\{x|\ f(x)=g(x)\}$$

は X の閉集合であることを示せ．

ii)　$h: X\to Y$ を連続写像とすると，h のグラフ $\{(x, h(x))|\ x\in X\}$ は，$X\times Y$ の閉集合であることを示せ．

［**解**］　i)　Y は T_2 空間だから§4，例題1，ii)(125頁)により，$Y\times Y$ の対角線集合 $\varDelta=\{(y,y)|\ y\in Y\}$ は閉集合である．X から $Y\times Y$ への写像 $\varPhi: x\to(f(x), g(x))$ は連続写像であって，

$$\{x|\ f(x)=g(x)\}=\varPhi^{-1}(\varDelta)$$

が成り立つから，左辺の集合は X の閉集合である．

ii)　$f: X\times Y\to Y$ を $f(x,y)=y$，$g: X\times Y\to Y$ を $g(x,y)=h(x)$ で定義すると，f, g は連続写像であって

$$\{(x, h(x)) \mid x \in X\} = \{(x, y) \mid f(x, y) = g(x, y)\}$$

したがって i) により左辺の集合は $X \times Y$ の閉集合である．

---

14. i) X を位相空間，Y をその部分空間とする．X が T_1, T_2, T_3 の分離公理のいずれか１つの T_i をみたせば，対応して Y も分離条件 T_i をみたすことを示せ．

ii) $X = \prod_{\lambda \in \Lambda} X_\lambda \, (X_\lambda \neq \phi)$ を積空間とする．そのとき X が T_1, T_2, T_3 のいずれか１つの T_i をみたすための条件は，各 $X_\lambda \, (\lambda \in \Lambda)$ が同じ分離条件 T_i をみたすことで与えられる．

[**解**] i) いずれの場合も同様だから T_3 の場合を示す，Y の１点 y，その近傍 $\tilde{V}$ をとる．そのとき X における y の近傍 V が存在して $\tilde{V} = Y \cap V$ となる．T_3 条件から $y \in U \subset \bar{U} \subset V$ なる X における y の近傍 U が存在する（§4，例題2，125頁参照）．$\tilde{U} = Y \cap U$ とおくと Y において

$$y \in \tilde{U} \subset \bar{\tilde{U}} \subset \tilde{V}$$

が成り立つ．このことは Y が X の部分空間として T_3 をみたすことを示している．

ii) いずれの場合も同様だから T_3 の場合を示す．

必要なこと：X が T_3 をみたすとする．$(x_\lambda)_{\lambda \in \Lambda}$ を X の任意の１点とする．そのとき任意の $\lambda \in \Lambda$ に対し，X の部分空間

$$(x_\mu)_{\mu \in \Lambda, \mu \neq \lambda} \times X_\lambda$$

は，X の位相のいれ方から，X_λ と同相であり，したがって i) の結果から X_λ も T_3 条件をみたすことがわかる．

十分なこと：各 $X_\lambda \, (\lambda \in \Lambda)$ が T_3 条件をみたしているとする．$x = (x_\lambda)_{\lambda \in \Lambda}$ を X の任意の１点，$x \in V$ を x の任意の近傍とする．そのとき適当な $\lambda_1, \cdots, \lambda_n$ をとると

$$O_{\lambda_1} \times \cdots \times O_{\lambda_n} \times \prod_{\lambda \neq \lambda_i} X_\lambda \subset V$$

となる；ここで O_{λ_i} は X_{λ_i} における x_{λ_i} の開近傍．$X_{\lambda_i} \, (i = 1, \cdots, n)$ が T_3 をみたすから，x_{λ_i} の近傍 U_{λ_i} で

$$x_{\lambda_i} \in U_{\lambda_i} \subset \bar{U}_{\lambda_i} \subset V_{\lambda_i}$$

をみたすものが存在する．

$$U = U_{\lambda_1} \times \cdots \times U_{\lambda_n} \times \prod_{\lambda \neq \lambda_i} X_\lambda$$

とおくと，U は x の近傍で $U \subset \bar{U} \subset V$ をみたす．すなわち X は T_3 条件をみたしている．

15.　X を正規空間とする．F を X の閉集合とする．そのとき F 上でちょうど値が 0 となる連続関数 $f(x)$, $0 \leqq f(x) \leqq 1$ が存在するための条件は，適当な可算個の開集合 $U_1, U_2, \cdots, U_n, \cdots$ が存在して

$$U_1 \supset U_2 \supset \cdots \supset U_n \supset \cdots \supset F$$

$$\bigcap_{n=1}^{\infty} U_n = F$$

が成り立つことである[1]．

[解]　必要なこと：F でちょうど値が 0 となる連続関数 $f(x)$, $0 \leqq f(x) \leqq 1$ が存在したとする．そのとき

$$U_n = \left\{ x \,\middle|\, f(x) < \frac{1}{n} \right\} \quad (n=1, 2, \cdots)$$

とおくと，$U_n\ (n=1, 2, \cdots)$ は条件をみたす開集合列である．

十分なこと：§4，要項2，定理1 (124頁) を共通点のない閉集合 F と $U_n{}^c$ に適用して，

$$f_n(x) = \begin{cases} 0, & x \in F \\ 1, & x \notin U_n \end{cases}$$

かつ $0 \leqq f_n(x) \leqq 1$ をみたす X 上の連続関数が存在する．そのとき

$$f(x) = \sum_{n=1}^{\infty} \frac{1}{2^n} f_n(x)$$

は，X 上の連続関数で F 上でちょうど 0 となる．

16.　X を正規空間，F を X の閉集合とする．そのとき F 上の連続関数 $\varphi(x)$ (必ずしも有界と仮定しない) は X 上の連続関数 $f(x)$ まで拡張されることを示せ (§4，要項2，定理2 (124頁) のある意味での一般化)．

[解]　$\Phi(x) = \mathrm{Tan}^{-1} \varphi(x)$ とおくと $\Phi(x)$ は F 上の連続関数で $-\pi/2 < \Phi(x) < \pi/2$ をみたす．したがって§4，要項2，定理2から $\Phi(x)$ は X 上の連続関数 $G(x)$ まで拡張される．$G(x)$ は $G(x) = \Phi(x)\ (x \in F)$，かつ $-\pi/2 \leqq G(x) \leqq \pi/2$ なる性質をみたす．$A = G^{-1}(-\pi/2) \cup G^{-1}(\pi/2)$ とおくと A は X の閉集合で $A \cap F = \phi$．したがって§4，要項2，定理1から A 上で 0，F 上で 1 の値をとる X 上の連続関数 $g(x)$ が存在する．$g(x)$ はさらに $0 \leqq g(x) \leqq 1$ をみたす．そこで

1)　この閉集合 F に関する条件は，X が距離空間のときはつねにみたされている (§2，例題7参照，112頁)．

$$H(x)=g(x)G(x)$$

とおくと，$H(x)=\Phi(x)$ $(x\in F)$，かつ $-\pi/2<H(x)<\pi/2$．したがって

$$f(x)=\tan H(x)$$

とおくと，$f(x)$ は X 上の連続関数で，$\varphi(x)$ の拡張となっている．

17. 距離空間 X がコンパクトとなるための必要十分な条件は，X 上の実数値連続関数がすべて有界な関数となることである．

［**解**］ 必要なこと：これは§5，例題3(134頁)で示してある．

十分なこと：X がコンパクトでないと仮定する．そのとき X 上の無限点列 $\{x_n\}$ $(n=1,2,\cdots)$ で，そのどのような部分点列をとっても，ある点には収束しないようなものが存在する．$F=\{x_n|\ n=1,2,\cdots\}$ とおくと，F はしたがって X の閉集合である．F 上の連続関数 $\varphi(x)$ を，$\varphi(x_n)=n$ で定義する．前問の設問16から，φ は X 上の連続関数 $f(x)$ にまで拡張される．f は明らかに有界でない．これで条件が十分なことが示された．

18. X を距離空間とし，X の可算部分集合 S をとると $\bar{S}=X$ が成り立っているとする[1]．このとき X の閉集合全体のつくる集合 $\mathscr{C}$ の濃度は $\aleph$ を越さないことを示せ．

［**解**］ $S=\{x_1,x_2,\cdots,x_n,\cdots\}$ とする．X 上の連続関数 f に対し $(f(x_1),f(x_2),\cdots,f(x_n),\cdots)$ を対応させる対応は，X の連続関数全体のつくる集合 $C(X)$ から $\boldsymbol{R}^\infty=\boldsymbol{R}\times\boldsymbol{R}\times\cdots$ の中への写像を与えるが，$\bar{S}=X$ から容易にわかるようにこの写像は単射である．したがって $C(X)\leqq\aleph^{\aleph_0}=\aleph$ である．X の任意の閉集合 F は設問15の条件をみたしているから(§2，例題7参照，112頁)，各 $F\in\mathscr{C}$ に対して F 上でちょうど0となる連続関数 f_F を1つとると，F に f_F を対応させる対応は，$\mathscr{C}$ から $C(X)$ への単射を与えている．したがって $\overline{\overline{\mathscr{C}}}\leqq\overline{\overline{C(X)}}\leqq\aleph$．

19. 位相空間 X に同値関数$\sim$が与えられ，商空間 $X/\sim$ はコンパクトとする．X 上の実数値連続関数 $f(x)$ が，$x\sim y\Rightarrow f(x)=f(y)$ をみたすとする．そのとき f は X 上有界であって，最大値，最小値をとることを示せ．

---

1) このとき X は可分な距離空間という．

［解］ §3，例題6，ii)(121頁)から，$X/\sim$ から $\boldsymbol{R}$ への連続写像 F で $F\circ\pi=f$ をみたすものが存在する；ここで $\pi: X\Rightarrow X/\sim$ は標準的な射影を表わす．仮定から $X/\sim$ はコンパクトだから，F は $X/\sim$ 上で有界で最大値，最小値をとる．たとえば $[x_0]$ で最大値をとり，$[x_1]$ で最小値をとるとすれば，f は x_0, x_1 でそれぞれ最大値，最小値をとる．

20. X を局所コンパクトな T_2 空間とする．$f(x)$ を X 上の連続関数で，どんな $\varepsilon>0$ をとっても，あるコンパクト集合 $K\subset X$ が存在して，

$$x\notin K \implies |f(x)|<\varepsilon$$

なる性質をもつとする．そのとき $f(x)$ は X 上で有界であって，最大値，最小値のいずれか一方は X 上のある点でとることを示せ．

［解］ §5，例題6(137頁)から X に1点 x_∞ をつけ加えて，コンパクト T_2 空間 $Y=X\cup\{x_\infty\}$ を得ることができる．Y 上の関数 $F(x)$ を

$$F(x)=\begin{cases} f(x), & x\in X \\ 0, & x=x_\infty \end{cases}$$

とおく．仮定と Y の位相のいれ方から容易にわかるように，$F(x)$ は Y 上の実数値連続関数である．したがって $F(x)$ は Y 上で有界であって最大値，最小値を必ず Y のある点でとる．$f(x)\equiv 0$，したがってまた $F(x)\equiv 0$ のときは，証明すべきことは明らかである．$f(x)\not\equiv 0$ とすると，$F(x)\not\equiv 0$ であって，$F(x)$ の最大値，または最小値のいずれかは0と異なる．したがってこの値は X のある点でとらなくてはならない．X 上では $F(x)$ は $f(x)$ と一致しているから，これで証明された．

21. X, Y をコンパクト空間とし，$\{W_i| i=1,\cdots,l\}$ を $X\times Y$ の任意の有限開被覆とする．そのとき X の有限開被覆 $\{U_s| s=1,\cdots,m\}$，Y の有限開被覆 $\{V_t| t=1,\cdots,n\}$ を適当にとると，任意の s, t に対して必ずある i があって

$$U_s\times V_t\subset W_i$$

が成り立つようにできることを示せ．

［解］ $X\times Y$ の開集合の準基は $O\times O_1$ の形の集合で与えられる(O は X の開集合，O_1 は Y の開集合)．したがって $X\times Y$ の各点 (x, y) に対し，X の開近傍 $U(x)$，y の開近傍 $V(y)$ をとって，ある i に対して，$U(x)\times V(y)\subset W_i$ が成り立つようにできる．

このような $U(x)\times V(y)$ の全体は $X\times Y$ の開被覆をつくり，したがってその中から有限個を選んで $X\times Y$ を蔽うことができる．問題を示すためには $\{W_i|\ i=1,\cdots,l\}$ をこの有限開被覆でおきかえて示せば十分である．

したがって最初から W_i は $\tilde{U}_i\times\tilde{V}_i\ (i=1,\cdots,l)$ $(\tilde{U}_i,\ \tilde{V}_i$ は X および Y の開集合) の形であるとしてさしつかえない．任意の $x_0\in X$ に対して $\bigcup_{y\in Y}(x_0,y)\cap(\tilde{U}_i\times\tilde{V}_i)\neq\phi$ なる $\tilde{U}_i\times\tilde{V}_i$ の全体を考え，それを $\tilde{U}_{i_1}\times\tilde{V}_{i_1},\cdots,\tilde{U}_{i_k}\times\tilde{V}_{i_k}$ とし，$U_s(x_0)=\bigcap_{j=1}^{k}\tilde{U}_{i_j}$ とおく．$U_s(x_0)$ は X の開集合で $x_0\in U_s(x_0)$．X の点 x_0 を動かしたときこのようにして得られる X の開集合 $U_s(x_0)\ (x_0\in X)$ の全体は X の有限開被覆をつくる；有限なことは，もともと $\tilde{U}_1,\cdots,\tilde{U}_m$ が有限であり，したがってそこから有限個の共通部分として得られる U_s もまた有限だからである．それを

$$\{U_s|\ s=1,\cdots,m\}$$

とおく．同様にして各 $y_0\in Y$ に対し $\bigcup_{x\in X}(x,y_0)\cap(\tilde{U}_i\times\tilde{V}_i)\neq\phi$ なる i は $i=i_1,\cdots,i_k$ で与えられるとして $V_t(y_0)=\bigcap_{j'=1}^{k'}\tilde{V}_{i_{j'}}$ とおくと，$V_t(y_0)\ (y_0\in Y)$ の全体は Y の有限開被覆をつくる．それを

$$\{V_t|\ t=1,2,\cdots,n\}$$

とおく．さて $\{U_s\},\ \{V_t\}$ は求める X および Y の開被覆である．実際，$s\ (s=1,\cdots,m)$, $t\ (t=1,\cdots,n)$ を任意にとると，ある $x_0\in X,\ y_0\in Y$ があって $U_s=U_s(x_0)$, $V_t=V_t(y_0)$；したがって

$$\begin{aligned}U_s\times V_t&=U_s(x_0)\times V_t(y_0)\\&\subset(\cap\,\tilde{U}_{i_j})\times(\cap\,\tilde{V}_{i_{j'}})\\&\subset\tilde{U}_{i_{k_0}}\times\tilde{V}_{i_{k_0}}=W_{k_0}\end{aligned}$$

ここで，$U_{i_{k_0}}\times V_{i_{k_0}}=W_{k_0}$ は (x_0,y_0) を含む1つの $W_i\ (i=1,\cdots,l)$ である．これで証明された．

22.　X,Y をコンパクト T_2 空間とし，$\Phi(x,y)$ を $X\times Y$ 上の実数値連続関数とする．$\varepsilon>0$ が与えられたとき，ある $f_1(x),\cdots,f_m(x)$；$g_1(y),\cdots,g_n(y)$ なる X および Y 上の連続関数と，実数 $c_{st}\ (s=1,\cdots,m,\ t=1,\cdots,n)$ を見出して

$$\left|\Phi(x,y)-\sum c_{st}f_s(x)g_t(y)\right|<\varepsilon$$

が成り立つようにできることを示せ．

[解]　Φ はコンパクト空間 $X\times Y$ から $\boldsymbol{R}$ への連続関数だから，$\mathrm{Im}\,\Phi$ を長さが $\varepsilon/4$ の有限個の開区間 $\tilde{W}_1,\tilde{W}_2,\cdots,\tilde{W}_l$ で蔽うことができる．$W_i=\Phi^{-1}(\tilde{W}_i)\ (i=1,\cdots,l)$ とおく

と $\{W_i|\ i=1, \cdots, l\}$ は $X\times Y$ の有限開被覆で

$$(x, y),\ (x', y')\in W_i \implies |\Phi(x, y)-\Phi(x', y')|<\frac{\varepsilon}{4}$$

したがってまた $W_i\cap W_j\neq\phi$ のとき $(x, y)\in W_i$, $(x', y')\in W_j$ とすると

$$|\Phi(x, y)-\Phi(x', y')|<\frac{\varepsilon}{2}$$

が成り立つ．この開被覆 $\{W_i|\ i=1, \cdots, l\}$ に対して設問21のように X の有限閉被覆 $\{U_s|\ s=1, \cdots, m\}$, Y の有限開被覆 $\{V_t|\ t=1, \cdots, n\}$ を選ぶ．各 U_s, V_t に対し $x_s\in U_s$, $y_t\in V_t$ なる点 $x_s\,(=1, \cdots, m)$, $y_t\,(t=1, \cdots, n)$ を1つずつ選んでおく．X, Y はコンパクト T_2 空間だから正規空間であって，したがって§5，例題7(138頁)から $\{U_s|\ s=1, \cdots, m\}$ に属する(X 上の)1の分解 $\{f_s(x)|\ s=1, \cdots, m\}$ と，$\{V_t|\ t=1, \cdots, n\}$ に属する(Y 上の)1の分解 $\{g_t(y)|\ t=1, \cdots, n\}$ が存在する．$c_{st}=\Phi(x_s, y_t)$ とおく．そのとき $(x, y)\in U_{s_0}\times V_{t_0}$ に対して

$$\begin{aligned}&|\Phi(x, y)-\textstyle\sum c_{st}f_s(x)g_t(y)|\\ \leqq&|\Phi(x, y)-\Phi(x_{s_0}, y_{t_0})|+|\Phi(x_{s_0}, y_{t_0})-\textstyle\sum c_{st}f_s(x)g_t(y)|\end{aligned}$$

ここで

$$\begin{aligned}\Phi(x_{s_0}, y_{t_0})&=\Phi(x_{s_0}, y_{t_0})\textstyle\sum_s f_s(x)\sum_t g_t(y)\\ &=\textstyle\sum_{s,t}\Phi(x_{s_0}, y_{t_0})f_s(x)g_t(y)\end{aligned}$$

と，右辺の最後の $\sum_{s,t}$ で，実際0でない項として現われるのは $(x, y)\in U_s\times V_t$ なる s, t だけに限ることに注意すると

$$\begin{aligned}\text{上式の右辺}&\leqq|\Phi(x, y)-\Phi(x_{s_0}, y_{t_0})|\\ &\quad+\textstyle\sum_{s,t}|\Phi(x_{s_0}, y_{t_0})-\Phi(x_s, y_s)|f_s(x)g_t(y)\\ &<\frac{\varepsilon}{4}+\frac{\varepsilon}{2}\textstyle\sum_s f_s(x)\sum_t g_t(y)\\ &=\frac{\varepsilon}{4}+\frac{\varepsilon}{2}<\varepsilon\end{aligned}$$

23. X を完全正則空間とし，X から $I=[0, 1]$ への連続関数全体のつくる集合を Λ とする．$I^\Lambda=\prod_{\lambda\in\Lambda}I_\lambda$, $I_\lambda=I$ とおく．そのとき X から I^Λ への写像 Φ を

$$\Phi(x)=(f_\lambda(x))_{\lambda\in\Lambda}$$

で定義すると，Φ は X から I^Λ の中への同相写像を与えている[1]ことを示せ．

1) すなわち Φ は X から I^Λ の部分空間 $\mathrm{Im}\,\Phi$ の上への同相写像を与えている．

［解］　Φ は単射である：$x \neq y$ とすると，x で 0，y で 1 となる実数値連続関数 $f(z)$，$0 \leqq f(z) \leqq 1$ が存在する．ある $\lambda \in \Lambda$ に対して $f_\lambda = f$ だから，$f_\lambda(x) \neq f_\lambda(y)$；ゆえに $\Phi(x) \neq \Phi(y)$.

Φ が連続のこと：§3，例題 6，ⅰ)(121 頁)を用いればよい．

Φ^{-1} が連続のこと：それをみるには，X の開集合 O に対し $\Phi(O)$ が $\mathrm{Im}\, X \subset I^\Lambda$ の開集合であることを示せばよい．$x \in O$ をとると，ある $f_\lambda \in \Lambda$ で $f_\lambda(x) = 0$, $f_\lambda(x) = 1$ $(x \notin O)$ かつ $f_\lambda^{-1}([0, 1/2)) \subset O$ をみたすものが存在する．したがって

$$\Phi(x) \in \Phi(X) \cap \left(\left[0, \frac{1}{2}\right) \times \prod_{\lambda' \neq \lambda} I_{\lambda'}\right) \subset \Phi(O)$$

となり，$\Phi(x)$ の 1 つの近傍は $\Phi(O)$ に属することになる．これから $\Phi(x)$ は $\Phi(O)$ の内点であることがわかり，x は O の任意の点でよかったから，$\Phi(O)$ は $\mathrm{Im}\,\Phi$ の開集合である．

24.　X を完全正則空間とする．そのとき適当なコンパクト T_2 空間 Y をとると

$$\bar{X} = Y$$

が成り立つ．かつ X 上の有界な実数値連続関数 $f(x)$ に対し，Y 上の有界な実数値連続関数 $F(x)$ が存在して，$x \in X \to F(x) = f(x)$ をみたす(すなわち X 上の関数 f は，Y 上の関数 F まで拡張される).

［解］　設問 20 の記号を用いる．$Y = \overline{\Phi(X)}$ とおくと，Y は I^Λ の閉集合．§5，要項 3，定理(131 頁)から I^Λ はコンパクトだから，Y もコンパクト，また Y が T_2 をみたすことも明らかである．Φ は X から $\Phi(X)$ への同相写像だったから，X と $\Phi(X)$ を(Φ により)同一視すれば $\bar{X} = Y$ が得られた．X 上の有界な実数値連続関数 $f(x)$ に対し，ある $\alpha \neq 0$ と，ある $\lambda_0 \in \Lambda$ があって $f(x) = \alpha f_{\lambda_0}(x)$ が成り立つ．したがって，Y 上の有界な実数値連続関数 F を

$$(\cdots, x_{\lambda_0}, \cdots, x_\lambda, \cdots) \longrightarrow \alpha x_{\lambda_0}$$

で定義すると，F は X 上の関数 f の Y への拡張を与えている．

25.　可算基をもつ正規空間は距離づけ可能であることを示せ．

［解］　X を可算基をもつ正規空間とする．したがって可算個の開集合 $\{O_n\}$ $(n=1, 2, \cdots)$ が存在して，X の任意の開集合 O は，この $\{O_n\}$ からとった適当な部分列 $\{O_{n_i}\}$ の

和として表わせる：$O=\bigcup O_{n_j}$．$\{O_n\}$ $(n=1,2,\cdots)$ の中でとくに $\overline{O}_m\subset O_m$ をみたす対(つい) (O_m, O_n) を考え，これらの対全体を $\mathcal{P}$ とおく．

$$\mathcal{P}=\{(O_m, O_n)|\ \overline{O}_m\subset O_n\}$$

$\mathcal{P}$ はまた可算集合であって，$\mathcal{P}$ の元は $\boldsymbol{O}_1, \boldsymbol{O}_2, \cdots, \boldsymbol{O}_s, \cdots$ ($\boldsymbol{O}_s$ はある m, n に対して $\boldsymbol{O}_s=(O_m, O_n)\in\mathcal{P}$ で表わされている) と番号をつけて並べることができる．各 $\boldsymbol{O}_s$ に対して $\boldsymbol{O}_s=(O_m, O_n)$ として，O_m 上で 0, O_n の外で 1 となる X 上の実数値連続関数 $f_s(x)$ $(0\leqq f_s(x)\leqq 1)$ を選んでおく．このような f_s の存在は，X が正規空間であるという仮定と§4，要項2，定理1 (124 頁) からわかる．$x\in X$ に対して $(f_1(x), \cdots, f_s(x), \cdots)$ を対応させる対応 Φ は設問23とほぼ同様に考えることにより X から積空間 $\prod_{s=1}^{\infty} I_s$ ($I_s=[0, 1]$) の中への同相写像を与えていることがわかる．各 $I_s=[0,1]$ は距離空間であり，したがってまた設問12，i) から $\prod_{s=1}^{\infty} I_s$ も距離空間となる．ゆえにその部分空間 $\mathrm{Im}\,\Phi(X)$ も距離空間となる．Φ は同相写像だから，X は距離空間と同相である．

> **26.**　X をコンパクト空間 $(\neq\phi)$，Y を連結な T_2 空間とする．f は X から Y への連続写像で次の性質をもつとする：任意の点 $x\in X$ に対してある x の近傍 $U(x)$ があって，$f(U(x))$ は $f(x)$ の Y における近傍となる．そのとき f は X から Y への全射となることを示せ．

［**解**］　X がコンパクトだから，$f(X)$ は Y のコンパクト部分空間，したがって $f(X)$ は Y の閉集合である．一方 $f(U(x))\supset\widetilde{O}(f(x))\ni f(x)$ なる $f(x)$ の開近傍 $\widetilde{O}(f(x))$ をとり，$f^{-1}(\widetilde{O}(f(x)))=O(x)$ とおくと，$O(x)$ は x の開近傍で $f(O(x))=\widetilde{O}(f(x))$．したがって

$$f(X)=\bigcup_{x\in X} f(O(x))=\bigcup_{x\in X}\widetilde{O}(f(x))$$

により，$f(X)$ は Y の開集合でもある．Y は連結で $f(X)\neq\phi$ だから $f(X)=Y$ でなければならない．

> **27.**　位相空間 X の2点 x, y が，同じ連結成分に属するとき $x\sim y$ とおくと，X に同値関係 $\sim$ が導入される．この同値関係による商空間を Y とおく：$Y=X/\sim$．そのとき次のことを示せ．
>
> i)　Y は完全非連結な空間である．
>
> ii)　X が局所連結ならば，Y の位相はディスクリートである．

［**解**］　i)　Y の閉集合 F で少なくとも2点を含むものをとるとき，F が連結でない

ことを示せばよい．$\pi: X \to Y$ を標準的な射影とする．π は開写像である．$E=\pi^{-1}(F)$ とおくと，E は X の閉集合で，いくつかの X の連結成分の和集合であり，また F が少なくとも 2 点を含むから，E は少なくとも 2 つの連結成分を含んでいる．したがって E は連結ではありえないから，E の (したがってまた X の) 閉集合 A, B が存在して $E=A\cup B$, $A\cap B=\phi$ $(A\neq\phi, B\neq\phi)$ が成り立つ．E に属する連結成分は，その連結性から，A か B のいずれか一方に属しているから，$F=\pi(E)=\pi(A)\cup\pi(B)$, $\pi(A)\cap\pi(B)=\phi$ $(\pi(A)\neq\phi, \pi(B)\neq\phi)$ が得られる．A は X の閉集合だから，A^c は X の開集合，ゆえに $\pi(A)=Y-\pi(A^c)$ は Y の閉集合である．同様に $\pi(B)$ は Y の閉集合であって，これで F が連結でないことが示された．

ii) X が局所連結なら，X の各点の連結成分は開集合である．$\pi: X\to Y$ は開写像だから，この像，すなわち Y の各点は開集合となる．したがって Y の位相はディスクリートである．

第３部　測　度

第1章　歴史と概要

§1.　面積から定積分へ

直線上にかかれた線分の長さは，物差しを使って測ることができます．2つの線分をつなぎ合わせた線分の長さは，それぞれの線分の長さの足し算として求められます．こうして長さを測ることと，数の足し算が結びつきます．

しかし平面上にかかれた曲線の長さは測ることができません．たとえば半径1の円の周は，どうやっても正確に測ることはできません．

平面上では，曲線の長さを求めるよりは，図形の面積を求めることの方が，実際上でも大切なことになります．しかし紙の上に描かれた図形の面積が実際求められるのは，三角形と，三角形を貼り合わせて得られる多角形のようなごく限られた図形です．曲線で囲まれた図形の面積を求める問題は，アルキメデスが放物線の面積を求めた以外には，微分積分が誕生するまで数学で取り上げられることはありませんでした．大体，多様な図形の中から，数学の対象となるような図形をどのように選定するかがはっきりしないのです．

微分積分によって，関数 $y=f(x)$ を調べるのに，座標平面上にかかれたグラフが注目されるようになってきました．グラフの接線の傾きは微分ですが，グラフのつくる図形の面積は，定積分によって与えられます．定積分とは，グラフを長方形に分割した図形で近似してまずその面積を求め，次にそれを極限移行したもので，たとえば図の定積分は

$$\int_a^b f(x)dx=\lim_{n\to\infty}\sum_{k=1}^{n-1} f\left(a+\frac{k}{n}(b-a)\right)$$

で表わされます (図 48).

一方，微分積分の基本公式から，$F'(x)=f(x)$ となる $F(x)$ がわかれば

$$\int_a^b f(x)dx=F(b)-F(a)$$

となります．この公式によってグラフで囲まれた図形の面積が求められるようになりました．この公式を使うと

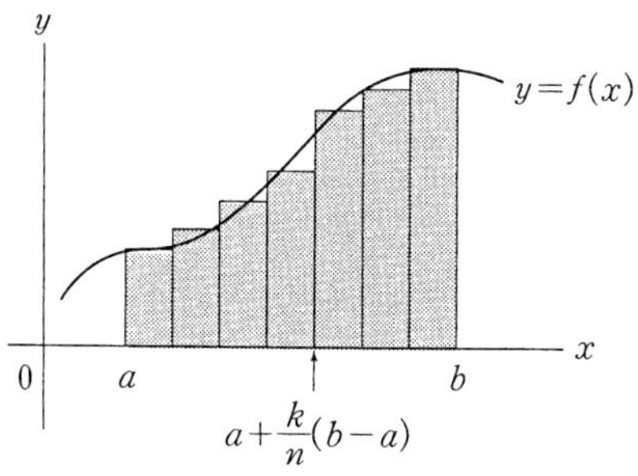

図48

$$\int_0^1 x^n dx=\frac{1}{n+1}, \qquad \int_1^2 \frac{1}{x}dx=\log 2$$

などということがわかりますが，これも改めて面積の公式として見ると，面積というものも不思議なものだと思います．

18世紀は，解析学を中心として数学が大きく発展した時代でしたが，定積分はグラフの面積を示すというとき，それでは面積とは何かという問いかけが生じてくることはありませんでした．図形の面積とは明らかな概念であり，そして関数のグラフは，いつも固有な面積をもっていると考えられてきました．

§2. リーマン積分とジョルダン測度

19世紀初頭にフーリエ級数が登場してきて，数学者の眼の前に，しだいに多様ないろいろな関数が現われてくるようになりました．関数というと，滑らかな曲線で描かれたグラフを想像するような時代は少しずつ変わってきはじめたのです．

たとえば

$$f(x)=\begin{cases} 0, & x\leqq 0 \\ 1, & x>0 \end{cases}$$

は不連続関数ですが，連続関数列

$$f_n(x)=\begin{cases} 0, & x\leqq 0 \\ nx, & 0<x\leqq\dfrac{1}{n} \\ 1, & x>\dfrac{1}{n} \end{cases}$$

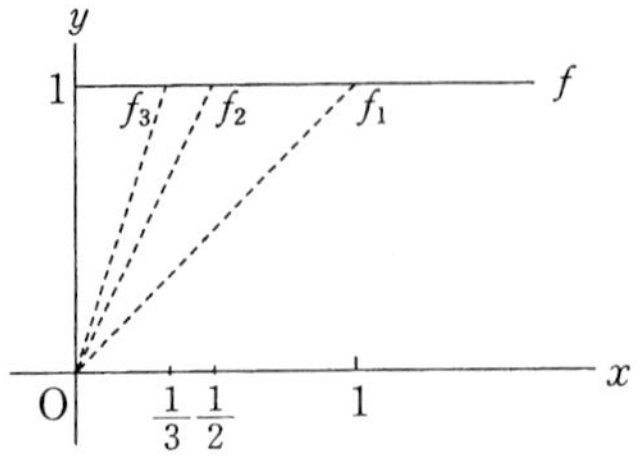

図 49

で近似していくことができます(図 49)：$f(x)=\lim_{n\to\infty} f_n(x)$. 極限をとることで，一般に連続関数は不連続性を示してくるのです.

関数概念の中に，連続関数，不連続関数が包括されるのは明らかでしょうが，不連続関数まで対象とするようになると，グラフとか，グラフの面積などということはどのように考えたらよいかということが問題となってきます．そうするとそれまで直観的な幾何学的なイメージでグラフの面積をいい表わした定積分の定義自体も見直さざるを得なくなってくるでしょう.

たとえばディリクレ[1)]は

$$\lim_{m\to\infty}(\lim_{n\to\infty}(\cos m!\pi x)^{2n})$$

で表わされる関数は，無理数では 0，有理数では 1 の値をとる関数であることを示しました．有理数も無理数も数直線上に至るところ稠密に存在しますから，このグラフなどかくことはできません．このような関数の存在が示されてくるようになってくると，改めて定積分とは何かということがまず問題となってきます.

これに対して 1854 年にリーマン[2)]は，区間 $[a, b]$ で定義された関数 $f(x)$ で，適当な正数 M をとると

$$0 \leqq f(x) \leqq M$$

をみたすものに対して，区間 $[a, b]$ における定積分を

$$\int_a^b f(x)dx$$

を次のように厳密に定義しました.

区間 $[a, b]$ に任意に分点をとって

$$a=x_0<x_1<x_2<\cdots<x_i<x_{i+1}<\cdots<x_n=b$$

1) ディリクレ(1805-1859)はドイツの数学者です.

2) リーマン(1826-1866)はドイツの数学者です.

とします．このとき

$$M_i=\sup_{x_i\leqq x<x_{i+1}} f(x),\quad m_i=\inf_{x_i\leqq x<x_{i+1}} f(x)$$

とおきます．

［**リーマン積分の定義**］　$\mathrm{Max}(x_{i+1}-x_i)\to 0$ のとき

$$\sum_{i=0}^{n-1}(M_i-m_i)(x_{i+1}-x_i)\ \longrightarrow\ 0$$

が成り立つとき，$f(x)$ は $[a, b]$ で積分可能であるといって

$$\int_a^b f(x)dx=\inf\sum_{i=1}^{n-1}M_i(x_{i+1}-x_i)=\sup\sum_{i=1}^{n-1}m_i(x_{i+1}-x_i)$$

と定義します．ここで inf と sup は，区間 $[a, b]$ にいろいろな分点をとったときの下限と上限を表わしています．

連続関数だけではなく，多くの不連続関数もリーマン積分可能な関数となります．それは次の定理が成り立つからです．

定理　可算個の不連続点しかもたない有界な関数は，リーマン積分可能である．

しかし，ディリクレの関数は，定義にしたがってみるとリーマン積分可能でないことはすぐにわかります．ディリクレの関数は，実直線上のすべての点で不連続となっており，したがって連続濃度の不連続点をもっているのです．

このとき，リーマン積分可能な関数 $f(x)$ $(\geqq 0)$ に対して，定積分

$$\int_a^b f(x)dx$$

の値は，何を示しているのかということが新しい問題となってきます．この値は，やはり平面上の図形

$$S=\{(x, y)|\ a\leqq x\leqq b,\ 0\leqq y\leqq f(x)\}$$

の面積を表わしていると考えるのが自然でしょう．

しかしこのとき，関数のグラフとして表わされる図形だけではなく，ここで改めて，一般に平面上の有界な図形に対して‘面積とは何か’という問いかけが生まれてきます．

これに対して1880年代に，ジョルダン[1]ははじめて平面上の有界な図形に対

1）　ジョルダン（1838-1922）はフランスの数学者です．

して，面積が確定する図形と，面積が確定しない図形をはっきりと区別し，面積が確定する図形に対して，その面積を定義しました．

S は座標平面上の図形で，長方形

$$\{(x, y) \mid a \leqq x < b,\ c \leqq y < d\}$$

に含まれているとします．

このとき x 軸上の区間 $[a, b]$ に分点

$$a = x_0 < x_1 < x_2 < \cdots < x_m < b$$

をとり，また y 軸上の区間 $[c, d]$ にも分点

$$c = y_0 < y_1 < y_2 \cdots < y_n < d$$

をとります．この分点のとり方を1つ指定することを $\mathscr{J}$ と表わすことにすると，$\mathscr{J}$ によって平面上の mn 個の長方形

$$J_{ij} = \{(x, y) \mid x_i \leqq x < x_{i+1},\ y_j \leqq y < y_{j+1} \quad (i=1, \cdots, m\,;\ j=1, \cdots, n)\}$$

が得られます．この面積を $|J_{ij}|$ と表わすと

$$|J_{ij}| = (x_{i+1} - x_i)(y_{j+1} - y_j)$$

です．

この長方形の中で，図形 S に完全に含まれているものを

$$J_1', J_2', \cdots, J_s'$$

また S と共通点のあるものを

$$J_1'', J_2'', \cdots, J_t''$$

とし，そこで

$$\underline{S}(\mathscr{J}) = |J_1'| + |J_2'| + \cdots + |J_s'|$$
$$\overline{S}(\mathscr{J}) = |J_1''| + |J_2''| + \cdots + |J_t''|$$

とおきます．直観的には，$\underline{S}(\mathscr{J})$ は，S を内側から蔽ったタイルの総面積であり，$\overline{S}(\mathscr{J})$ は S を外側から蔽ったタイルの総面積を表わしています．明らかに

$$\underline{S}(\mathscr{J}) \leqq \overline{S}(\mathscr{J})$$

です．

［ジョルダンの面積確定の定義］　区間 $[a, b)$, $[c, d)$ の分点のとり方をいろいろにとったとき，それに対応する $\underline{S}(\mathscr{J})$ の上限を $|S|_*$, $\overline{S}(\mathscr{J})$ の下限を $|S|^*$ とかきます．

$$|S|_* = \sup \underline{S}(\mathscr{J}), \qquad |S|^* = \inf \overline{S}(\mathscr{J})$$

このとき

$$|S|_*=|S|^*$$

が成り立つならば，S は面積確定であるといい，S の面積 $|S|$ を

$$|S|=|S|_*=|S|^*$$

と定義します.

$|S|_*$ を S の**ジョルダン内測度**，$|S|^*$ を S の**ジョルダン外測度**といいます．また $|S|$ を**ジョルダン測度**ともいいます.

このとき定積分と面積の関係について次のことがいえます.

区間 $[a, b]$ で定義された有界な関数 $f(x)$ $(0\leqq f(x)\leqq M)$ が，リーマン積分可能となるための必要十分条件は，$y=f(x)$ のグラフ

$$S=\{(x, y) \mid a\leqq x\leqq b,\ 0\leqq y\leqq f(x)\}$$

がジョルダン可測となることです.

これによって，19 世紀までの積分と面積の理論は，融合され，数学の体系の中で完全なものとなったのです.

§3.　ルベーグ測度

カントルの集合論は，無限概念を，有限概念と同じように積極的に数学の構造の中に取り入れることを示唆していました．数学はそれまで，有限の立場にまず立って数や図形を考察し，それを極限移行することにより無限へと近づいていきました．しかしカントルによれば，無限は本質的に数学の構造の中に含まれているのです.

この思想に共鳴した当時のフランスの若手の数学者，エミール・ボレルやルベーグ (Henri Léon Lebesgue, 1875-1941) が，19 世紀末から 20 世紀初頭にかけて数学に新しい波を起こしていくことになりました．そしてそれがルベーグ測度とルベーグ積分の誕生となったのです.

ルベーグ

もし図形の面積を，実際に測って求める量と考えると，ジョルダン測度のように，有限個のタイ

ルで蔽ってまず大体の大きさを測り，次にタイルの大きさをしだいに細かくしていって，誤差を少ないようにし，最後にその極限をとって面積を求めるということになるでしょう．この操作では，タイルを貼り合わせて測られた量を，数直線上の数に移しかえて，数直線上の極限概念を用いて，最終的な値を得ています．このような考えは，微分積分にとっては基本的なものです．

ルベーグはこの考えを捨ててしまったのです．ルベーグは平面上の有界な図形 S に対して，S を‘無限個のタイル’で蔽うことから出発しました．ここには S に，1つ1つタイルを貼って面積を測っていこうとするような日常的な感覚はありません．大体，無限個のタイルをどこから調達し，どうやってそれを貼っていくのでしょう．

しかし，S を蔽うような‘無限個のタイルの集合’が存在する以上，それを数学の理論に取り入れることは，数学という学問にとっては自然なことです．それがカントルの思想でした．しかし無限個のタイルで蔽うことになると，そのタイルの中には，素粒子レベルの大きさのタイルや，さらに想像を超えた極微のタイルを使ってもよいことになります．そしてこのようなタイルで貼った部分に，S との隙間があれば，さらにそこをより小さなタイルで埋めていかなくてはなりません．この操作は果てしなく続きます．このような貼り方は現実的なものではなく，まったく理念的なものです．したがって，S の実際の大きさを具体的に用いたタイルの大きさから推測することなど一般にはできないことでしょう．しかしそのタイルの面積の‘総和’をルベーグ測度というのです．

いまいったことは，数学的な表現では，「S を‘可測な集合’としたとき，可算個の長方形による被覆

$$S\subset\bigcup_{n=1}^{\infty} I_n \quad (I_n \text{ は長方形})$$

をとり，S のルベーグ測度を

$$m(S)=\inf\sum_{n=1}^{\infty}|I_n|$$

と定義する」ということになります．

このルベーグ測度は，次のような‘完全加法性’という新しい性質を獲得しました．それは数学的には，はっきりとした明白な性質なのですが，面積の見方に立つと理解に困るような性質です．

[**完全加法性**]　S が共通点のない可算個の集合，$S_1, S_2, \cdots, S_n, \cdots$ に分解されて

いるとき

$$m(S)=\sum_{i=1}^{\infty}m(S_i)$$

となる．

たとえば，この性質を使うと次のようなことが導かれます．座標平面上で1点の面積はもちろん0です．1辺の長さが1の正方形 $\{(x, y)|\, 0\leqq x\leqq 1,\ 0\leqq y\leqq 1\}$ を考え，この中に含まれている有理点(x 座標，y 座標も有理数の点)全体の集合を S とします．S は隙間のないようにみえるほど稠密に正方形の中に含まれています．しかし S の点だけを蔽うタイルをとろうとしても，このタイルの中には，有理点でない点が必ず含まれています．したがってジョルダンのように面積を測ると $|S|^*=1$，$|S|_*=0$ となって，面積はないのです．

しかし，この S のルベーグ測度は測ることができます．このことは S は可算集合で，$S=\{p_1, p_2, \cdots, p_n, \cdots\}$ と表わされることからわかります：各点 p_n の測度は0です．したがって完全加法性から

$$m(S)=m(\{p_1\})+m(\{p_2\})+\cdots=0$$

となってしまうからです．S のルベーグ測度は0なのです．

こんな集合でも，ルベーグ測度では‘大きさ’が測れてしまいます．しかしこれをはたして，S の面積とよべるか，このような数学の中だけの，それも‘無限’を用いての形式的な考えが，実際役立つものなのかという疑問は当初はあったようです．実際1902年に，ルベーグがこのような考えを明らかにしたとき，当時の数学者から批判を受け，ルベーグ自身もこのような形式的な理論を提起したことに多少懐疑的であったようです．

しかしやがて数学は，これをルベーグ測度として用い，この測度論に基づく積分論を用いて，近代解析学が大きく発展していくことになりました．図形の面積を求めるところから出発した測度論は，抽象数学の理論体系の枠の中に組みこまれることになったのです．

そしてそこにヒルベルト空間論やバナッハ空間論とよばれるものが誕生してきました．とくにヒルベルト空間論は，1920年代後半の量子力学の胎動期に，この新しい物理学に数学的な基礎づけを与えることに貢献しました．なお，ヒルベルト空間の例としては，区間 $[0, 1]$ 上で定義された複素数値をとるルベーグ積分可能な関数 $f(x)$ で

$$\int_0^1 |f(x)|^2 dx < +\infty$$

をみたすもの全体のつくるベクトル空間があります．ここに，‘内積’

$$(f, g) = \int_0^1 f(x)\overline{g(x)}\,dx$$

を導入して，‘無限次元ユークリッド空間’ともいうべき数学の場を構成していくのです．

確率論も，ルベーグ積分の立場に立つことにより，古典的な確率論から完全に脱却し，大きな数学の分野となりました．ここでは広い応用分野に向けて近代解析学が展開しています．確率論の基礎概念となるものは，ルベーグ測度が1の測度空間であり，その可測な部分集合は事象を表わし，その事象の起こる確率は，その部分集合のルベーグ測度によって与えられているのです．

測度とルベーグ積分の導入は，19世紀までの古典解析学の姿を完全に変えてしまったのです．

第2章　測度論の展開

§1.　ボレル集合体と測度

●要　項●

1.　X を集合とします．X の部分集合の族 $\mathcal{K}$ が次の条件をみたすとき，$\mathcal{K}$ を**集合体**といいます．

(K1)　$\mathcal{K}$ は少なくとも1つの部分集合を含む．

(K2)　$A \in \mathcal{K} \implies A^c \in \mathcal{K}$

(K3)　$A, B \in \mathcal{K} \implies A \cup B \in \mathcal{K}$

$\mathcal{K}$ を集合体とすると，$\phi, X \in \mathcal{K}$．また，$A, B \in \mathcal{K}$ とすると，$A \cap B = (A^c \cup B^c)^c$ ですから $A \cap B \in \mathcal{K}$ です．$A - B = A \cap B^c$ ですから $A - B \in \mathcal{K}$ です．

(K1) から $\mathcal{K}$ は少なくとも1つの集合 A を含みます．したがって

$$\phi = A \cap A^c \in \mathcal{K}, \quad X = A \cup A^c \in \mathcal{K}$$

となります．

X の部分集合の族 $\mathcal{B}$ が次の条件をみたすとき，$\mathcal{B}$ を**ボレル集合体**[1] (または **σ-加法族**) といいます．

(B1)　$\mathcal{B}$ は少なくとも1つの部分集合を含む．

(B2)　$A \in \mathcal{B} \implies A^c \in \mathcal{B}$

(B3)　$A_n \in \mathcal{B}\ (n=1, 2, \cdots) \implies \bigcup_{n=1}^{\infty} A_n \in \mathcal{B}$

ボレル集合体は集合体です．このことは (B3) でとくに $A_1 = A_1$, $B = A_2 = A_3 = \cdots$ にとると (K3) が成り立つことからわかります (条件 (B3) は別の条件 (B3′), (B4′) におきかえることができます．⇒ **例題1参照**)．

X の空でない部分集合族 $\mathcal{F}$ が与えられると $\mathcal{F}$ を含む最小の集合体 $\mathcal{K}(\mathcal{F})$,

---

1)　ボレル (1871-1956) はフランスの数学者です．

および $\mathcal{F}$ を含む最小のボレル集合体 $\mathcal{B}(\mathcal{F})$ が存在します(⇒**例題2参照**).

とくに $X=\boldsymbol{R}^n$ のとき

$$(-\infty, a_1)\times(-\infty, a_2)\times\cdots\times(-\infty, a_n) \quad (-\infty<a_i\leqq+\infty)$$

の形をした集合全体を含む最小のボレル集合体を $B_{\boldsymbol{R}^n}$ で表わし，$B_{\boldsymbol{R}^n}$ に属する集合を，$\boldsymbol{R}^n$ の**ボレル集合**といいます．$\boldsymbol{R}^n$ の開集合，閉集合は $\boldsymbol{R}^n$ のボレル集合です(⇒**例題3, 4参照**).

2. これからは，実数に‘記号’$+\infty$, $-\infty$ をつけ加えて考えることにします．$+\infty$, $-\infty$ と実数 a との間の演算は，次の規約をみたすとします．

$$(+\infty)+a=+\infty, \quad (+\infty)+(+\infty)=+\infty$$
$$(-\infty)+a=-\infty, \quad (-\infty)+(-\infty)=-\infty$$
$$(+\infty)\times a=+\infty \quad (a>0)$$
$$(+\infty)\times a=-\infty \quad (a<0)$$
$$(-\infty)\times a=-\infty \quad (a>0)$$
$$(-\infty)\times a=+\infty \quad (a<0)$$
$$(\pm\infty)\times 0=0$$

ただし左辺は演算の順序をとりかえても等しいとします．

$$\lim(+\infty)=+\infty, \qquad \lim(-\infty)=-\infty$$

$(+\infty)-(+\infty)$, $(-\infty)-(-\infty)$ は定義しない．

また実数 a に対し，大小関係は

$$-\infty<a<+\infty$$

ときめます．

3. 集合 X，および X 上の[1] ボレル集合体 $\mathcal{B}$ が与えられたとします．このとき $\mathcal{B}$ 上で定義された(ルベーグ)**測度**とは，次の(M1), (M2)の条件をみたす $\mathcal{B}$ 上の関数 m のことです．

(M1) $A\in\mathcal{B}$ に対し

$$0\leqq m(A)\leqq+\infty$$

ただし $m(\phi)=0$ とする．

(M2) $A_n\in\mathcal{B}$ $(n=1, 2, \cdots)$ を互いに共通点のない集合列とすると

1) X の部分集合からなるボレル集合体をいい表わすのに，このようないい方をします．

$$m(\bigcup_{n=1}^{\infty} A_n)=\sum_{i=1}^{n} m(A_n)$$

(M2) の性質を，測度の**完全加法性**といいます (なおこれについては ⇒ **例題 5 参照**).

集合 X に対し，ボレル集合体 $\mathcal{B}$ とその上の測度 m が与えられたとき，**測度空間**といい，この測度空間を $X(\mathcal{B}, m)$ で表わします.

とくに $m(X)<+\infty$ のとき，$X(\mathcal{B}, m)$ を**有界**な測度空間といいます．またある $E_n \in \mathcal{B}$ $(n=1, 2, \cdots)$ があって，$E_1 \subset E_2 \subset \cdots \subset E_n \subset \cdots$, $m(E_n)<+\infty$ $(m=1, 2, \cdots)$ をみたし，かつ

$$X=\bigcup_{n=1}^{\infty} E_n$$

が成り立つとき，$X(\mathcal{B}, m)$ を**準有界**な測度空間といいます.

4. $X(\mathcal{B}, m)$ を測度空間とし，$A_n \in B$ $(n=1, 2, \cdots)$ とします．このとき次のことが成り立ちます (⇒ **例題 6 参照**).

（i）　$m(\bigcup_{n=1}^{\infty} A_n) \leqq \sum_{n=1}^{\infty} m(A_n)$

（ii）　$A_1 \subset A_2 \subset \cdots \subset A_n \subset \cdots$ のとき

$$m(\bigcup_{n=1}^{\infty} A_n)=\lim_{n\to\infty} m(A_n)$$

（iii）　$A_1 \supset A_2 \supset \cdots \supset A_n \supset \cdots$, $m(A_1)<+\infty$ のとき

$$m(\bigcap_{n=1}^{\infty} A_n)=\lim_{n\to\infty} m(A_n)$$

（iv）　$\overline{\lim}\, A_n=\bigcap_{n=1}^{\infty}\bigcup_{k=n}^{\infty} A_k$ $(=\limsup A_n)$

$\underline{\lim}\, A_n=\bigcup_{n=1}^{\infty}\bigcap_{k=n}^{\infty} A_k$ $(=\liminf A_n)$

とおくと[1],

$$m(\underline{\lim}\, A_n) \leqq \underline{\lim}\, m(A_n)$$

$m(\bigcup_{n=1}^{\infty} A_n)<+\infty$ のときには

$$m(\overline{\lim}\, A_n) \geqq \overline{\lim}\, m(A_n)$$

が成り立つ.

（v）　$A=\lim A_n$ が存在して，$m(\bigcup_{n=1}^{\infty} A_n)<+\infty$ ならば

$$m(\lim A_n)=\lim m(A_n)$$

---

1)　第1部第2章 §1，例題 4 (17 頁) 参照.

例題1　ボレル集合体の条件 (B1), (B2), (B3) は, (B1), (B2) および次の (B3′), (B4′) でおきかえてもよいことを示せ.

(B3′)　$A, B \in \mathcal{B} \to A \cap B \in \mathcal{B}$

(B4′)　$A_n \in \mathcal{B}$ $(n=1, 2, \cdots)$ を互いに共通点のない集合列とすると,

$$\bigcup_{n=1}^{\infty} A_n \in \mathcal{B}$$

解　(B1), (B2), (B3) ⇔ (B1), (B2), (B3′), (B4′) を示すとよい.

⇒：(B4′) は (B3) の帰結のことは自明である. (B3′) を示す. $A, B \in \mathcal{B}$ とする. 集合列 $A^c, B^c, B^c, \cdots$ に (B3) を適用すると $A^c \cup B^c \in \mathcal{B}$ が得られる. したがって (B2) から $A \cap B = (A^c \cup B^c)^c \in \mathcal{B}$, これで (B3′) がいえた.

⇐：$\{A_n\}$ $(n=1, 2, \cdots)$ を $\mathcal{B}$ からとった集合列とする. そのとき

$$B_1 = A_1,\ B_2 = A_2 - A_1 = A_2 \cap A_1{}^c,\ \cdots$$

$$B_n = A_n - (A_1 \cup \cdots \cup A_{n-1}) = A_n \cap A_1{}^c \cap \cdots \cap A_{n-1}{}^c,\ \cdots$$

とおくと, (B2), (B3′) から各 $B_n \in \mathcal{B}$. また $\{B_n\}$ $(n=1, 2, \cdots)$ は互いに共通点のない集合列だから (B4′) により $\bigcup_{n=1}^{\infty} B_n \in \mathcal{B}$. 一方 $\bigcup_{n=1}^{\infty} B_n = \bigcup_{n=1}^{\infty} A_n$；したがって (B3) がいえた.

例題2　集合 X の空でない部分集合族 $\mathcal{F}$ が与えられたとき, $\mathcal{F}$ を含む最小の集合体 $\mathcal{A}(\mathcal{F})$, および $\mathcal{F}$ を含む最小のボレル集合体 $\mathcal{B}(\mathcal{F})$ が存在することを示せ.

解　いずれも同様だから $\mathcal{B}(\mathcal{F})$ の存在を示す. $\mathcal{F}$ を含む部分集合族でボレル集合体となっているもの $\mathcal{C}$ を考える. X の部分集合全体をとると, 明らかにこれは1つの $\mathcal{C}$ となっている. このような $\mathcal{C}$ 全体を考え, X の部分集合族の集まりとして, その共通部分 $\bigcap \mathcal{C}$ をとる. $\mathcal{B}(\mathcal{F}) = \bigcap \mathcal{C}$ を示せばよい. つくり方から $\mathcal{F} \subset \bigcap \mathcal{C}$ は明らかである. $\bigcap \mathcal{C}$ がボレル集合体となっていることをみるのは, (B1) は明らかであり, (B2) は, $A \in \mathcal{C} \Rightarrow A^c \in \mathcal{C}$ (すべての $\mathcal{C}$)($\mathcal{C}$ がボレル集合体だから) $\Rightarrow A^c \in \bigcap \mathcal{C}$ からわかる；(B3) も同様にしてわかる. したがって $\bigcap \mathcal{C}$ は $\mathcal{F}$ を含むボレル集合体であるが, これが最小のことはそのつくり方からわかる.

例題3　$\boldsymbol{R}^1$ の部分集合族

$$\mathcal{F}^1 = \{(-\infty, a) \mid -\infty < a \leqq +\infty\}$$

を考える．

$\mathscr{F}^1$ を含む最小の集合体 $\mathscr{A}(\mathscr{F}^1)$ は

i) $\mathscr{A}(\mathscr{F}^1)=\{\bigcup_{k=1}^n[a_k, b_k) \mid -\infty \leqq a_1 < b_1 \leqq \cdots \leqq a_n < b_n \leqq +\infty\}$
(ただし $[-\infty, b)$ は $(-\infty, b)$ でおきかえると約束する) で与えられることを示せ．

ii) $\boldsymbol{R}^1$ の開集合族を $\mathscr{O}^1$ とすると，$\mathscr{F}^1$ を含む最小のボレル集合体 $\mathscr{B}(\mathscr{F}^1)$ は

$$\mathscr{B}(\mathscr{F}^1)=\mathscr{B}(\mathscr{O}^1)$$

であることを示せ．

解　i) 半開区間の有限個の和である $\bigcup_{k=1}^n[a_k, b_k)$ の形の集合全体が，集合体をつくっていることはすぐに確かめられる．また $\mathscr{F}^1$ を含むことも明らかである．一方 $\mathscr{F}^1$ を含む集合体 $\tilde{\mathscr{A}}$ に対しては，$(-\infty, a)\in\tilde{\mathscr{A}} \Rightarrow (-\infty, a)^c =[a, +\infty)\in\tilde{\mathscr{A}}$. したがって，$[a, b)=[a, +\infty)\cap(-\infty, b)\in\tilde{\mathscr{A}}$. これから $\tilde{\mathscr{A}}$ は半開区間の有限個の和も含むことがわかる．したがって i) の右辺にかいた集合族が，$\mathscr{F}^1$ を含む最小の集合体であることがいえて $\mathscr{A}(\mathscr{F}^1)$ と一致することが示された．

ii) $(-\infty, a)\in\mathscr{O}^1$ だから $\mathscr{F}^1\subset\mathscr{O}^1$. したがって $\mathscr{B}(\mathscr{F}^1)\subset\mathscr{B}(\mathscr{O}^1)$ が成り立つ．

一方 $(a, b)=\bigcup_{n=1}^\infty[a+1/n, b)$ から，開区間 (a, b) は $\mathscr{B}(\mathscr{F}^1)$ に属することがわかる．$\boldsymbol{R}^1$ の開集合 O は高々可算個の開区間の和集合として表わすことができるから[1]，$O\in\mathscr{B}(\mathscr{F}^1)$，したがって $\mathscr{O}^1\subset\mathscr{B}(\mathscr{F}^1)$，ゆえに $\mathscr{B}(\mathscr{O}^1)$ の最小性から $\mathscr{B}(\mathscr{O}^1)\subset\mathscr{B}(\mathscr{F}^1)$ も成り立つ．前のこととあわせて $\mathscr{B}(\mathscr{F}^1)=\mathscr{B}(\mathscr{O}^1)$ がいえた．

例題 4　$\boldsymbol{R}^n$ のボレル集合体 $\mathscr{B}_{R^n}$ について $\boldsymbol{R}^n$ の開集合族を $\mathscr{O}^n$ とするとき

$$\mathscr{B}_{R^n}=\mathscr{B}(\mathscr{O}^n)$$

となることを示せ．

解　$\mathscr{B}_{R^n}$ は $(-\infty, a_1)\times\cdots\times(-\infty, a_n)$ なる形の集合を含むから，とくに

1)　$(r-1/n, r+1/n)$ (r：有理数；$n=1, 2, \cdots$) なる形の開区間は可算個である．この形の開区間で O に含まれるもの全体をとると，O はその和集合として表わされる．

$(-\infty, a)\times\overbrace{\boldsymbol{R}\times\cdots\times\boldsymbol{R}}^{n-1}$ なる形の集合をすべて含む．例題3と同様にして，このことから $(a, b)\times\overbrace{\boldsymbol{R}\times\cdots\times\boldsymbol{R}}^{n-1}$ の形の集合はすべて $\mathcal{B}_{R^n}$ に属することがわかる．各座標軸についても同様のことがいえて，共通部分をとると

$$(a_1, b_1)\times\cdots\times(a_n, b_n)\in\mathcal{B}_{R^n}$$

が成り立つことがわかる．$\boldsymbol{R}^n$ のどんな開集合も，このような開区間の直積の高々可算個の和として必ず表わされるから，$\mathcal{O}^n\subset\mathcal{B}_{R^n}$，したがってまた $\mathcal{B}(\mathcal{O}^n)\subset\mathcal{B}_{R^n}$ が成り立つ．

一方 $(-\infty, a_1)\times\cdots\times(-\infty, a_n)\in\mathcal{O}^n$ から $\mathcal{B}_{R^n}\subset\mathcal{B}(\mathcal{O}^n)$ は明らかであり，したがって $\mathcal{B}_{R^n}=\mathcal{B}(\mathcal{O}^n)$ が示された．

例題5　$X(\mathcal{B}, m)$ を測度空間とする．そのとき次のことを示せ．

i）　$A_1, A_2, \cdots, A_n\ (A_i\in\mathcal{B})$ が互いに共通点をもたなければ，

$$m(\cup_{i=1}^n A_i)=\sum_{i=1}^n m(A_i)\quad(\text{有限加法性})$$

ii）[1]　$A\subset B \Longrightarrow m(A)\leqq m(B)$

iii）　$m(A\cup B)+m(A\cap B)=m(A)+m(B)$

解　i）　集合列 $A_1, A_2, \cdots, A_n, \phi, \phi, \cdots$ に対し，$m(\phi)=0$ に注意して(M2)を適用するとよい．

ii）　B と $A-B$ に i）を適用して

$$m(A)=m(B\cup(A-B))=m(B)+m(A-B)\leqq m(B)$$

iii）　$A-A\cap B, B-A\cap B, A\cap B$ に i）を適用して

$$m(A\cup B)=m(A-A\cap B)+m(B-A\cap B)+m(A\cap B)$$
$$m(A)=m(A-A\cap B)+m(A\cap B)$$
$$m(B)=m(B-A\cap B)+m(A\cap B)$$

第1式から，第2，3式を辺々引くとiii）の等式が得られる．

例題6　要項4にある(i)，(ii)，(iii)，(iv)，(v)を示せ．

解　(i)　$B_1=A_1,\ B_2=A_2-A_1, \cdots,\ B_n=A_n-(A_1\cup\cdots\cup A_{n-1})^c, \cdots$ とおくと，$B_n\ (n=1, 2, \cdots)$ は共通点のない集合列で $B_n\in\mathcal{B}$ である．(M2)と例題5，ii）を適用して

1)　ここに現われる集合は，とくに断わらぬ限り $\mathcal{B}$ に属するとする．

$$m(\bigcup_{n=1}^{\infty} A_n)=m(\bigcup_{n=1}^{\infty} B_n)$$
$$=\sum_{n=1}^{\infty} m(B_n)\leqq \sum_{n=1}^{\infty} m(A_n)$$

（ii）$A_1\subset A_2\subset\cdots\subset A_n\subset\cdots$ とする．ある n で $m(A_n)=+\infty$ ならば，証明すべき式の両辺は $+\infty$ となりこの場合は成立する．したがって $m(A_n)<+\infty$ $(n=1,2,\cdots)$ の場合を考える．

$$\bigcup_{n=1}^{\infty} A_n=A_1+\bigcup_{n=1}^{\infty}(A_{n+1}-A_n)$$

において，右辺は共通点のない和である．したがって

$$m(\bigcup_{n=1}^{\infty} A_n)=m(A_1)+\sum_{i=1}^{n} m(A_{n+1}-A_n)$$
$$=\lim_{k\to\infty} m(A_1)+\left\{\sum_{n=1}^{k} m(A_{n+1})-m(A_n)\right\}$$
$$=\lim_{k\to\infty} m(A_{k+1})$$

（iii）$B_n=A_1-A_n$ とおいて（ii）を適用するとよい．

（iv）$B_1=\bigcap_{k=1}^{\infty} A_k,\cdots,\ B_n=\bigcap_{k=n}^{\infty} A_k,\cdots$ とおくと

$$B_1\subset B_2\subset\cdots\subset B_n\subset\cdots\to \underline{\lim}\, A_n$$
$$B_n\subset A_n \quad (n=1,2,\cdots)$$

が成り立つ．（ii）を適用して

$$\lim m(B_n)=m(\underline{\lim}\, A_n)$$

一方 $B_n\subset A_n$ から $m(B_n)\leqq m(A_n)$．したがって $\lim m(B_n)=\underline{\lim}\, m(B_n)\leqq \underline{\lim}\, m(A_n)$；すなわち $m(\underline{\lim}\, A_n)\leqq \underline{\lim}\, m(A_n)$ がいえた．

上極限についても（iii）を適用して同様に証明される．

（v）$A=\lim A_n$ が存在することは，$A=\underline{\lim}\, A_n=\overline{\lim}\, A_n$ が成り立つことと同値だから，$m(\bigcup A_n)<+\infty$ の仮定の下で（iv）から

$$m(A)\leqq \underline{\lim}\, m(A_n)\leqq \overline{\lim}\, m(A_n)\leqq m(A)$$

が得られ，したがってここですべて等号が成り立って

$$m(A)=\lim m(A_n)$$

§2. 可測関数

● 要　項 ●

1. 集合 X，および X 上のボレル集合体 $\mathcal{B}$ が与えられているとします．X 上の実数値関数 $f(x)$ が，$\mathcal{B}$-可測な関数であることを次のように定義します．

$\mathcal{B}$-可測な関数：すべての実数 a に対して，X の部分集合

$$f^{-1}((-\infty, a))=\{x \mid f(x)<a\} \qquad (*)$$

が $\mathcal{B}$ に属している．

f が $\pm\infty$ の値もとるときには，さらに $f^{-1}(-\infty)\in\mathcal{B}$, $f^{-1}(+\infty)\in\mathcal{B}$ という条件もみたすものを $\mathcal{B}$-**可測**な関数といいます (図 50)．

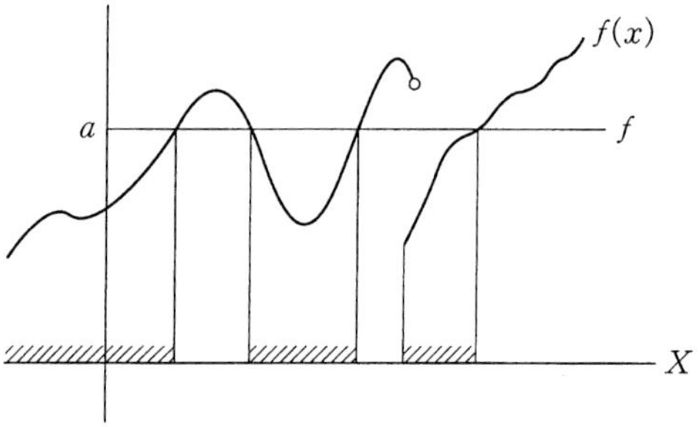

////// が部分集合 $(*)$ を表わしている．f が $\mathcal{B}$ 可測のときこの部分集合が $\mathcal{B}$ に属している．

図 50

f を X 上の $\mathcal{B}$-可測な関数とし，B を $\boldsymbol{R}^1$ のボレル集合とします．このとき

$$f^{-1}(B)\in\mathcal{B}$$

が成り立ちます (⇒ **例題 1 参照**)．

f, g を X 上の $\mathcal{B}$-可測な関数，a, b を実数とすると，X 上の関数

$$af(x)+bg(x), \quad f(x)g(x),$$
$$|f(x)|, \quad \mathrm{Max}(f(x), g(x)), \quad \mathrm{Min}(f(x), g(x))$$

などは，またすべて X 上の $\mathcal{B}$-可測な関数となります (⇒ **例題 3 参照**)．

X 上の $\mathcal{B}$-可測な関数からなる関数列に対して

$$\sup_n f_n(x),\quad \inf_n f_n(x)$$
$$\overline{\lim}\, f_n(x),\quad \underline{\lim}\, f_n(x)$$

などは，またすべて X 上の $\mathcal{B}$-可測な関数となります (⇒ **例題 4 参照**).

2. 集合 X，および X 上のボレル集合体 $\mathcal{B}$ が与えられたとします．X のある有限個の部分集合 $A_i \in \mathcal{B}$ $(i=1, 2, \cdots, s)$ による X の分割

$$X = A_1 \cup A_2 \cup \cdots \cup A_s \quad (A_i \cap A_j = \phi\ (i \neq j))$$

をとると，X 上の実数値関数 $\varphi(x)$ が

$$\varphi(x) = \sum_{i=1}^{s} \alpha_i c(x; A_i)$$

と表わされるとき，$\varphi(x)$ を**単関数**（または**階段関数**）といいます．ここで α_i $(i=1, 2, \cdots, s)$ は実数で，また $c(x; A_i)$ は

$$c(x; A_i) = \begin{cases} 1, & x \in A_i \\ 0, & x \notin A_i \end{cases}$$

で定義される関数です (図 51).

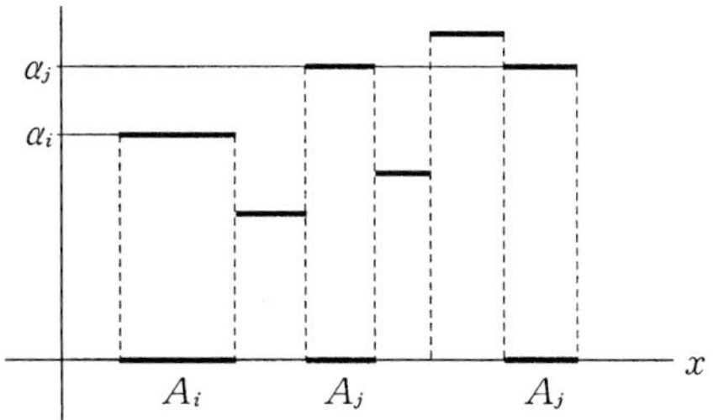

単関数 $\varphi(x) = \sum \alpha_i c(x; A_i)$ のグラフ

図 51

単関数は $\mathcal{B}$-可測な関数です．

φ, ψ を単関数とし，a, b を実数とすると

$$a\varphi(x) + b\psi(x),\quad \varphi(x)\psi(x),\quad |\varphi(x)|,$$
$$\mathrm{Max}(\varphi(x), \psi(x)),\quad \mathrm{Min}(\varphi(x), \psi(x))$$

はすべて単関数となります (⇒ **例題 5 参照**).

どんな $\mathcal{B}$-可測な関数 $f(x) \geqq 0$ に対しても，適当な単関数の増加列

$$0 \leqq \varphi_1(x) \leqq \varphi_2(x) \leqq \cdots \leqq \varphi_n(x) \leqq \cdots$$

をとると

$$f(x)=\lim_{n\to\infty}\varphi_n(x)$$

となります(⇒ **例題 6 参照**).

例題1 f を X 上の $\mathcal{B}$-可測な関数とし, B を $\boldsymbol{R}^1$ のボレル集合とする. そのとき $f^{-1}(B)\in\mathcal{B}$ が成り立つことを示せ.

解 $\boldsymbol{R}^1$ の部分集合 S で $f^{-1}(S)\in\mathcal{B}$ をみたすもの全体を $\mathcal{C}$ とおく.

$$\mathcal{C}=\{S\,|\,f^{-1}(S)\in\mathcal{B}\}$$

f は $\mathcal{B}$-可測だから $(-\infty, a)\in\mathcal{C}\,(-\infty<a\leqq+\infty)$ がまず成り立つ. 次に $S\in\mathcal{C}$ とすると $f^{-1}(S^c)=(f^{-1}(S))^c\in\mathcal{B}$. したがって $S\in\mathcal{C}\Rightarrow S^c\in\mathcal{C}$; $S_n\in\mathcal{C}$ $(n=1,2,\cdots)$ とすると $f^{-1}(\bigcup_{n=1}^{\infty}S_n)=\bigcup_{n=1}^{\infty}f^{-1}(S_n)\in\mathcal{B}$ が成り立つ ($\mathcal{B}$ がボレル集合体だから). したがって $S_n\in\mathcal{C}$ $(n=1,2,\cdots)\Rightarrow\bigcup_{n=1}^{\infty}S_n\in\mathcal{C}$. このことは $\mathcal{C}$ が $(-\infty, a)$ なる集合を含むボレル集合体となることを示している. $\mathcal{B}_{R^1}$ は $(-\infty, a)$ なる集合を含む最小のボレル集合体だったから $\mathcal{C}\supset\mathcal{B}_{R^1}$. このことは, B が $\boldsymbol{R}^1$ のボレル集合ならば, $f^{-1}(B)\in\mathcal{B}$ を示している.

例題2 $f_1,\cdots,f_k$ を X 上の $\mathcal{B}$-可測な関数とし, O を $\boldsymbol{R}^k$ の開集合とする. そのとき集合

$$\{x\,|\,(f_1(x), f_2(x),\cdots,f_k(x))\in O\}$$

は $\mathcal{B}$ に属することを示せ.

解 とくに O が開立方体 : $\{(x_1,\cdots,x_k)\,|\,a_i<x_i<b_i\ (i=1,2,\cdots,k)\}$ の形のときには

$$\begin{aligned}&\{x\,|\,(f_1(x),\cdots,f_k(x))\in O\}\\&=\{x\,|\,a_i<f_i(x)<b_i\quad(i=1,2,\cdots,k)\}\\&=\bigcap_{i=1}^{k}f_i^{-1}((a_i, b_i))\end{aligned}\tag{1}$$

となり, f_i が $\mathcal{B}$-可測のことに注意すれば, この集合が $\mathcal{B}$ に属していることがわかる. 次に一般の開集合 O は高々可算個の開立方体の和として表わされることを用いると,

$$\{x\,|\,(f_1(x),\cdots,f_k(x))\in O\}$$

なる集合は, 一般には (1) の形の集合の高々可算個の和として表わされることがわかり, それはまた $\mathcal{B}$ に属する.

例題 3 $f(x), g(x)$ を X 上の $\mathcal{B}$-可測な関数とすると $af(x)+bg(x)$ (a, b：実数)，$f(x)g(x)$，$|f(x)|$ または $\mathcal{B}$-可測な関数となることを示せ．

解 いずれも同様だから $f(x)g(x)$ が $\mathcal{B}$-可測な関数となることを示す．$\boldsymbol{R}^2$ の点 (x, y) に実数 xy を対応させる対応は明らかに連続だから，任意の実数 a に対して

$$O=\{(x, y)|\ xy<a\}$$

とおくと O は $\boldsymbol{R}^2$ の開集合である．したがって例題2を用いると

$$\begin{aligned}&\{x|\ f(x)g(x)<a\}\\&=\{x|\ (f(x), g(x))\in O\}\end{aligned}$$

が $\mathcal{B}$ に属することがわかる．このことは $f(x)g(x)$ が $\mathcal{B}$-可測な関数となることを示している．

例題 4 $\{f_n(x)\}$ $(n=1, 2, \cdots)$ を X 上で $\mathcal{B}$-可測な関数列とすると

$$\sup_n f_n(x),\ \inf_n f_n(x),\ \overline{\lim}\, f_n(x),\ \underline{\lim}\, f_n(x)$$

は，また X 上の $\mathcal{B}$-可測な関数となることを示せ．

解 いずれも同様だから $\sup_n f_n(x)$ が $\mathcal{B}$-可測関数となることを示す．任意の実数 a に対して

$$\{x|\ \sup_n f_n(x)>a\}=\bigcup_{n=1}^{\infty}\{x|\ f_n(x)>a\}$$

が成り立つが，この右辺は $f_n(x)$ が $\mathcal{B}$-可測のことにより $\mathcal{B}$ に属する；したがって $\sup_n f_n(x)$ が $\mathcal{B}$-可測なことがいえた．

例題 5 φ, ψ を単関数，a, b を実数とすると

$$\begin{aligned}&a\varphi(x)+b\psi(x),\quad \varphi(x)\psi(x),\quad |\varphi(x)|,\\&\mathrm{Max}(\varphi(x), \psi(x)),\quad \mathrm{Min}(\varphi(x), \psi(x))\end{aligned}$$

はすべて単関数となることを示せ．

解 $\varphi(x)=\sum_{i=1}^{s}\alpha_i c(x;A_i)$，$\psi(x)=\sum_{j=1}^{t}\beta_j c(x;A_j)$ とする．このとき

$$C_{ij}=A_i\cap B_j$$

とおくと，$C_{ij}\in\mathcal{B}$ で $X=\bigcup_{ij} C_{ij}$ と分割される．

そして C_{ij} の上では φ, ψ は $\varphi(x)=\alpha_i$，$\psi(x)=\beta_j$ と定数になる．したがってたとえば

$$\mathrm{Max}(\varphi(x), \psi(x)) = \sum_{i,j} \mathrm{Max}(\alpha_i, \beta_j) c(x; C_{ij})$$

と表わされ単関数となる．ほかも同様．

例題 6 どんな $\mathcal{B}$-可測な関数 $f(x) \geqq 0$ に対しても，適当な増加単関数列をとって $0 \leqq \varphi_1(x) \leqq \varphi_2(x) \leqq \cdots \leqq \varphi_n(x) \leqq \cdots$ とすると

$$f(x) = \lim_{n \to \infty} \varphi_n(x)$$

と表わされることを示せ．

解 まず $f(x)$ が有限の値をとるとき，すなわち

$$0 \leqq f(x) < \infty$$

のときを考える．

$\boldsymbol{R}$ の半開区間 $[0, N)$ を長さ $1/N$ の区間に分割し

$$[0, N) = \left[0, \frac{1}{N}\right) \cup \left[\frac{1}{N}, \frac{2}{N}\right) \cup \cdots \cup \left[\frac{k}{N}, \frac{k+1}{N}\right) \cup \cdots \cup \left[\frac{N-1}{N} N, N\right)$$

とし，

$$A_{N,k} = \left\{x \middle| \frac{k}{N} \leqq f(x) < \frac{k+1}{N}\right\} \quad (k = 1, \cdots, (N-1)N)$$

とすると，$A_{N,k} \in \mathcal{B}$．

また

$$A_N = \{x \mid f(x) \geqq N\}$$

とする．$A_N \in \mathcal{B}$ である．

$$X = \bigcup_k A_{N,k} \cup A_N$$

と分割される．そこで

$$\varphi_N(x) = \begin{cases} \dfrac{k}{N}, & x \in A_{N,k} \\ N, & x \in A_N \end{cases}$$

とおくと，$\varphi_N(x)$ は単関数で

$$0 \leqq \varphi_1(x) \leqq \varphi_2(x) \leqq \cdots \leqq \varphi_N(x) \leqq \cdots \longrightarrow f(x)$$

となっている．

次に $0 \leqq f(x) \leqq \infty$ のときを考える．

$$X_\infty = \{x \mid f(x) = \infty\}, \quad X' = \{x \mid 0 \leqq f(x) < \infty\}$$

とおく．そこでまず

$$\psi_N(x)=N, \quad x\in X_\infty$$

とおく．X' 上では $0\leqq f(x)<\infty$ だから，X' 上では $f(x)$ に近づく増加単関数列 $0\leqq\varphi_1'\leqq\varphi_2'\leqq\cdots$ が存在する．

$$\varphi_N(x)=\begin{cases}\varphi_N'(x), & x\in X' \\ N, & x\in X_\infty\end{cases}$$

とおくと，φ_N は X 上の単関数となる．このとき X 上の単関数 $\tilde{\varphi}_N$ を

$$\tilde{\varphi}_N(x)=\varphi_N(x)+\psi_N(x)$$

とおくと，$0\leqq\tilde{\varphi}_1\leqq\cdots\leqq\tilde{\varphi}_N\leqq\cdots\to f(x)$ となる．

§3. 可測関数の積分

● 要 項 ●

1. 測度空間 $X(\mathcal{B}, m)$ 上で考えます．このとき $\mathcal{B}$-可測な関数を単に**可測**な関数といいます．可測関数の中には $\pm\infty$ の値をとるものも含まれていますが，この場合には

$$m\{x \mid f(x)=\pm\infty\}=0$$

が成り立っているものとします．

2つの可測関数 f, g が

$$m\{x \mid f(x)\neq g(x)\}=0$$

をみたすとき，f と g は**ほとんど至るところ等しい**といい，

$$f=g \quad \text{a. e.}$$

と表わします（ここで a. e. は almost everywhere の略です）．$f=g$ a. e. は，可測関数の間に同値関係を与えています．

単関数

$$\varphi(x)=\sum_{i=1}^{s}\alpha_i c(x;A_i)$$

および $E\in\mathcal{B}$ が与えられたとき，$\varphi(x)$ の E 上の積分を

$$\int_E \varphi(x)m(dx)=\sum_{i=1}^{s}\alpha_i m(A_i\cap E)$$

によって定義します．

この定義は，$\varphi(x)$ を単関数として表わす $X=A_1\cup\cdots\cup A_s$ のとり方によりません．このことは測度の（有限）加法性からわかります．

$\varphi(x)\geqq 0$, $\psi(x)\geqq 0$ を単関数とし，$\varphi(x)\geqq\psi(x)$ とすると

$$\int_E \varphi(x)m(dx)\geqq\int_E \psi(x)m(dx)$$

が成り立ちます．また $\varphi(x)\geqq 0$, $\psi(x)\geqq 0$ を単関数，a, b を実数とすると

$$\int_E (a\varphi(x)+b\psi(x))m(dx)=a\int_E \varphi(x)m(dx)+b\int_E \psi(x)m(dx)$$

また $E\cap F=\phi$ ならば

$$\int_{E\cup F}\varphi(x)m(dx)=\int_E\varphi(x)m(dx)+\int_F\varphi(x)m(dx)$$

が成り立ちます．

2.　$f(x)\geqq 0$ を測度空間 $X(\mathcal{B}, m)$ 上の可測関数とします．$E\in\mathcal{B}$ に対し，$f(x)$ の E 上での積分を

$$\int_E f(x)m(dx)=\sup\int_E\varphi(x)m(dx)$$

で定義します．ここで右辺の sup は，$0\leqq\varphi(x)\leqq f(x)$ をみたすすべての単関数 $\varphi(x)$ に関して得られたものです．

一般の可測関数 $f(x)$ に対しては

$$f(x)=f^+(x)-f^-(x)$$

とおき $(f^+=\mathrm{Max}(f,0),\ f^-=\mathrm{Max}(-f,0))$,

$$\int_E f^+(x)m(dx),\quad \int_E f^-(x)m(dx)$$

のいずれか少なくとも一方が $<+\infty$ のとき，$f(x)$ は E 上で**積分確定**であるといいます．そしてこのとき

$$\int_E f(x)m(dx)=\int_E f^+(x)m(dx)-\int_E f^-(x)m(dx)$$

と表わします．とくに

$$\int_E f^+(x)m(dx)<+\infty,\qquad \int_E f^-(x)m(dx)<+\infty$$

のとき，f は E 上で**可積分**であるといいます．f と g が可積分で $f=g$　a. e. ならば

$$\int_E f(x)m(dx)=\int_E g(x)m(dx)$$

が成り立ちます．

3.

定理 1[1]　$X(\mathcal{B}, m)$ を有界な測度空間とし，$f(x)$, $\{f_n(x)\}$ $(n=1,2,\cdots)$ を X 上の可測関数であって

---

1)　これを**エゴロフの定理**といいます．エゴロフ (1869-1931) はロシアの数学者です．

$$f(x)=\lim_{n\to\infty} f_n(x)$$

が成り立っているとする．そのとき任意の正数 ε に対して次の (i), (ii) をみたす可測集合 H が存在する．

(i)　$$m(H)<\varepsilon$$

(ii)　H^c 上では $f_n(x)$ は，$n\to\infty$ のとき，一様に $f(x)$ に収束する (⇒ **例題 1 参照**).

定理 2　$f(x)\geqq 0$ を測度空間 $X(\mathcal{B}, m)$ 上の可測関数とし，

$$0\leqq \varphi_1(x)\leqq \varphi_2(x)\leqq \cdots \leqq \varphi_n(x)\leqq \cdots$$

を単関数の増加列で

$$f(x)=\lim_{n\to\infty} \varphi_n(x)$$

が成り立っているとする．そのとき任意の $E\in\mathcal{B}$ に対し

$$\int_E f(x)m(dx)=\lim_{n\to\infty}\int_E \varphi_n(x)m(dx)$$

が成り立つ (⇒ **例題 2 参照**).

4.

定理 3　$f(x)\geqq 0$, $g(x)\geqq 0$, $f_n(x)\geqq 0$, $g_n(x)\geqq 0$ $(n=1,2,\cdots)$ を可測関数とする．そのとき

(i)　$a, b\geqq 0$ に対し

$$\int_E (af(x)+bg(x))m(dx)=a\int_E f(x)m(dx)+b\int_E g(x)m(dx)$$

(ii)　$g(x)=\sum_{n=1}^{\infty} g_n(x)$ ならば

$$\int_E g(x)m(dx)=\sum_{n=1}^{\infty}\int_E g_n(x)m(dx)$$

(iii)　$A_n\in\mathcal{B}$ $(n=1,2,\cdots)$ を共通点のない集合列とし $A=\bigcup_{n=1}^{\infty} A_n$ とおくと

$$\int_A f(x)m(dx)=\sum_{n=1}^{\infty}\int_{A_n} f(x)m(dx)$$

(iv)　$0\leqq f_1(x)\leqq f_2(x)\leqq\cdots\leqq f_n(x)\leqq\cdots$ であって

$$f(x)=\lim_{n\to\infty} f_n(x)$$

とすると

$$\int_E f(x)m(dx)=\lim_{n\to\infty}\int_E f_n(x)m(dx)$$

（v）
$$\int_E \underline{\lim}\, f_n(x)m(dx)\leqq \underline{\lim}\int_E f_n(x)m(dx)$$

(⇒ **例題 3 参照**).

定理 4　$f(x)$, $g(x)$ を可積分関数とする．そのとき

（i）　$E\cap F=\phi$ ならば

$$\int_{E\cup F} f(x)m(dx)=\int_E f(x)m(dx)+\int_F f(x)m(dx)$$

（ii）　実数 a, b に対し

$$\int_E (af(x)+bg(x))m(dx)=a\int_E f(x)m(dx)+b\int_E g(x)m(dx)$$

定理 5[1]　$f(x), f_n(x)$ $(n=1, 2, \cdots)$ を可測関数，$F(x)\geqq 0$ を可積分関数とし

$$|f_n(x)|\leqq F(x)\quad (n=1, 2, \cdots)$$

$$f(x)=\lim_{n\to\infty} f_n(x)$$

が成り立っているとする．そのとき

$$\int_E f(x)m(dx)=\lim_{n\to\infty}\int_E f_n(x)m(dx)$$

(⇒ **例題 4 参照**).

例題 1　要項 3 にある定理 1 を証明せよ．

解　r を自然数とし，$n=1, 2, \cdots$ に対して

$$A_n\left(\frac{1}{2^r}\right)=\bigcap_{k=n}^{\infty}\left\{x\,\middle|\,|f_k(x)-f(x)|<\frac{1}{2^r}\right\}$$

とおく．$\lim f_k(x)=f(x)$ だから

$$A_1\left(\frac{1}{2^r}\right)\subset A_2\left(\frac{1}{2^r}\right)\subset\cdots\subset A_n\left(\frac{1}{2^r}\right)\subset\cdots\ \longrightarrow\ X$$

が成り立つ．これから測度の性質（ii）(§ 3，要項 4，定理 4) により

$$m(X)=\lim_{n\to\infty} m\left(A_n\left(\frac{1}{2^r}\right)\right)$$

1)　これを**ルベーグの収束定理**といいます．

したがって $m(X)<+\infty$ だから，ある自然数 n_r をとると

$$m\left(A_{n_r}\left(\frac{1}{2^r}\right)\right)>m(X)-\frac{1}{2^r}$$

が成り立つ．ε を与えられた正数とし，$\varepsilon<1/2^l$ となる自然数 l をとって

$$H=\bigcup_{r=l+1}^{\infty}A_{n_r}\left(\frac{1}{2^r}\right)^c$$

とおく．H は求める集合となる．以下その証明．$f_k(x)\ (k=1,2,\cdots)$，$f(x)$ が $\mathcal{B}$-可測のことから $H\in\mathcal{B}$ は明らかである．

$$\begin{aligned} m(H) &\leqq \sum_{r=l+1}^{\infty} m\left(A_{n_r}\left(\frac{1}{2^r}\right)^c\right) \\ &\leqq \sum_{r=l+1}^{\infty}\left\{m(X)-m\left(A_{n_r}\left(\frac{1}{2^r}\right)\right)\right\} \\ &\leqq \sum_{r=l+1}^{\infty}\frac{1}{2^r}=\frac{1}{2^\varepsilon}<\varepsilon \end{aligned}$$

(2番目の不等式へ移る所でも $m(X)<+\infty$ を用いた)．

また $H^c=\bigcap_{r=l+1}^{\infty}A_{n_r}(1/2^r)$ に注意すると $x\in H^c\Rightarrow x\in A_{n_r}(1/2^r)\ (r\geqq l+1)$

いま任意の正数 δ に対して $\delta>1/2^r$ なる r をとる．そのとき $A_{n_r}(1/2^r)$ の定義から $k\geqq n_r$, $x\in H^c$ ならばつねに

$$|f_k(x)-f(x)|<\frac{1}{2^r}<\delta$$

が成り立つことがわかる．このことは，H^c 上で $f_k(x)$ は $f(x)$ に一様に収束していることを示している．これで定理1は証明された．

例題2　要項3にある定理2を証明せよ．

解　$f(x)\geqq 0$ の積分の定義から

$$\int_E f(x)m(dx)\geqq\int_E \varphi_n(x)m(dx)$$

したがってまた

$$\int_E f(x)m(dx)\geqq\lim_{n\to\infty}\int_E \varphi_n(x)m(dx)$$

が成り立つ．ゆえに定理を示すには逆向きの不等号が成り立つことを示せばよい．それには $0\leqq\psi(x)\leqq f(x)$ なる任意の単関数 $\psi(x)$ を1つとったとき

$$\int_E \psi(x)m(dx)\leqq\lim_{n\to\infty}\int_E \varphi_n(x)m(dx) \tag{1}$$

がつねに成り立つことを示せばよい．実際これがいえれば左辺の ψ $(0\leqq\psi\leqq f)$ に関する上限をとって

$$\int_E f(x)m(dx)\leqq\lim\int_E\varphi_n(x)m(dx)$$

がいえるからである．そこで $\{x|\ \psi(x)>0\}=A_1\cup\cdots\cup A_s$（共通点のない和）として

$$\psi(x)=\sum_{i=1}^{s}\alpha_i c(x;A_i)\quad(\alpha_i>0)$$

とおき，2つの場合にわけて(1)を示す．

（i）$\int_E\psi(x)m(dx)<+\infty$ の場合

このときは $E^*=E\cap(A_1\cup\cdots\cup A_s)$ とおくと単関数の積分の定義から $m(E^*)<+\infty$ が得られ，E^* に対して定理1を適用することができる．したがって任意の $\varepsilon>0$ に対してある $H\subset E^*$ $(H\in\mathcal{B})$ があって，$m(H)<\varepsilon$，かつ E^*-H 上では $\varphi_n(x)$ は $f(x)$ に一様に収束する．ゆえに任意の $\delta>0$ に対し，ある番号 n_0 をとると，$n\geqq n_0$ のとき，E^*-H 上で

$$\varphi_n(x)\geqq f(x)-\delta\geqq\psi(x)-\delta$$

となる．したがって

$$\begin{aligned}\lim\int_E\varphi_n(x)m(dx)&\geqq\int_E\varphi_n(x)m(dx)\\&\geqq\int_{E^*-H}\varphi_n(x)m(dx)\geqq\int_{E^*-H}\psi(x)m(dx)-\delta m(E^*-H)\end{aligned}$$

一方

$$\begin{aligned}\int_E\psi(x)m(dx)&=\int_{E^*}\psi(x)m(dx)\\&\leqq\int_{E^*-H}\psi(x)m(dx)+Km(H)\end{aligned}$$

ただし $K=\mathrm{Max}(\alpha_1,\cdots,\alpha_s)$．$m(H)<\varepsilon$ に注意して，これを前の式の最後に代入すると

$$\lim\int_E\varphi_n(x)m(dx)\geqq\int_E\psi(x)m(dx)-\delta m(E^*-H)-K\varepsilon$$

ε,δ は任意の正数でよかったから，結局(1)が示された．

（ii）$\int_E\varphi(x)m(dx)=+\infty$ の場合

このときは $E^*=E\cap(A_1\cup\cdots\cup A_s)$ に対して $m(E^*)=+\infty$ である．$2\varepsilon=$

$\mathrm{Min}\{\alpha_1, \cdots, \alpha_s\} > 0$ とおき，

$$B_n = \{x \mid \psi(x) > 0, \quad \varphi_n(x) \geqq \psi(x) - \varepsilon\}$$

とおく．$B_1 \subset B_2 \subset \cdots \subset B_n \subset \cdots$ であって $\lim B_n = \{x \mid \psi(x) > 0\} = A_1 \cup \cdots \cup A_s$ となる．ゆえに

$$\lim m(E \cap B_n) = m(E^*) = +\infty$$

一方 $x \in B_n$ に対しては

$$\varphi_n(x) \geqq \psi(x) - \varepsilon \geqq \varepsilon$$

だから

$$\int_E \varphi_n(x) m(dx) \geqq \varepsilon m(E \cap B_n)$$

これから

$$\lim \int_E \varphi_n(x) m(dx) \geqq \varepsilon \lim m(E \cap B_n) = +\infty$$

が得られ，この場合も (1) が成り立つ．

例題3 要項4にある定理3を証明せよ．

解 (i) $0 \leqq \varphi_1(x) \leqq \varphi_2(x) \leqq \cdots \leqq \varphi_n(x) \leqq \cdots \to f(x)$, $0 \leqq \psi_1(x) \leqq \psi_2(x) \leqq \cdots \leqq \psi_n(x) \leqq \cdots \to g(x)$ を $f(x), g(x)$ に収束する単関数の増加列とする．そのとき $a\varphi_n(x) + b\psi_n(x)$ $(n = 1, 2, \cdots)$ は $af(x) + bg(x)$ に収束する単関数の増加列であり，したがって定理2から

$$\begin{aligned}
&\int_E (af(x) + bg(x)) m(dx) \\
&= \lim \int_E (a\varphi_n(x) + b\psi_n(x)) m(dx) \\
&= a \lim \int_E \varphi_n(x) m(dx) + b \lim \int_E \psi_n(x) m(dx) \\
&= a \int_E f(x) m(dx) + b \int_E g(x) m(dx)
\end{aligned}$$

(ii) 各 $k = 1, 2, \cdots$ に対し，

$$0 \leqq \psi_1^{(k)}(x) \leqq \psi_2^{(k)}(x) \leqq \cdots \leqq \psi_n^{(k)}(x) \leqq \cdots \longrightarrow g_k(x) \quad (n \to \infty)$$

なる $g_k(x)$ に収束する単関数の増加列をとっておく．そこで

$$\varphi_k(x) = \sum_{i=1}^{k} \psi_k^{(i)}(x)$$

とおくと，$\varphi_k(x)$ $(k = 1, 2, \cdots)$ も単関数の増加列となる．

$$g(x)=\sum_{n=1}^{\infty}g_n(x)\geqq\sum_{i=1}^{k}g_i(x)\geqq\varphi_k(x)$$

は明らかであり，一方

$$\lim_{k\to\infty}\varphi_k(x)=\lim_{k\to\infty}\sum_{i=1}^{k}\psi_k{}^{(i)}(x)\geqq\sum_{i=1}^{k}g_i(x)$$

が成り立つから，あわせて

$$\lim_{k\to\infty}\varphi_k(x)=g(x)$$

が得られた．したがって定理2を用いて

$$\int_E g(x)m(dx)=\lim_{k\to\infty}\int_E\varphi_k(x)m(dx)$$

となるが，この右辺は

$$\begin{aligned}\text{右辺}&=\lim_{k\to\infty}\sum_{i=1}^{k}\int_E\psi_k{}^{(i)}(x)m(dx)\\&\leqq\lim_{k\to\infty}\sum_{i=1}^{k}\int_E g_i(x)m(dx)\\&=\sum_{i=1}^{\infty}\int_E g_i(x)m(dx)\end{aligned}$$

だから，結局

$$\int_E g(x)m(dx)\leqq\sum_{i=1}^{\infty}\int_E g_i(x)m(dx)$$

が得られた．逆向きの不等号は $g(x)\geqq\sum_{i=1}^{k}g_i(x)$ から

$$\int_E g(x)m(dx)\geqq\int\sum_{i=1}^{k}g_i(x)m(dx)=\sum_{i=1}^{k}\int g_i(x)m(dx)$$

となり，ここで $k\to\infty$ として得られる．

(iii)　$c(x;A)=\sum_{n=1}^{\infty}c(x;A_m)$ に注意すると，A 上で

$$f(x)=f(x)c(x;A)=\sum_{n=1}^{\infty}f(x)c(x;A_n)$$

が恒等的に成り立つ．これに(ii)を適用するとよい．

(iv)　$g_1(x)=f_1(x)$, $g_2(x)=f_2(x)-f_1(x)$, …, $g_n(x)=f_n(x)-f_{n-1}(x)$, … とおくと，$g_n(x)\geqq 0$ で，かつ $f(x)=\sum_{n=1}^{\infty}g_n(x)$．これに(ii)を適用するとよい．

(v)　$g_k(x)=\inf_{n\geqq k}\{f_n(x)\}$ とおくと，$g_k(x)\geqq 0$ であって

$$g_1(x)\leqq g_2(x)\leqq\cdots\leqq g_k(x)\leqq\cdots\longrightarrow\varliminf f_n(x)$$

となる．(iv)を用いて $g_k(x)\leqq f_k(x)$ に注意すると

$$\int_E \underline{\lim} f_n(x)m(dx)=\int_E \lim_{k\to\infty} g_k(x)m(dx)$$

$$=\lim_{k\to\infty}\int_E g_k(x)m(dx)=\underline{\lim}\int_E g_n(x)m(dx)$$

$$\leqq \underline{\lim}\int_E f_n(x)m(dx)$$

例題4 要項4にある定理5を証明せよ.

解 $F(x)+f_n(x)\geqq 0$ に定理3,（v）を適用すると

$$\int_E \underline{\lim}\,(F(x)+f_n(x))m(dx)\leqq \underline{\lim}\int_E (F(x)+f_n(x))m(dx)$$

ここで $F(x)+\underline{\lim}\, f_n(x)=\underline{\lim}\,(F(x)+f_n(x))$ に注意すると

$$右辺=\int_E F(x)m(dx)+\underline{\lim}\int_E f_n(x)m(dx)$$

したがって

$$\int_E \underline{\lim}\, f_n(x)m(dx)\leqq \underline{\lim}\int_E f_n(x)m(dx)$$

また $F(x)-f_n(x)\geqq 0$ に定理3,（v）を適用すると

$$\int_E \underline{\lim}(F(x)-f_n(x))m(dx)\leqq \underline{\lim}\int_E (F(x)-f_n(x))m(dx)$$

$$=\int_E F(x)m(dx)+\underline{\lim}\int_E (-f_n(x))m(dx)$$

$$=\int_E F(x)m(dx)-\overline{\lim}\int_E f_n(x)m(dx)$$

この左辺は

$$\int_E F(x)m(dx)-\int_E \overline{\lim}\, f_n(x)m(dx)$$

に等しいことに注意すると

$$\overline{\lim}\int_E f_n(x)m(dx)\leqq \int_E \overline{\lim}\, f_n(x)m(dx)$$

が得られる. $f(x)=\lim f_n(x)$ が存在するから, $f(x)=\underline{\lim} f_n(x)=\overline{\lim}\, f_n(x)$ である. したがって上に得られた2式から $\lim \int_E f_n(x)m(dx)$ も存在して

$$\int_E f(x)m(dx)=\lim \int_E f_n(x)m(dx)$$

が成り立つことがわかる.

§4. 外　測　度

●要　項●

1. X を集合とします．X のすべての部分集合のつくる集合を $\mathcal{P}(X)$ とします．$\mathcal{P}(X)$ から $\boldsymbol{R}\cup\{+\infty\}$ への写像 m^* で，次の条件をみたすものを，X 上の**外測度**といいます[1]．

(O1)　$0\leqq m^*(A)\leqq+\infty,\quad m^*(\phi)=0$

(O2)　$m^*(\bigcup_{n=1}^{\infty}A_n)\leqq\sum_{n=1}^{\infty}m^*(A_n)$

(O3)　$A\subset B \Longrightarrow m^*(A)\leqq m^*(B)$

(外測度は，X のすべての部分集合 A に対して1つの値 $m^*(A)$ を与えていることに注意します．)

とくに $X=\boldsymbol{R}^k$ の場合には，次のような方法で $\boldsymbol{R}^k$ 上に1つの外測度を与えることができます．

$\boldsymbol{R}^k$ の‘半開区間’

$$I=[a_1, b_1)\times[a_2, b_2)\times\cdots\times[a_k, b_k)\quad(a_i\leqq b_i)$$

に対して

$$m^*(I)=|I|=(b_1-a_1)\times(b_2-a_2)\times\cdots\times(b_k-a_k)$$

とおいて，$\boldsymbol{R}^k$ の部分集合 A に対して

$$m^*(A)=\inf\sum_{i=1}^{\infty}m^*(I_i)$$

と定義するのです ($m^*(\phi)=0$ とおきます)．ここで右辺の inf は A を蔽う高々可算個の半開区間による被覆

$$A\subset\bigcup_{i=1}^{\infty}I_i$$

に対して $\sum_{i=1}^{\infty}m^*(I_i)$ を考え，このような被覆全体をわたったときの下限とします．

これが (O1)，(O2)，(O3) の条件をみたし，したがって，$\boldsymbol{R}^k$ に1つの外測度を与えることは容易にわかります．

1)　**カラテオドリの外測度**ともいいます．カラテオドリ (1873-1950) はドイツの数学者です．

これを**ルベーグ外測度**といいます（⇒ **例題1参照**）．

2.　集合 X 上に外測度 m^* が与えられているとします．

X の部分集合 A が，すべて $P\subset A$, $Q\subset A^c$ に対して

$$m^*(P\cup Q)=m^*(P)+m^*(Q) \tag{*}$$

という関係式をみたすとき，A を（m^* に関して）**可測な集合**といいます．

A が可測であるための必要十分な条件は，任意の $E\subset X$ に対して

$$m^*(E)\geqq m^*(E\cap A)+m^*(E\cap A^c)$$

が成り立つことです（⇒ **例題2参照**）．

3.

定理　集合 X 上に外測度 m^* が与えられたとする．そのとき

（i）　この外測度に関し可測な集合全体はボレル集合体 $\mathcal{B}$ をつくる（⇒ **例題3参照**）．

（ii）　$S\in\mathcal{B}$ に対し $m(S)=m^*(S)$ とおくと，m は $\mathcal{B}$ 上の測度を与える（⇒ **例題4参照**）．

（iii）　このようにして得られた測度空間 $X(\mathcal{B}, m)$ は次の意味で完備な測度空間となる：$A\in\mathcal{B}$, $m(A)=0$ ならば，すべての $S\subset A$ に対し $S\in\mathcal{B}$ が成り立つ（⇒ **例題5参照**）．

例題1　（i）　要項1で定義したルベーグ外測度 m^* が，実際外測度の条件をみたしていることを示せ．

（ii）　"半開区間" $I=[a_1, b_1)\times\cdots\times[a_k, b_k)$ に対して $m^*(I)=|I|$ が成り立つことを示せ．

解　（i）　外測度の条件（O1），（O3）をみたすことは自明だから，（O2）だけを示すとよい．A_n $(n=1, 2, \cdots)$ を $\boldsymbol{R}^k$ の任意の部分集合列，ε を任意に与えられた正数とする．そのとき，A_n を蔽う '半開区間' $I_i^{(n)}$ $(i=1, 2, \cdots)$ を適当にとると

$$m^*(A_n)\leqq\sum_{i=1}^{\infty}|I_i^{(n)}|\leqq m^*(A_n)+\frac{\varepsilon}{2^n}$$

が成り立つようにできる．$\{I_i^{(n)}\mid i-1, 2, \cdots; n=1, 2, \cdots\}$ は

$$\bigcup_{n=1}^{\infty}A_n\subset\bigcup_{n=1}^{\infty}\bigcup_{i=1}^{\infty}I_i^{(n)}$$

をみたすから，

$$m^*(\bigcup_{n=1}^{\infty} A_n) \leqq \sum_{n=1}^{n}\sum_{i=1}^{n}|I_i^{(n)}| \leqq \sum_{i=1}^{n} m^*(A_n)+\varepsilon$$

$\varepsilon>0$ は任意でよかったから (O2) が成り立つ．

（ii）‘半開区間’ I に対して $m^*(I) \leqq |I|$ が成り立つことは自明である．一方 I の1つの蔽い方 $I \subset \bigcup_{i=1}^{\infty} I_i$ および正数 ε が与えられると，各 I_i $(i=1, 2, \cdots)$ をすこし広げて $I_i \subset J_i$ $(i=1, 2, \cdots)$，J_i は ‘開区間’ かつ

$$\bar{I} \subset \bigcup_{i=1}^{\infty} J_i$$

$$\sum_{i=1}^{\infty}|J_i| \leqq \sum_{i=1}^{\infty}|I_i|+\varepsilon$$

が成り立つようにできる．$\bar{I}$ は $\boldsymbol{R}^k$ の有界な閉集合，したがってコンパクトだから，有限個の J_i $(i=1, 2, \cdots, N)$ で $\bar{I}$ はすでに蔽われている．$|\bar{I}|=|I|$ である．したがって

$$|I| \leqq \sum_{i=1}^{N}|J_i| \leqq \sum_{i=1}^{\infty}|J_i| \leqq \sum_{i=1}^{\infty}|I_i|+\varepsilon$$

これから

$$|I| \leqq \inf_{I \subset \cup I_i} \sum_{i=1}^{\infty}|I_i|+\varepsilon$$

すなわち

$$|I| \leqq m^*(I)+\varepsilon$$

が得られる．$\varepsilon>0$ は任意でよかったから，これで $|I| \leqq m^*(I)$ が示された．前のこととあわせて $|I|=m^*(I)$ が成り立つ．

例題2　X 上の外測度 m^* に対して，$A \subset X$ が可測であるための必要十分条件は，任意の $E \subset X$ に対して

$$m^*(E) \geqq m^*(E \cap A)+m^*(E \cap A^c) \qquad (**)$$

が成り立つことであることを示せ．

解　必要性：A が可測とする．要項2(＊)の可測の条件を $P=E \cap A$，$Q=E \cap A^c$ に使うと，$P \cup Q=E$ から

$$m^*(E)=m^*(E \cap A)+m^*(E \cap A^c)$$

したがって(＊＊)は等号で成り立っている．

十分性：(＊＊)の式を $E=P \cup Q$ $(P \subset A,\ Q \subset A^c)$ に使うと

$$m^*(P \cup Q) \geqq m^*(P)+m^*(Q)$$

が得られる．一方，要項1の (O2) で $A_1=P$，$A_2=Q$，$A_3=A_4=\cdots=\phi$ とす

ると，(O1) から $m^*(\phi)=0$ だから

$$m^*(P\cup Q)\leqq m^*(P)+m^*(Q)$$

上と見くらべて，A が可測となる条件 (＊) が成り立つことがわかる．

例題3 要項3にある定理の (i) を示せ．

解 m^* に関し可測な部分集合全体のつくる集合族を $\mathcal{B}$ とおく：

$$\mathcal{B}=\{A|\text{すべての } E\subset X \text{ に対して } m^*(E)\geqq m^*(E\cap A)+m^*(E\cap A^c)\}$$

$\mathcal{B}$ がボレル集合体であることを示す．

i） $\phi\in\mathcal{B}$：これは自明である．

ii） $A\in\mathcal{B}\Longrightarrow A^c\in\mathcal{B}$：$A^c\in\mathcal{B}$ をいうには $m^*(E)\geqq m(E\cap A^c)+m^*(E\cap(A^c)^c)$ を示せばよいが，この式は $A\in\mathcal{B}$ からの結論である．

iii） $A_1, A_2\in\mathcal{B} \Longrightarrow A_1\cap A_2\in\mathcal{B}$：

$$\begin{aligned}m^*(E)&\geqq m^*(E\cap A_1)+m^*(E\cap A_1{}^c) \quad (A_1\in\mathcal{B}\text{ による})\\&\geqq\{m^*(E\cap A_1\cap A_2)+m^*(E\cap A_1\cap A_2{}^c)\}+m^*(E\cap A_1{}^c)\\&\qquad\qquad (A_2\in\mathcal{B}\text{ による})\\&\geqq m^*(E\cap A_1\cap A_2)+m^*(E\cap(A_1\cap A_2)^c)\end{aligned}$$

最後の式へ移る所では

$$(A_1\cap A_2)^c=A_1{}^c\cap(A_1\cap A_2{}^c)$$

と，外測度の条件 (O2) を用いた．はじめと終わりの式をみると，(＊＊) からこれで $A_1\cap A_2\in\mathcal{B}$ がいえた．

iv） 次に集合列 A_n $(n=1,2,\cdots)$ が互いに共通点がなくかつ $A_n\in\mathcal{B}$ $(n=1,2,\cdots)$ ならば，$A=\bigcup_{n=1}^\infty A_n\in\mathcal{B}$ となることを示す．

E を X の任意の部分集合とする．$E\cap A=\bigcup_{n=1}^\infty(E\cap A_n)$ から，外測度の条件 (O2) により

$$m^*(E\cap A)\leqq\sum_{n=1}^\infty m^*(E\cap A_n)$$

したがって $A\in\mathcal{B}$ を示すには

(1) $\quad m^*(E)\geqq\sum_{i=1}^n m^*(E\cap A_n)+m^*(E\cap A^c)$

がいえれば十分であることがわかる．実際 (1) が成り立つとすると，この式で $n\to\infty$ として

$$m^*(E)\geqq\sum_{n=1}^\infty m(E\cap A_n)+m^*(E\cap A^c)$$

$$\geqq m^*(E\cap A)+m^*(E\cap A^c)$$

したがって(＊＊)から $A=\bigcup_{n=1}^{\infty}A_n\in\mathcal{B}$ がいえる．

そこで $S_k=\bigcup_{n=1}^{k}A_n$ とおく．$S_k\subset A$, $S_k{}^c\supset A^c$ である．したがって $m(E\cap S_k{}^c)\geqq m(E\cap A^c)$．いま $k=1,2,\cdots$ に対して

$$(2_k)\quad m^*(E)\geqq\sum_{n=1}^{k}m^*(E\cap A_n)+m^*(E\cap S_k{}^c)$$

が成り立つことが示されれば，ここで $k\to\infty$ として

$$m^*(E)\geqq\sum_{n=1}^{\infty}m^*(E\cap A_n)+\lim_{k\to\infty}m^*(E\cap S_k{}^c)$$
$$\geqq\sum_{n=1}^{\infty}m^*(E\cap A_n)+m^*(E\cap A^c)$$

が得られ，したがって(1)が証明されたことになる．(2_k) $(k=1,2,\cdots)$ が成り立つことを，k に関する帰納法で示す．

$k=1$ のときは，$S_1=A_1\in\mathcal{B}$, $S_1{}^c=A_1{}^c$

$$m^*(E)\geqq m^*(E\cap A_1)+m^*(E\cap A_1{}^c)$$
$$=m^*(E\cap A_1)+m^*(E\cap S_1{}^c)$$

すなわち (2_1) が成り立つ．

次に (2_k) まで正しいとして，(2_{k+1}) が成り立つことを示そう．(2_k) の式でとくに $E=F\cap S_k$（F は任意の部分集合）とおくと

$$m^*(F\cap S_k)\geqq\sum_{n=1}^{k}m^*((F\cap S_k)\cap A_n)+m^*(\phi)$$
$$=\sum_{n=1}^{k}m^*(F\cap A_n)$$

一方，外測度の条件(O2)から

$$m^*(F\cap S_k)\leqq\sum_{n=1}^{k}m^*(F\cap A_n)$$

となるから，結局

$$m^*(F\cap(\textstyle\bigcup_{n=1}^{k}A_n))=\sum_{n=1}^{k}m^*(F\cap A_n)$$

が，任意の $F\subset X$ で成り立つことがわかった．とくにこの式で $F=E$ とおき，(2_k) を参照すれば $S_k\in\mathcal{B}$ となる．

この事実を用いて (2_{k+1}) を導く．

$$m^*(E)\geqq m^*(E\cap A_{k+1})+m^*(E\cap A_{k+1}{}^c)\quad(A_{k+1}\in\mathcal{B})$$
$$\geqq m^*(E\cap A_{k+1})+\{m^*(E\cap A_{k+1}{}^c\cap S_k)+m^*(E\cap A_{k+1}{}^c\cap S_k{}^c)\}\quad(S_k\in\mathcal{B})$$
$$=m^*(E\cap A_{k+1})+m^*(E\cap S_k)+m^*(E\cap S_{k+1}{}^c)$$

$$=m^*(E\cap A_{k+1})+\sum_{n=1}^{k}m^*(E\cap A_n)+m^*(E\cap S_{k+1}{}^c)$$

$$=\sum_{n=1}^{k+1}m^*(E\cap A_n)+m^*(E\cap S_{k+1}{}^c)$$

これは (2_{k+1}) にほかならない．

i), ii), iii), iv) から，$\mathcal{B}$ はボレル集合体の条件 (§1, 例題1参照, 180頁) (B1), (B2), (B3′), (B4′) をみたすことがわかり，したがって $\mathcal{B}$ はボレル集合体となる．

例題4 要項3にある定理の (ii) を示せ．

解 m^* を可測な集合に限ったとき (完全加法的な) 測度となっていることを示す．$A_n\in\mathcal{B}$ $(n=1,2,\cdots)$ を互いに共通点のない集合列とする．例題3の証明の中に現われた式 (1) から，すべての $E\cap X$ に対して

$$m^*(E)\geqq\sum_{n=1}^{\infty}m^*(E\cap A_n)+m^*(E\cap A^c)$$

が成り立つ．とくに $E=A=\bigcup_{n=1}^{\infty}A_n$ に適用すると

$$m^*(A)\geqq\sum_{n=1}^{\infty}m^*(A_n)+m^*(\phi)=\sum_{n=1}^{\infty}m^*(A_n)$$

一方，外測度の条件 (O2) から，この逆の不等号は成り立つから，結局

$$m^*(A)=\sum_{n=1}^{\infty}m^*(A_n)$$

が示されて，m^* は $\mathcal{B}$ 上で (完全加法的な) 測度を与える．

例題5 要項3にある定理の (iii) を示せ．

解 $A\in\mathcal{B}$, $m(A)=0$, $S\subset A$ とする．任意の $E\subset X$ に対し，$E\cap S\subset E\cap A\subset A$．したがって外測度の条件 (O3) を用いて $m(E\cap S)=0$．一方 $E\supset E\cap S^c$ から $m^*(E)\geqq m^*(E\cap S^c)$．この2つから

$$m^*(E)\geqq m^*(E\cap S)+m^*(E\cap S^c)$$

が成り立ち，したがって S は可測である．

§5.　ルベーグ測度

● 要　項 ●

§4で示したように，$\boldsymbol{R}^k$ 上にはルベーグ外測度という1つの外測度を導入することができます．ルベーグ外測度では，半開区間 I については

$$m^*(I)=|I|$$

が成り立ちます．このことは I 自身が I を蔽う半開区間による被覆となっていることからわかります．

一般論にしたがえば，この外測度から§4，要項3の定理で示したように，測度空間 $\boldsymbol{R}^k(\mathcal{B}, m)$ が構成されてきます．この測度空間を $\boldsymbol{R}^k$ 上の**ルベーグ測度空間**といって，この測度空間上の可測な関数を**ルベーグ可測な関数**といいます．

ルベーグ可測な関数に対しては，§3で述べた一般論にしたがって，積分を考えることができます．$\boldsymbol{R}^k$ の可測な集合 E と可測な関数 $f(x)$ $(\geqq 0)$ に対して，その積分を

$$\int_E f(x)dx$$

と表わし，$f(x)$ のルベーグ積分といいます．ルベーグ可積な関数の積分も考えることができます(§3，要項2，191頁)．ルベーグ積分についても，§3，要項3, 4 (191頁)で述べた積分の一般性質：定理2，定理3，定理4，定理5はすべて成り立っています．この節では，ルベーグ測度，ルベーグ可測を，それぞれ単に測度，または可測ということにします．

1. $\boldsymbol{R}^k$ のボレル集合については§1，要項1 (177頁)で述べました．$\boldsymbol{R}^k$ の開集合，閉集合はすべてボレル集合です．

定理1　$\boldsymbol{R}^k$ のボレル集合は，すべて可測な集合である(⇒ **例題2参照**)．

ボレル集合でない可測な集合は存在します．

可測集合全体のつくる $\boldsymbol{R}^k$ の部分集合族の濃度は $2^{\aleph}$ です．

可測でない集合 — 非可測集合 — も存在しますが，このような集合が存在することを示すには選択公理を必要とします．

定理1から，とくに $\boldsymbol{R}^k$ の開集合，閉集合は可測な集合となります．次の定理は，ルベーグ外測度と開集合 O のルベーグ測度 $m(O)$ との関係を与えるものです．

定理2 S を $\boldsymbol{R}^k$ の部分集合とする．

i） $m^*(S)=\inf_{S\subset O} m(O)$

ただし inf は，S を含むすべての開集合をわたってとった下限を示す．

ii） 適当な **G_δ-集合** G をとると，

$$S\subset G,\quad m^*(S)=m(G)$$

が成り立つ．ただし G_δ-集合とは，可算個の開集合の共通部分として表わされる集合をいう（⇒ **例題5参照**）．

$m^*(S)<+\infty$ のとき，上の定理の ii）で与えた G を，S の**等測包**といいます．とくに $m(A)<+\infty$ であるような任意の可測集合 A に対し，その等測包 G をとると

$$m(G-A)=0$$

となります．したがって $N=G-A$ とおくと，N は測度0の集合で

$$A=G-N;\quad G \text{ は } G_\delta\text{-集合},\ m(N)=0$$

と表わされます．

すなわちどんな可測集合 $A(m(A)<+\infty)$ も，G_δ-集合と測度0の集合しか違いがないのです．

2. S を $\boldsymbol{R}^k$ の有界な部分集合とします．S を含む半開区間 I を1つとり

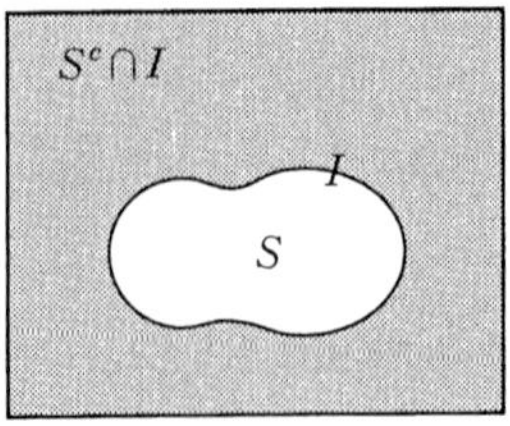

図52

$$m_*(S)=m(I)-m^*(S^c\cap I)$$

とおき，$m_*(S)$ を S の**内測度**といいます．S の内測度の値は I のとり方によらず一定です (図 52).

定理 3　$\boldsymbol{R}^k$ の有界な集合 S が可測となるための必要十分な条件は

$$m^*(S)=m_*(S)$$

が成り立つことである (⇒ **例題 6 参照**).

3.　$\boldsymbol{R}^k$ の有界な部分集合 S に対して，有限個の'半開区間' I_n $(n=1,2,\cdots,l)$ (199 頁参照) による S の被覆

$$S\subset I_1\cup I_2\cup\cdots\cup I_l$$

を考え，このような S の蔽い方全体に関する $\sum|I_n|$ の下限を $m_J{}^*(S)$ と表わします．

$$m_J{}^*(S)=\inf\sum_{\text{有限}}|I_n|,\quad S\subset\bigcup I_n\ (\text{有限被覆})$$

$m_J{}^*(S)$ を S の**ジョルダン外測度**といいます．

ジョルダン外測度は次の性質をもちます．

(J1)　$0\leqq m_J{}^*(S)<\infty$

(J2)　$m_J{}^*(S_1\cup\cdots\cup S_n)\leqq m_J{}^*(S_1)+\cdots+m_J{}^*(S_n)$

(J3)　$A\subset B \Longrightarrow m_J{}^*(A)\leqq m_J{}^*(B)$

これらの性質は容易に確かめられます．

S の閉包を $\overline{S}$ で表わすとき，S のジョルダン外測度は $\overline{S}$ の測度に等しくなります．すなわち

$$m_J{}^*(S)=m(\overline{S})$$

(⇒ **例題 7 参照**).

$\boldsymbol{R}^k$ の有界な集合 S が**ジョルダン可測** (またはジョルダンの意味で面積確定) であることを次のように定義します．

S がジョルダン可測であるとは，S を含む半開区間 I をとったとき，

$$m_J{}^*(S)=m(I)-m_J{}^*(S^c\cap I)$$

が成り立つときです．

定理 4　$\boldsymbol{R}^k$ の有界な部分集合 S がジョルダン可測であるための必要十分条件は，S の境界 $\bar{S}-S^{\circ}$ のルベーグ測度が 0，すなわち

$$m(\bar{S}-S^{\circ})=0 \quad (\bar{S} \text{ は } S \text{ の閉包，} S^{\circ} \text{ は } S \text{ の内部})$$

で与えられる (⇒ **例題 8 参照**).

区間 $[a, b]$ でリーマン積分可能な関数の定義は，「歴史と概要」§ 2 (169 頁) で与えてあります．区間 $[a, b]$ で有界なリーマン積分可能な関数 $f(x)$ は必ずルベーグ積分可能となります．$y=f(x)\ (\geqq 0)$ がリーマン積分可能なとき，$\int_a^b f(x)dx$ の値は，$y=f(x)$ のグラフが a から b までの間でつくる図形のジョルダン測度となっています．したがって定理 4 から次の定理 5 が成り立ちます．

定理 5　区間 $[a, b]$ で有界な関数 $y=f(x)\ (\geqq 0)$ がリーマン積分可能となるための必要十分条件は，$y=f(x)$ のグラフ

$$S=\{(x, y) \mid a \leqq x \leqq b,\quad 0 \leqq y \leqq f(x)\}$$

に対し，S の境界のルベーグ測度が 0，すなわち

$$m(\bar{S}-S^{\circ})=0$$

で与えられる．そしてこのときリーマン積分 $\int_a^b f(x)dx$ の値は $m(S)=m(\bar{S})=m(S^{\circ})$ で与えられる．

例題 1　$A, B \subset \boldsymbol{R}^k$ で $\mathrm{dist}(A, B)=\inf_{\substack{x\in A\\ y\in B}}\|x-y\|>0$ とする．そのとき

$$m^*(A\cup B)=m^*(A)+m^*(B)$$

が成り立つことを示せ．

解　$\mathrm{dist}(A, B)=\rho\ (>0)$ とおく．

$$J_{s_1, \cdots, s_n}=\left[\frac{\rho}{3}s_1, \frac{\rho}{3}(s_1+1)\right)\times\cdots\times\left[\frac{\rho}{3}s_n, \frac{\rho}{3}(s_n+1)\right)$$

とおき，$s_1, \cdots, s_n$ を自然数全体にわたって動かすと，$\boldsymbol{R}^k$ はこれら全体により，1 辺が $\rho/3$ である‘半開区間 (立方体!!)’の網 $J_{s_1, \cdots, s_n}$ で，互いに重り合うことなく蔽われる．任意の $\varepsilon>0$ に対し，$A\cup B$ の可算個の“半開区間”による被覆 $A\cup B\subset\cup I_n$ を適当にとると

$$\sum|I_n|\leqq m^*(A\cup B)+\varepsilon$$

が成り立つ．$\{I_n\cap I_{s_1, \cdots, s_n} \mid n=1, 2, \cdots;\ s_i=0, \pm1, \pm2, \cdots\}$ はふたたび $A\cup B$

の半開区間による可算個の被覆をつくる．この中で A と共通点のあるものだけを取り出しその全体を $\{I_m^{(A)}\}$, B と共通点のあるものだけを取り出しその全体を $\{I_{m'}^{(B)}\}$ とおくと，$\{I_m^{(A)}\}$ に属する集合と $\{I_{m'}^{(B)}\}$ に属するどの2つの集合も共通点がない．したがって

$$m^*(A)+m^*(B)\leqq\sum_m|I_m^{(A)}|+\sum_{m'}|I_{m'}^{(B)}|$$
$$\leqq\sum|I_n|\leqq m^*(A\cup B)+\varepsilon$$

$\varepsilon>0$ はどんな小さい正数でもよかったから

$$m^*(A)+m^*(B)\leqq m^*(A\cup B)$$

がいえた．逆の不等号は外測度の条件からつねに成り立つから，これで例題1が示された．

例題2　要項1にある定理1を示せ．

解　まず各辺の長さが有限である半開区間 $I=[a_1, b_1)\times\cdots\times[a_k, b_k)$ は可測であることを示す．それには§4，要項2を参照すれば，$A\subset I$, $B\subset I^c$ に対して

$$m^*(A\cup B)=m^*(A)+m^*(B)$$

が成り立つことを示せばよい．十分小さい正数 ε に対し，

$$I_\varepsilon=[a_1+\varepsilon, b_1-\varepsilon)\times\cdots\times[a_k+\varepsilon, b_k-\varepsilon)$$

とおく．$I_\varepsilon\subset I$. $A_\varepsilon=A\cap I_\varepsilon$ とおくと明らかに $\mathrm{dist}(A_\varepsilon, B)>0$. したがって例題1から

$$m^*(A_\varepsilon\cup B)=m^*(A_\varepsilon)+m^*(B)$$

が成り立つ．

$$0\leqq m^*(A\cup B)-m^*(A_\varepsilon\cup B)\leqq m^*(A-A_\varepsilon)\leqq m^*(I-I_\varepsilon)\quad\longrightarrow\quad 0\quad(\varepsilon\to 0)$$
$$0\leqq m^*(A)-m^*(A_\varepsilon)\leqq m^*(I-I_\varepsilon)\quad\longrightarrow\quad 0\quad(\varepsilon\to 0)$$

から

$$\begin{aligned}&|m^*(A\cup B)-(m^*(A)+m^*(B))|\\ \leqq&|m^*(A\cup B)-m^*(A_\varepsilon\cup B)|\\ &+|m^*(A_\varepsilon\cup B)-(m^*(A_\varepsilon)+m^*(B))|\\ &+|m^*(A_\varepsilon)-m^*(A)|\\ \longrightarrow&\ 0\quad(\varepsilon\to 0)\end{aligned}$$

これから $m^*(A\cup B)=m^*(A)+m^*(B)$ がいえて I は可測である．

任意の‘半開区間’は，各辺の長さが有限である‘半開区間’の可算個の和として表わされるから，‘半開区間’はまた可測である．したがって $\boldsymbol{R}^k$ の可測な集合全体は半開区間 I をすべて含むボレル集合体をつくっていることが結論できる．一方 $\boldsymbol{R}^k$ のボレル集合とは，‘半開区間’を含む最小のボレル集合体に属する集合のことであったから，最小性により，これらの集合はすべて可測となっていなければならない．

例題 3 $\boldsymbol{R}^1$ の閉区間 $[0,1]$ から，中央部の長さ $1/3$ の開区間 $(1/3,\ 2/3)$ をとり，次に残った2つの閉区間(長さ $1/3$)から，それぞれを3等分した中央部，長さ $1/9$ の開区間を取り除く．以下順次この操作を繰り返し，ある段階で同一の長さ $1/3^n$ をもつ 2^n 個の閉集合の和集合が得られたならばまたそれぞれの区間において中央部の長さ $1/3^{n+1}$ の開区間を取り除く(図53)．この

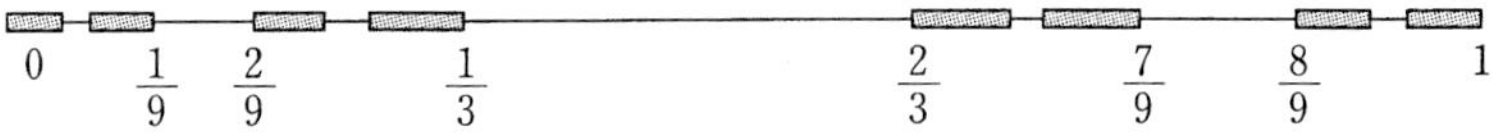

図 53

操作を限りなく繰り返した後で残った集合 E_0 を**カントル集合**という．そのとき次のことを示せ．

i) E_0 は可測な集合で，測度0である．

ii) E_0 の濃度は $\aleph$ である．

解 i) E_0 が可測のことは，E_0 が $[0,1]$ から可算個の開区間を除いて得られたものであることからわかる．また

$$m(E_0)=1-\left\{\frac{1}{3}+\frac{1}{3}\left(\frac{2}{3}\right)+\frac{1}{3}\left(\frac{4}{9}\right)+\cdots\right\}$$

$$=1-\frac{1}{3}\left\{1+\frac{2}{3}+\left(\frac{2}{3}\right)^2+\cdots\right\}$$

$$=1-\frac{1}{3}\frac{1}{1-\dfrac{2}{3}}=1-1$$

$$=0$$

ii) $x\in[0,1]$ を3進小数に展開して

$$x=\frac{a_1}{3}+\frac{a_2}{3^2}+\cdots+\frac{a_n}{3^n}+\cdots \qquad (a_1, a_2 \text{ は } 0, 1, 2)$$

とするとき，x が E_0 に属するための必要かつ十分な条件は，$a_1, a_2, \cdots, a_n, \cdots$ がすべて0または2の値をとることである．これは $0\leqq x\leqq 1$ の数 x を2進小数に展開したものと1対1に対応している（$a_n=2$ のとき，1におきかえる対応）．したがって E_0 の濃度は $\aleph$ であることがわかる．

例題4　$\boldsymbol{R}^1$ の可測な部分集合全体のつくる集合族の濃度 $\mathfrak{m}$ は $2^{\aleph}$ に等しいことを示せ．

解　$\boldsymbol{R}^1$ の部分集合全体のつくる集合族の濃度が $2^{\aleph}$ だから $\mathfrak{m}\leqq 2^{\aleph}$ は明らかである．一方ルベーグ測度は完備だから（§4，要項3，定理(iii)，200頁を参照），カントル集合 $E_0\,(m(E_0)=0)$ のすべての部分集合はまた可測でなくてはならない．E_0 の濃度は $\aleph$ だから $\mathfrak{m}\geqq 2^{\aleph}$ でなくてはならない．これで $\mathfrak{m}=2^{\aleph}$ が示された．

例題5　要項1にある定理2を示せ．

解　i）$S\subset O$ とすると $m^*(S)\leqq m^*(O)=m(O)$．したがって

$$m^*(S)\leqq \inf_{S\subset O} m(O)$$

は明らかである．一方 $\varepsilon>0$ に対して可算個の‘半開区間’による S の被覆 $S\subset\bigcup_{n=1}^{\infty} I_n$ をとると

$$\sum|I_n|<m^*(S)+\varepsilon$$

とできるが，I_n をすこし広げて‘開区間’$\tilde{I}_n$ を

$$|\tilde{I}_n|<|I_n|+\frac{\varepsilon}{2^n}$$

のようにとると

$$O=\bigcup_{n=1}^{\infty}\tilde{I}_n$$

は開集合であって，$O\supset S$ となる．両辺の測度をとると

$$m(O)\leqq\sum_{n=1}^{\infty}|\,\tilde{I}\,|\leqq\sum_{n=1}^{\infty}|I_n|+\varepsilon$$
$$\leqq m^*(S)+2\varepsilon$$

が成り立つから，このことから

$$\inf_{S \subset O} m(O) \leqq m^*(S)$$

がいえて，結局ここで等号が成り立つことが示された．

ii) i)から $n=1,2,\cdots$ に対し，開集合 O_n が存在して，$S \subset O_n$ かつ

$$m^*(S) \leqq m(O_n) \leqq m^*(S) + \frac{1}{n}$$

が成り立つ．$G=\bigcap_{n=1}^{\infty} O_n$ とおくと，G は G_δ-集合で $S \subset G \subset O_n$ ($n=1,2,\cdots$)，したがって上式から $m^*(S)=m(G)$ が得られる．

例題 6 要項2にある定理3を示せ．

解 条件が必要なこと：条件 $m^*(S)=m_*(S)$ を S を可測，$S \subset I$ とする．$S=I \cap S$, $I \cap S^c$ は可測で

$$\begin{aligned} m(I) &= m^*(I \cap S) + m^*(I \cap S^c) \\ &= m^*(S) + m^*(I \cap S^c) \end{aligned}$$

これは $m^*(S)=m_*(S)$ にほかならない．

条件が十分なこと：$m^*(S)=m_*(S)$ が成り立ったとする．S の等測包を G, $S^c \cap I$ の等測包を G_1 として $F=G_1{}^c \cap I$ とおく．F, G は可測な集合であって $F \subset S \subset G$．$I=F+F^c \cap I$ より

$$\begin{aligned} m(F) &= m(I) - m(F^c \cap I) \\ &= m(I) - m(G_1) \\ &= m(I) - m^*(S^c \cap I) \end{aligned}$$

ここで仮定の式を用いると

$$m(F) = m^*(S)$$

が得られる．$N=S-F$ とおくと

$$S = F \cup N$$

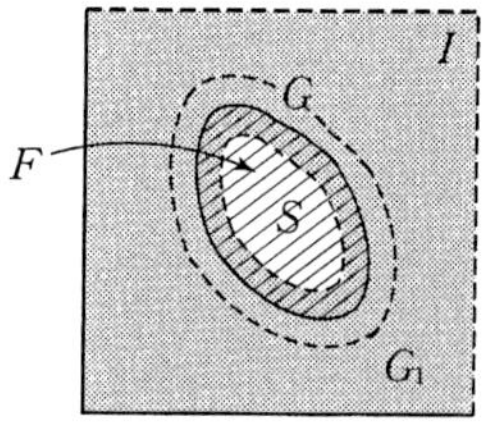

斜線部分が S，アミをかけてある部分が G_1

図 54

であり，さらに $N \subset G-F$, $m(G-F)=m(G)-m(F)=m^*(S)-m^*(S)=0$ より，N は測度0の集合の部分集合として可測である(§4，要項3，定理(iii))．したがって S はまた可測となる(図54)．

例題 7 S を $\boldsymbol{R}^k$ の有界な集合とするとき

$$m_J{}^*(S) = m(\overline{S})$$

を示せ．

解　S を蔽う'半開区間'による任意の有限被覆を $S\subset\bigcup_{n=1}^{k}I_n$ とする．そのとき

$$\bar{S}\subset\bigcup_{n=1}^{k}\bar{I}_n$$

したがって

$$m(\bar{S})\leqq\sum_{n=1}^{k}|\bar{I}_n|=\sum_{n=1}^{k}|I_n|$$

ここで右辺の下限へ移ると

$$m(\bar{S})\leqq m_J{}^*(S)$$

が得られる．

逆の不等式をみるために，任意の $\varepsilon>0$ に対して

$$\bar{S}\subset\bigcup_{n=1}^{\infty}I_n$$

$$\sum_{n=1}^{\infty}|I_n|\leqq m(\bar{S})+\varepsilon$$

となる半開区間 $I_n\,(n=1,2,\cdots)$ をとる．$\bar{S}$ はコンパクトだから N を十分大きくとれば

$$\bar{S}\subset\bigcup_{n=1}^{N}I_n$$

となる．したがって

$$m_I{}^*(\bar{S})\leqq\sum_{i=1}^{N}|I_n|\leqq\sum_{i=1}^{\infty}|I_n|\leqq m(\bar{S})+\varepsilon$$

ε はどんな小さい正数でもよいのだから

$$m_J{}^*(S)\leqq m_J{}^*(\bar{S})\leqq m(\bar{S})$$

がいえた．

例題 8　要項 3 にある定理 4 を示せ．

解　まず $S\subset I$ に対して

$$m(\overline{S^c\cap I})=m(\overline{S^c}\cap\bar{I})$$

が成り立つことを示す．$\overline{S^c\cap I}\leqq\overline{S^c}\cap\bar{I}$ だから，$\overline{m(S^c\cap I)}\leqq m(\overline{S^c}\cap\bar{I})$ は明らかであり，逆向きの不等号は $\overline{S^c\cap I}\cup(\bar{I}-\bar{I}^o)\supset\bar{S}^c\cap\bar{I}$ と $m(\bar{I}-I^o)=0$ に注意すると得られる．さて，$S\subset I$ がジョルダン可測である条件，定理 3 は例題 7 を用いると

$$m(\bar{S})=m(I)-m\overline{(S^c\cap I)}$$

と書き直されることがわかる．この右辺に上に注意した関係を用いると

$$
\begin{aligned}
\text{右辺} &= m(\bar{I}) - m(\overline{S^c \cap I}) \\
&= m(\bar{I}) - m(\overline{S^c} \cap \bar{I}) \\
&= m(\bar{I} - \overline{S^c} \cap \bar{I}) \\
&= m(S^o)
\end{aligned}
$$

したがってSがジョルダン可測である条件は$m(\overline{S})=m(S^o)$，すなわち$m(\overline{S}-S^o)=0$で与えられることがわかった.

§6.　ジョルダン式測度の拡張と直積測度

●要　項●

1.　集合 X の部分集合のつくる集合体(§1, 要項1) $\mathcal{K}$ が与えられているとします.

$\mathcal{K}$ 上の**ジョルダン測度** v とは, 各 $A\in\mathcal{K}$ に対して

$$0\leqq v(A)\leqq +\infty,\quad v(\phi)=0$$

が決まって

$$A, B\in\mathcal{K},\quad A\cap B=\phi \implies v(A\cup B)=v(A)+v(B)$$

となるものです.

集合体 $\mathcal{K}$, および $\mathcal{K}$ 上のジョルダン式測度 v が与えられたとき, **ジョルダン式測度空間**が与えられたといって, それを $X(\mathcal{K}, v)$ で表わします. $v(x)<+\infty$ のとき**有界**であるといいます.

また

$$E_1\subset E_2\subset\cdots\subset E_n\subset\cdots,\quad X=\textstyle\bigcup_{n=1}^{\infty} E_n$$
$$v(E_n)<+\infty\quad (n=1, 2, \cdots)$$

をみたす集合列 $E_n\in\mathcal{K}$ が存在して, $A\in\mathcal{K}$ に対してつねに

$$\lim v(E_n\cap A)=v(A)$$

が成り立つとき, **準有界**であるといいます.

2.　ジョルダン式測度空間 $X(\mathcal{K}, v)$ が次の性質をみたしているとき, **可算加法的**であるといいます.

$A\in K$, $A_n\in\mathcal{K}$ $(n=1, 2, \cdots)$ が

$$A=\textstyle\bigcup_{n=1}^{\infty} A_n,\quad A_i\cap A_j=\phi\quad (i\neq j)$$

のとき

$$v(A)=\sum_{n=1}^{\infty} v(A_n)$$

$X(\mathcal{K}, v)$ が可算加法的であるための必要十分な条件は, 次の2つの条件が同

時に成り立つことです.

i）　$A_1 \supset A_2 \supset \cdots \supset A_n \supset \cdots \quad (A_n \in \mathcal{K})$

$$v(A_1) < +\infty, \quad \bigcap_{n=1}^{\infty} A_n = \phi$$

ならば

$$\lim v(A_n) = 0$$

ii）　$A_1 \subset A_2 \subset \cdots \subset A_n \subset \cdots \quad (A_n \in \mathcal{K})$ に対し，$A_0 = \bigcup_{n=1}^{\infty} A_n$ とおくとき，$v(A_0) = +\infty$ ならば

$$\lim v(A_n) = +\infty$$

$X(\mathcal{K}, v)$ が有界または準有界ならば，i）だけ成り立てば十分です.

定理1　v を集合体 $\mathcal{K}$ 上で与えられたジョルダン式測度とする. v がボレル集合体 $\mathcal{B}(\mathcal{K})$ 上の測度にまで拡張されるための必要十分な条件は，v が $\mathcal{K}$ 上で可算加法的なことである（⇒ **例題1参照**）.

いいかえれば，ジョルダン式測度空間 $X(\mathcal{K}, v)$ に対し，測度空間 $X(\mathcal{B}(\mathcal{K}), m)$ が決まって，$A \in \mathcal{K}$ に対しては

$$m(A) = v(A)$$

となるのは，$X(\mathcal{K}, v)$ が可算加法的な場合であり，またその場合に限るのです.

$X(\mathcal{K}, v)$ が可算加法的な，有界または準有界な測度のときには，$\mathcal{B}(\mathcal{K})$ へのこのような測度の拡張は，一意的に行なわれる.

3.　2つの集合 X, Y，および X, Y 上の集合体 $\mathcal{K}_X, \mathcal{K}_Y$ が与えられたとき，$X \times Y$ の部分集合族 $\mathcal{F}$ を

$$\mathcal{F} = \{A \times B : A \in \mathcal{K}_X, B \in \mathcal{K}_Y\}$$

によって定義します.

$\mathcal{F}$ から生成される集合体 $\mathcal{K}(\mathcal{F})$ を $\mathcal{K}_X \times \mathcal{K}_Y$ と表わします.

$$\mathcal{K}_X \times \mathcal{K}_Y = \mathcal{K}(\mathcal{F})$$

$\mathcal{K}_X \times \mathcal{K}_Y$ に属する集合は，

$$\bigcup_{i=1}^{n} (A_i \times B_i) \quad (A_i \in \mathcal{K}_X, B_i \in \mathcal{K}_Y)$$

のように表わされます.

2つのジョルダン式測度空間 $X(\mathcal{K}_X, v_X)$，$Y(\mathcal{K}_Y, v_Y)$ が与えられたとします.

このとき $\mathcal{K}_X \times \mathcal{K}_Y$ に属する集合

$$C = \bigcup_{i=1}^{n} A_i \times B_i$$

(ここで $A_i \in \mathcal{K}_X, B_i \in \mathcal{K}_Y$；$A_i \times B_i\ (i=1, 2, \cdots, n)$ には共通点なし) に対して

$$v(C) = \sum_{i=1}^{n} v(A_i) v_Y(B_i)$$

とおきます．

このとき v は集合体 $\mathcal{K}_X \times \mathcal{K}_Y$ 上のジョルダン式測度を与えています．この測度を $v_X \times v_Y$ と表わします．そしてこのようにして得られた直積空間 $X \times Y$ 上のジョルダン式測度空間を

$$X \times Y(\mathcal{K}_X \times \mathcal{K}_Y, v_X \times v_Y)$$

と表わします．

ジョルダン式測度空間 $X(\mathcal{K}_X, v_X)$，$Y(\mathcal{K}_Y, v_Y)$ が有界または準有界ならば，それに応じて $X \times Y(\mathcal{K}_X \times \mathcal{K}_Y, v_X \times v_Y)$ も有界または準有界となります．またこの場合，さらに $X(\mathcal{K}_X, v_X)$，$Y(\mathcal{K}_Y, v_Y)$ が可算加法的ならば，$X \times Y(\mathcal{K}_X \times \mathcal{K}_Y, v_X \times v_Y)$ も可算加法的となります．したがってこのとき定理1から，ジョルダン式測度 $v_X \times v_Y$ は一意的に $\mathcal{B}(\mathcal{K}_X \times \mathcal{K}_Y)$ 上の測度 $m_X \times m_Y$ にまで拡張されます．この測度を

$$m_X \times m_Y$$

と表わして，測度空間

$$X \times Y(\mathcal{B}(\mathcal{K}_X \times \mathcal{K}_Y),\ m_X \times m_Y)$$

を**直積測度空間**といいます．

4.　上に述べたことは，とくに有界または準有界な測度空間 $X(\mathcal{B}_X, m_X)$，$Y(\mathcal{B}_Y, m_Y)$ に適用して得られる直積測度空間を

$$X \times Y(\mathcal{B}(\mathcal{B}_X \times \mathcal{B}_Y),\ m_X \times m_Y)$$

と表わします．

以下では，かんたんのため

$$\mathcal{B} = \mathcal{B}(\mathcal{B}_X \times \mathcal{B}_Y)$$

$$m = m_X \times m_Y$$

とおきます．

このとき次の一連の定理が成り立ちます[1)]．

定理 2 (i) $E\in\mathcal{B}$ ならば，各 $y_0\in Y$ に対し，切口の集合

$$E(y_0)=\{x|(x,y_0)\in E\}$$

は $\mathcal{B}_X$ に属する．

(ii) $f(x,y)$ が $X\times Y$ 上の $\mathcal{B}$-可測関数であれば，各 $y_0\in Y$ に対して $f(x,y_0)$ は X 上の関数として，$\mathcal{B}_X$-可測関数である(⇒ **例題 4 参照**)．

定理 3 $E\in\mathcal{B}$, $m(E)<+\infty$ とする．

(i) $E(y)=\{x|(x,y)\in E\}$ に対して

$$f(y)=m_X(E(y))$$

は $\mathcal{B}_Y$-可測関数である．

(ii) この $f(y)$ に対して

$$m(E)=\int_Y f(y)m_Y(dy)$$

が成り立つ(⇒ **例題 5 参照**)．

定理 4 $f(x,y)$ を $\mathcal{B}$-可測関数で，かつ直積測度 m に関して可積分とする．そのとき

(i) $m_Y(B)=0$ であるようなある $B\in\mathcal{B}_Y$ に属する $y\in B$ を除けば，$f(x,y)$ は y をとめて x の関数と考えたとき m_X に関し可積分である．

(ii) $y\in B^c$ のとき

$$F(y)=\int_X f(x,y)m_X(dx)$$

は $\mathcal{B}_Y$-可測で，かつ m_Y に関し可積分である．

(iii) $y\in B$ のとき $F(y)=0$ とおくと

$$\int_{X\times Y} f(x,y)m(d(x,y))=\int_Y\left\{\int_X f(x,y)m_X(dx)\right\}m_Y(dy)$$

(⇒ **例題 7 参照**)．

例題 1 要項 2 にある定理 1 を示せ．

解 必要性は明らかだから，十分性だけを示すとよい．$X(\mathcal{K},v)$ は可算加法

---

1) (217 頁) 定理 2, 3, 4 を**フビニの定理**といいます．フビニ (1879-1943) はイタリアの数学者です．

性をもつとする．

$E \subset X$ に対して

$$m^*(E) = \inf \sum_{n=1}^{\infty} v(A_n)$$

とおく．ただし inf は $E \subset \bigcup_{n=1}^{\infty} A_n$, $A_n \in \mathcal{K}$ なるすべての E の被覆をわたるとする．m^* は X に外測度を与えている．実際 $E \subset E_1$ ならば $m^*(E) \leqq m^*(E_1)$ が成り立つことは明らかであり，また

$$m^*(\bigcup_{n=1}^{\infty} E_n) \leqq \sum_{n=1}^{\infty} m^*(E_n)$$

は，§4，例題1の解で示したと同様に示すことができる．

$\mathcal{K}$ に属する任意の集合 A は m^*-可測である．それを示すには $E \subset X$, $m^*(E) < +\infty$ に対して

$$m^*(E) \geqq m^*(E \cap A) + m^*(E \cap A^c)$$

が成り立つことをみるとよい．正数 ε に対して

$$E \subset \bigcup_{n=1}^{\infty} A_n, \quad A_n \in \mathcal{K}$$

$$m^*(E) + \varepsilon > \sum_{n=1}^{\infty} v(A_n)$$

となる E の被覆 $\{A_n\}$ を選ぶ．

$$A_n = (A \cap A_n) \cup (A^c \cap A_n) \quad \text{(共通点なし)}$$

から，v の有限加法性を用いて

$$\sum_{n=1}^{\infty} v(A_n) = \sum_{n=1}^{\infty} v(A \cap A_n) + \sum_{n=1}^{\infty} v(A^c \cap A_n)$$

が得られる．明らかに

$$m^*(E \cap A) \leqq \sum_{i=1}^{n} v(A \cap A_n)$$

$$m^*(E \cap A^c) \leqq \sum_{i=1}^{n} v(A^c \cap A_n)$$

だから

$$m^*(E) + \varepsilon > m^*(E \cap A) + m^*(E \cap A^c)$$

が得られる．ここで $\varepsilon \to 0$ とすると A の可測なことが示された．$\mathcal{K}$ に属するすべての集合は可測だから，したがってまた $\mathcal{B}(\mathcal{K})$ に属するすべての集合は可測となる．

$A \in \mathcal{K}$ のとき $m(A) = v(A)$ を示す．$m(A) \leqq v(A)$ は明らかだから，逆向

きの不等式を示せばよい．そのため $m(A)<+\infty$ とし，与えられた正数 ε に対し

$$A\subset\bigcup_{n=1}^{\infty}A_n,\quad A_n\in\mathcal{K}$$

$$m^*(A)+\varepsilon>\sum_{n=1}^{\infty}v(A_n)$$

が成り立つように $\{A_n\}$ をとる．そのとき

$$A=\bigcup_{n=1}^{\infty}(A\cap A_n)$$

であるが，$B_1=A\cap A_1$, $B_2=A\cap A_2-A\cap A_1$, $\cdots$, $B_n=A\cap(A_n-A_1\cap\cdots\cap A_{n-1})$, $\cdots$ とおくと $B_n\in\mathcal{K}$ $(n=1,2,\cdots)$ でかつ互いに共通点がなく

$$A=\bigcup_{n=1}^{\infty}B_n,\quad B_n\subset A\cap A_n$$

となる．v が可算加法的であることを用いると

$$\sum_{n=1}^{\infty}v(A_n)\geqq\sum_{n=1}^{\infty}v(A\cap A_n)$$

$$\geqq\sum_{n=1}^{\infty}v(B_n)=v(A)$$

となり，したがって $m^*(A)+\varepsilon>v(A)$，$\varepsilon\to 0$ とすると $m^*(A)\geqq v(A)$ が示された．

例題2　X の部分集合族 $\mathcal{M}$ が次の2つの条件をみたすとき，$\mathcal{M}$ を**単調集合族**という．

（i）　$A_1\subset A_2\subset\cdots\subset A_n\subset\cdots$；$A_n\in\mathcal{M}$ ならば $\bigcup_{n=1}^{\infty}A_n\in\mathcal{M}$

（ii）　$A_1\supset A_2\supset\cdots\supset A_n\supset\cdots$；$A_n\in\mathcal{M}$ ならば $\bigcap_{n=1}^{\infty}A_n\in\mathcal{M}$

そのとき次のことを示せ．

i）　どんな部分集合族 $\mathcal{F}$ に対しても，$\mathcal{F}$ を含む最小の単調集合族 $\mathcal{M}(\mathcal{F})$ が存在する．

ii）　$\mathcal{K}$ を集合体とすると

$$\mathcal{M}(\mathcal{K})=\mathcal{B}(\mathcal{K})$$

解　i）　このことは，$\mathcal{F}$ を含む最小のボレル集合体 $\mathcal{B}(\mathcal{F})$ が存在することを示したのと同じ論法で証明される（§1，例題2参照，180頁）．

ii）　$\mathcal{B}(\mathcal{K})$ は $\mathcal{K}$ を含む単調集合族となっていることは明らかだから，まず

$$\mathcal{B}(\mathcal{K})\supset\mathcal{M}(\mathcal{K})$$

が成り立つ．

次に $\mathcal{M}(\mathcal{K})$ が $\mathcal{K}$ を含むボレル集合体であることを示せば，$\mathcal{B}(\mathcal{K})\subset\mathcal{M}(\mathcal{K})$ となり，$\mathcal{B}(\mathcal{K})=\mathcal{M}(\mathcal{K})$ が示されたことになる．$\mathcal{M}(\mathcal{K})\supset\mathcal{K}$ は自明だから，$\mathcal{M}(\mathcal{K})$ がボレル集合体になることさえ示せばよい．それには次の a)，b) が成り立つことをみるとよい．

a)　$A, B\in\mathcal{M}(\mathcal{K}) \implies A\cap B\in\mathcal{M}(\mathcal{K})$

b)　$A\in\mathcal{M}(\mathcal{K}) \implies A^c\in\mathcal{M}(\mathcal{K})$

実際この a)，b) が示されれば，$\mathcal{M}(\mathcal{K})$ は集合体となり，さらに共通点のない $\mathcal{M}(\mathcal{K})$ の集合列 $\{A_n\}$ $(n=1, 2, \cdots)$ に対しては，$A_1\subset A_1\cup A_2\subset\cdots\subset\bigcup_{k=1}^{n} A_k\subset\cdots$ の単調性と $\bigcup_{k=1}^{\infty} A_k\in\mathcal{M}(\mathcal{K})$ から，$\bigcup_{n=1}^{\infty} A_n\in\mathcal{M}(\mathcal{K})$ がいえて，$\mathcal{M}(\mathcal{K})$ ボレル集合体となることが導かれる．

a) の証明：$\mathcal{M}_1=\{E|\ A\in\mathcal{K}$ に対し $E\cap A\in\mathcal{M}(\mathcal{K})\}$ とおくと，$\mathcal{M}_1\supset\mathcal{K}$ でさらに，$\mathcal{M}_1$ は単調集合族である．したがって $\mathcal{M}_1\supset\mathcal{M}(\mathcal{K})$．次に $\mathcal{M}_2=\{E|\ A\in\mathcal{M}(\mathcal{K})$ に対して $E\cap A\in\mathcal{M}(\mathcal{K})\}$ とおくと，$\mathcal{M}_2\supset\mathcal{K}$ で $\mathcal{M}_2$ は単調集合族である．したがって $\mathcal{M}_2\supset\mathcal{M}(\mathcal{K})$．このことは a) が成り立つことにほかならない．

b) の証明：$\mathcal{M}_3=\{A|\ A\in\mathcal{M}(\mathcal{K}),\ A^c\in\mathcal{M}(\mathcal{K})\}$ とおくと，$\mathcal{M}_3\supset\mathcal{K}$ で $\mathcal{M}_3$ は単調集合族である．したがって $\mathcal{M}_3\supset\mathcal{M}(\mathcal{K})$．このことは b) が成り立つことにほかならない．

例題3　$X(\mathcal{K}_X, v_X)$，$Y(\mathcal{K}_Y, v_Y)$ を有界，または準有界なジョルダン式測度空間とし，2つの測度空間はともに可算加法的であるとする．そのとき直積測度空間 $X\times Y(\mathcal{K}_X\times\mathcal{K}_Y, v_X\times v_Y)$ も可算加法的であることを示せ．

解　$X\times Y(\mathcal{K}_X\times\mathcal{K}_Y, v_X\times v_Y)$ は，有界または準有界となることは容易にわかるから，可算加法的であることを示すには，次のことを示せばよい（要項2，i）の対偶）．

$$E_1\supset E_2\supset\cdots\supset E_n\supset\cdots,\quad E_n\in\mathcal{K}_X\times\mathcal{K}_Y$$
$$v_X\times v_Y(E_1)<+\infty,\quad \lim v_X\times v_Y(E_n)=\alpha>0$$

ならば，$\bigcap_{n=1}^{\infty} E_n\neq\phi$．

ここで各 E_n は

$$E_n=\bigcup_{k=1}^{r_n}(A_k^{(n)}\times B_k^{(n)})$$

$$A_k^{(n)} \in \mathscr{K}_X, \quad B_k^{(n)} \in \mathscr{K}_Y$$

$$A_1^{(n)}, A_2^{(n)}, \cdots, A_{r_n}^{(n)} \text{ は互いに共通点なし}$$

と仮定してよい．さらに $n=1, 2, \cdots$ に対し $A_k^{(n)}$ を順次細分しておけば $A_k^{(n+1)}$ はある $A_i^{(n)}$ の部分集合であるとしてよい．

また，$\infty > v_X(A_k^{(1)}) > 0$ としてさしつかえない．記号のかんたんのため，$v = v_X \times v_Y$ とおく．$v(E_1) < +\infty$ により，ある正数 γ をとると

$$\sum_{k=1}^{r_n} v_X(A_k^{(n)}) < \gamma, \quad v_Y(B_k^{(n)}) < \gamma$$

とが成り立つ．いま $v_Y(B_k^{(n)}) \geqq \alpha/2\gamma$ なる k についての和を $\sum'$ として

$$A_n = \sum{}' A_k^{(n)} \in \mathscr{K}_X$$

とおくと，$A_k^{(n)}$ の作り方から

$$A_1 \supset A_2 \supset \cdots \supset A_n \supset \cdots$$

が成り立つことがわかる．また

$$\alpha \leqq v(E_n) \leqq v_X(A_n) \cdot \gamma + \gamma \frac{\alpha}{2\gamma}$$

から $v_X(A_n) \geqq \alpha/2\gamma \ (n=1, 2, \cdots)$.

v_X は $\mathscr{K}_X$ 上で可算加法的だから，したがって

$$\bigcap_{n=1}^{\infty} A_n \ni x_0$$

となる $x_0 \in X$ が存在する (要項 2，i) の対偶)．$x_0 \in A_{i_n}^{(n)}$ とすると，この i_n $(i=1, 2, \cdots)$ に対して

$$B_{i_1}^{(1)} \supset B_{i_2}^{(2)} \supset \cdots \supset B_{i_n}^{(n)} \supset \cdots$$

が成り立ち，また A_n の定義から

$$v_Y(B_{i_n}^{(n)}) \geqq \frac{\alpha}{2\gamma}$$

v_Y が $\mathscr{K}_Y$ 上可算加法的であることを用いると

$$\bigcap_{n=1}^{\infty} B_{i_n}^{(n)} \ni y_0$$

なる y_0 の存在がいえて，したがって，$(x_0, y_0) \in \bigcap_{n=1}^{\infty} E_n$ となり，$\bigcap_{n=1}^{\infty} E_n \neq \phi$ が示された．

例題 4 要項 4 にある定理 2 を示せ．

解 (i) $E \subset X \times Y$ で，各 $y_0 \in Y$ に対し

$$E(y_0) = \{x \mid (x, y_0) \in E\} \in \mathscr{B}_X$$

となる集合 E 全体のつくる集合族を $\mathcal{M}$ とする．$E\in\mathcal{B}_X\times\mathcal{B}_Y$ に対して

$$E=\bigcup_{i=1}^n(A_i\times B_i)$$

$$\text{ここで } A_i\in\mathcal{B}_X,\ B_i\in\mathcal{B}_Y,\ B_1,\cdots,B_n \text{ は共通点なし}$$

と表わしておくと，$y\in B_i\ (i=1,2,\cdots,n)$ ならば $E(y)=A_i\in\mathcal{B}_X$ である．また $y\notin\bigcup_{i=1}^n B_i$ ならば $E(y)=\phi\in\mathcal{B}_X$ となり，$E\in\mathcal{M}$ となることがわかる．ゆえに $\mathcal{M}\supset\mathcal{B}_X\times\mathcal{B}_Y$．一方 $\mathcal{M}$ は，容易に確かめられるように，単調集合族だから，例題3を用いて

$$\mathcal{M}\supset\mathcal{M}(\mathcal{B}_X\times\mathcal{B}_Y)\supset\mathcal{B}(\mathcal{B}_X\times\mathcal{B}_Y)=\mathcal{B}$$

これで(ｉ)が示された．

(ii)　$E_\alpha=\{(x,y)|\,f(x,y)\leqq\alpha\}$ とおくと，

$$\{x|\,f(x,y_0)=\alpha\}=E_\alpha(y_0)$$

となり，(ｉ)から $E_\alpha\in\mathcal{B}$ ならば，$E_\alpha(y_0)\in\mathcal{B}_X$ となって，$f(x,y_0)$ は $\mathcal{B}_X$-可測となる．

例題5　要項4にある定理3を示せ．

解　$X(\mathcal{B}_X,m_X)$，$Y(\mathcal{B}_Y,m_Y)$ が有界のときに示しておく（準有界のときは，この結果から容易に導ける）．定理3の(ｉ)，(ii)に述べてある性質をもつ $E\subset X\times Y$ の全体を $\mathcal{M}$ とすると，測度および積分の性質から $\mathcal{M}$ は単調集合族である．

一方，$E\in\mathcal{B}_X\times\mathcal{B}_Y$ に対して，例題4，(ｉ)の解の最初に述べたように

$$E=\bigcup_{i=1}^n(A_i\times B_i)\quad(A_i\in\mathcal{B}_X,B_i\in\mathcal{B}_Y,B_1,\cdots,B_n\text{ は共通点なし})$$

と表わしておくと，$f(y)=m_X(E(y))$ は

$$f(y)=\sum_{i=1}^n\alpha_i c(y;B_i),\quad \alpha_i=m_X(A_i)$$

とかけるから，$f(y)$ は $\mathcal{B}_Y$-可測である．すなわち $E\in\mathcal{B}_X\times\mathcal{B}_Y$ に対して(ｉ)が成り立つ．

さらに $\alpha_i=m_X(A_i)$ に注意すると

$$m(E)=\sum_{i=1}^n m_X(A_i)m_Y(B_i)$$

$$=\int_Y f(y)m_Y(dy)$$

このことは $\mathcal{M}\supset\mathcal{B}_X\times\mathcal{B}_Y$ を示している．

したがって $\mathcal{M}\supset\mathcal{M}(\mathcal{B}_X\times\mathcal{B}_Y)=\mathcal{B}(\mathcal{B}_X\times\mathcal{B}_Y)$ が成り立ち，定理が示された.

例題6 要項4にある定理3を用いて次のことを示せ. N を $X\times Y$ の部分集合でかつ $m(N)=0$ とする. $y\in N$ に対し

$$N(y)=\{x|\,(x,y)\in N\}$$

とおく. そのとき $m_Y(B)=0$ をみたす部分集合 $B\subset Y$ が存在し，$y\notin B$ ならば $m_X(N(y))=0$ が成り立つことを示せ.

解 $m_X(N(y))\geqq 0$ は，定理3の(i)から y の関数として $\mathcal{B}_Y$-可測であり，同じ定理の(ii)から

$$0=m(N)=\int_Y m_X(N(y))m_Y(dy)$$

したがって $B=\{y|\,m_X(N(y))>0\}$ とおくと，$m_Y(B)=0$ が成り立ち，$y\notin B$ ならば $m_X(N(y))=0$ となる.

例題7 要項4にある定理4を示せ.

解 最初に次のことを注意する. $\mathcal{B}$-可測な可積分関数 $f(x,y)$ に対し

$$N=\{(x,y)|\,f(x,y)=\pm\infty\}$$

とおくと，$m(N)=0$. ゆえに例題6からある $B\subset Y$ で，$m_Y(B)=0$，かつ $y\notin B$ ならば $m_X(N(y))=0$ となるものが存在する. したがって，$f(x,y)$ を，y をとめて x だけの関数とみたとき，$y\notin B$ ならば $f(x,y)=\pm\infty$ となる x の測度は0である.

さて，定理に述べてある(i)，(ii)，(iii)をすべて満足する $\mathcal{B}$-可測な可積分関数全体を $\mathcal{F}$ とする. $\mathcal{F}$ は，定理3から，$E\in\mathcal{B}\,(m(E)<+\infty)$ 上の特性関数 $c(x;E)$ を含む. また積分の性質から

i) $f\in\mathcal{F},\ g\in\mathcal{F}\ \Longrightarrow\ \alpha f+\beta g\in\mathcal{F}$

ii) $f_n\in\mathcal{F}\,(n=1,2,\cdots)$；$0\leqq f_1\leqq f_2\leqq\cdots\to f$ で f が可積分ならば $f\in\mathcal{F}$

が成り立つ. i)から任意の単関数は $\mathcal{F}$ に属することがわかり，したがってまた ii)から可積分な $f\,(\geqq 0)$ が $\mathcal{F}$ に属することがわかる. 可積分関数 f は，$f=f^+-f^-$ $(f^+\geqq 0, f^{-1}\geqq 0$；$f^+, f^-$ は可積分$)$ と表わされるから，したがって $f\in\mathcal{F}$ となり定理は証明された.

第3章　測度論の広がり

この章では，設問の形で問題を提示し，その解答を述べてみることにより，測度論がさまざまな方向に展開していく広がりを示します．

> **1.** $\boldsymbol{R}^k$ の中で，座標がすべて有理数であるような点全体のつくる部分集合 S は，$\boldsymbol{R}^k$ のボレル集合 $\mathcal{B}_{R^k}$ に属することを示せ．

［**解**］ S は可算集合である．一方，1点は閉集合だから $\mathcal{B}_{R^k}$ に属し，したがってその可算個の和集合である S も $\mathcal{B}_{R^k}$ に属する．

> **2.** $\mathcal{B}_{R^k}$ の元で，とくに可算個の開集合 $O_1, O_2, \cdots, O_n, \cdots$ の共通部分として表わされるものを **G_δ-集合**という．そのとき次のことを示せ．
>
> i） G_δ-集合の可算個の共通集合はまた G_δ-集合である．
>
> ii） $\boldsymbol{R}^k$ のすべての閉集合は G_δ-集合である．

［**解**］ i） $G^{(i)}=\bigcap_{j=1}^{\infty} O_j^{(i)}\ (i=1, 2, \cdots)$ を可算個の G_δ-集合とする：$O_j^{(i)}$ は開集合である．そのとき

$$\bigcap_{i=1}^{\infty} G^{(i)}=\bigcap_{i=1}^{\infty}\bigcap_{j=1}^{\infty} O_j^{(i)}$$

と表わされるから，$\bigcap_{i=1}^{\infty} G^{(i)}$ もまた G_δ-集合である．

ii） $\boldsymbol{R}^k$ の距離を $d(x, y)$ で表わす．閉集合 F は開集合 $O_n=\left\{x \,\middle|\, d(x, F)<\frac{1}{n}\right\}\ (n=1, 2, \cdots)$ の共通部分となる．

> **3.** $\mathcal{B}_{R^k}$ の元で，とくに可算個の閉集合 $F_1, F_2, \cdots, F_n, \cdots$ の和集合として表わされるものを **F_σ-集合**という．そのとき次のことを示せ．
>
> i） F_σ-集合の可算個の和集合はまた F_σ-集合である．
>
> ii） F_σ-集合の補集合は G_δ-集合である．
>
> iii） $\boldsymbol{R}^k$ のすべての開集合は F_σ-集合である．

［**解**］ i） は前問の i）と同様に示される．

ii）F を F_σ-集合とする．$F=\bigcup_{i=1}^{\infty}F_i$（$F_i$ は閉集合）と表わされる．したがって $F^c=\bigcap_{i=1}^{\infty}F_i^c$ となるが，F_i^c は開集合だから，したがって F^c は G_δ-集合である．

iii）開集合の補集合は閉集合のことに注意すると ii）と前問の ii）とから得られる．

4. $\boldsymbol{R}^k$ の点 $(x_1, \cdots, x_k)$ で，少なくとも1つの座標 x_i は無理数であるようなものの全体 A は G_δ-集合であることを示せ．

［解］ $S=A^c$ とおくと，S は座標がすべて有理数からなる点全体からなり，したがって S は可算個の閉集合の（1点）和集合として表わされる．ゆえに前問 ii）から A は G_δ-集合である．

$\boldsymbol{R}^k$ の部分集合で可算個の G_δ-集合の和集合として表わされる集合を $\boldsymbol{G_{\delta\sigma}}$**-集合**という．可算個の F_σ-集合の共通部分として表わされる集合を $\boldsymbol{F_{\sigma\delta}}$**-集合**という．以下同様にして順次 $G_{\delta\sigma\delta}$-集合，$F_{\sigma\delta\sigma}$-集合，$G_{\delta\sigma\delta\sigma}$-集合，…等を定義することができる．これらはすべて $\mathcal{B}_{R^k}$ に属する．

$\boldsymbol{R}^k$ で定義された実数値連続関数を0級の**ベール関数**という．連続関数列 $f_1, f_2, \cdots, f_n, \cdots$ の極限関数として表わされる関数 g を高々1級のベール関数という：$g(x)=\lim_{n\to\infty} f_n(x)$．連続関数でない高々1級のベール関数を1級のベール関数という．高々1級のベール関数列 $g_1, g_2, \cdots, g_n, \cdots$ の極限関数として表わされる関数 h を高々2級のベール関数という：$h(x)=\lim_{n\to\infty} g_n(x)$．以下同様にして，高々 n 級のベール関数が定義できる．

5. $\boldsymbol{R}^1$ 上の関数 $g(x)$ を

$$g(x)=\begin{cases}1, & 0\leqq x\leqq 1\\ 0, & x\notin[0,1]\end{cases}$$

で定義する．そのとき $g(x)$ は1級のベール関数であることを示せ．

［解］

$$f_n(x)=\begin{cases}0, & x\leqq -\dfrac{1}{n}\\ nx+1, & -\dfrac{1}{n}\leqq x\leqq 0\\ 1, & 0\leqq x\leqq 1\\ -nx+n+1, & 1\leqq x\leqq 1+\dfrac{1}{n}\\ 0, & 1+\dfrac{1}{n}\leqq x\end{cases}$$

とおくと $f_n(x)$ は連続関数で $\lim f_n=g$. したがって g は高々1級のベール関数であるが，g は 0 と 1 で不連続だから，g は実際1級のベール関数となる.

6. $g(x)$ を $\boldsymbol{R}^k$ 上で定義された高々1級のベール関数とする．そのとき任意の実数 a に対して

$$S=\{x|\ g(x)>a\}$$

は $G_{\delta\sigma}$-集合となることを示せ.

［**解**］ $g(x)$ は連続関数列 $f_n(x)\ (n=1,2,\cdots)$ によって $g(x)=\lim_{n\to\infty}f_n(x)$ と表わされる．このとき

$$\begin{aligned} x\in S &\iff \text{十分大きい自然数 } N \text{ をとると } n\geqq N \text{ のとき } f_n(x)>a \\ &\iff x \text{ はほとんどすべての } O_n=\{x|\ f_n(x)>a\} \text{ に属する} \\ &\iff x\in\underline{\lim}\ O_n \\ &\iff x\in\bigcup_{N=1}^{\infty}\bigcap_{n=N}^{\infty}O_n \end{aligned}$$

したがって $S=\bigcup_{N=1}^{\infty}\bigcap_{n=N}^{\infty}O_n$. O_n は開集合だから，S は $G_{\delta\sigma}$-集合である.

7. $\boldsymbol{R}^1$ 上で定義された関数

$$h(x)=\lim_{n\to\infty}\{\lim_{m\to\infty}(\cos n!\pi x)^{2m}\}$$

を考える．そのとき

i） x をとめて考えて

$$n!x \text{ が整数のとき } \lim_{m\to\infty}(\cos n!\pi x)^{2m}=1$$

$$n!x \text{ が整数でないとき } \lim_{m\to\infty}(\cos n!\pi x)^{2m}=0$$

を示せ.

ii） このことから

$$h(x)=\begin{cases}1, & x \text{ が有理数}\\ 0, & x \text{ が無理数}\end{cases}$$

を示せ.

iii） $h(x)$ は高々2級のベール関数であることを示せ.

［**解**］ i） $n!x$ が整数のとき $\cos n!\pi x=\pm1$, したがって $\lim_{m\to\infty}(\cos n!\pi x)^{2m}=1$. $n!x$ が整数でなければ $|\cos n!\pi x|<1$, したがって $\lim_{m\to\infty}(\cos n!\pi x)^{2m}=0$.

ii）x が有理数ならば，$x=q/p$ と表わされ，したがって $n\geqq|p|$ ならば $n!x$ はつねに整数となる．ゆえに i）から $h(x)=1$ となる．一方 x が無理数ならば n をどんなに大きくとっても $n!x$ は整数でないから i）から $\lim_{m\to\infty}(\cos n!\pi x)^{2m}=0$，したがって $h(x)$ もまた 0 となる．

iii）これは $h(x)$ の形から明らかである．

8. $f(x)$ を $\boldsymbol{R}^k$ 上で定義された高々 n 級のベール関数とする．そのとき実数 a に対して

$$\{x|\,f(x)>a\}\in\mathcal{B}_{R^k}$$

となることを示せ（このことは，高々 n 級のベール関数は，すべて $\mathcal{B}_{R^k}$-可測であることを示している）．

［**解**］ n についての帰納法で示す．$n=0$ のときは，$f(x)$ は連続関数であり，したがって $\{x|\,f(x)>a\}$ は開集合で $\mathcal{B}_{R^k}$ に属する．次に高々 $n-1$ 級のベール関数に対しては命題は成り立つとして，高々 n 級のベール関数 $f(x)$ に対しても命題が成り立つことを示そう．$f(x)$ は高々 n 級のベール関数だから，高々 $n-1$ 級のベール関数列 $g_i(x)$ $(i=1,2,\cdots)$ を選ぶと

$$f(x)=\lim_{i\to\infty}g_i(x)$$

と表わされる．$B_i=\{x|\,g_i(x)>a\}$ とおくと，仮定から $B_i\in\mathcal{B}_{R^k}$．設問 6 と同様に考えて

$$\{x|\,f(x)>a\}=\underline{\lim}\,B_i=\textstyle\bigcup_{N=1}^{\infty}\bigcap_{i=N}^{\infty}B_i$$

と表わされるから，$\{x|\,f(x)>a\}$ もまた $\mathcal{B}_{R^k}$ に属することが示された．

9. $X(\mathcal{B},m)$ を測度空間とする．$A,B,C\in\mathcal{B}$ とすれば

$$m(A)+m(B)+m(C)+m(A\cap B\cap C)=m(A\cup B\cup C)+m(A\cap B)+m(B\cap C)+m(C\cap A)$$

が成り立つことを示せ．

［**解**］ §1，例題 5，iii）（182 頁）を A,B；B,C；$A\cup B$，$B\cup C$ に適用すると

$$m(A)+m(B)=m(A\cup B)+m(A\cap B)$$
$$m(B)+m(C)=m(B\cup C)+m(B\cap C)$$
$$m(A\cup B)+m(B\cup C)=m(A\cup B\cup C)+m((A\cup B)\cap(B\cup C))$$

この 3 番目の式の右辺で

$$m((A\cup B)\cap(B\cup C))=m(B\cup(A\cap C))=m(B)+m(A\cap C)-m(A\cap B\cap C)$$

が成り立つことに注意して，3 式を辺々加えると，求める等式が得られる．

10. X を集合，$\mathcal{B}$ を X 上のボレル集合体とする．X 上の実数値関数 $f(x)$ が $\mathcal{B}$-可測となるための条件は，すべての有理数 c に対して

$$\{x|\, f(x)\leqq c\}$$

が $\mathcal{B}$ に属することで与えられることを示せ．

［**解**］ $(-\infty, c]$ は $\boldsymbol{R}^1$ のボレル集合だから§2，例題 1 (186 頁) から条件が必要なことは明らかである．任意の実数 a に対し，$c_1<c_2<\cdots<c_n<\cdots\to a$ を a に収束する単調増加な有理数列とすると

$$(-\infty, a)=\bigcup_{n=1}^{\infty}(-\infty, c_n]$$

となり，したがって

$$\{x|\, f(x)<a\}=f^{-1}((-\infty, a))=\bigcup_{n=1}^{\infty}f^{-1}((-\infty, c_n])$$
$$=\bigcup_{n=1}^{\infty}\{x|\, f(x)\leqq c_n\}$$

が得られる．右辺に現われた各集合は仮定により $\mathcal{B}$ に属するから，その可算和である右辺もまた $\mathcal{B}$ に属し，したがって

$$\{x|\, f(x)<a\}\in\mathcal{B}$$

このことは，f が $\mathcal{B}$-可測であることを示している．

11. X を集合，$\mathcal{B}$ を X 上のボレル集合体とする．$f(x)$ を 0 または 1 だけの値をとる X 上の実数値関数とする．そのとき $f(x)$ が $\mathcal{B}$-可測となる条件は

$$\{x|\, f(x)=1\}\in\mathcal{B}$$

で与えられることを示せ．

［**解**］ 条件が必要なことは明らかである．条件が十分なことを示す．$A=\{x|\, f(x)=1\}$ とおくと，仮定から $A\in\mathcal{B}$ であり，また $A^c=\{x|\, f(x)=0\}\in\mathcal{B}$ となる．そのとき実数 a に対し

$$\{x|\, f(x)<a\}=\begin{cases}\phi, & a\leqq 0\\ A^c, & 0<a<1\\ X, & 1\leqq a\end{cases}$$

が成り立ち，この右辺の集合はすべて $\mathcal{B}$ に属しているから，$f(x)$ は $\mathcal{B}$-可測となる．

12. X を集合，$\mathscr{B}$ を X 上のボレル集合体とする．$f_1(x), f_2(x), \cdots, f_n(x), \cdots$ を $\mathscr{B}$-可測な関数列とする．そのとき $f_n(x)\,(n=1,2,\cdots)$ が $n\to\infty$ のとき，あるきまった値に収束する点の全体 S は，$\mathscr{B}$ に属することを示せ．

［**解**］
$$S_{-\infty}=\{x|\lim f_n(x)=-\infty\}$$
$$S_0=\{x|\lim f_n(x)\text{ が存在して有限な値}\}$$
$$S_{+\infty}=\{x|\lim f_n(x)=+\infty\}$$
とおく．そのとき
$$S=S_{-\infty}\cup S_0\cup S_{+\infty}$$
である．容易に確かめられるように，$S_{-\infty}, S_0, S_{+\infty}$ はそれぞれ次のように表わされる．
$$S_{-\infty}=\bigcap_{l=1}^{\infty}\bigcup_{N=1}^{\infty}\bigcap_{n=N}^{\infty}\{x|\,f_n(x)<-l\}$$
$$S_0=\bigcap_{l=1}^{\infty}\bigcup_{N=1}^{\infty}\bigcap_{m,n=N}^{\infty}\left\{x\,\Big|\,|f_m(x)-f_n(x)|<\frac{1}{l}\right\}$$
$$S_{+\infty}=\bigcap_{l=1}^{\infty}\bigcup_{N=1}^{\infty}\bigcap_{n=N}^{\infty}\{x|\,f_n(x)>l\}$$
と表わされる．この各々の｛ ｝の中の集合が $\mathscr{B}$ に属しているから，$S_{-\infty}, S_0, S_{+\infty}$ も，したがってまた S も $\mathscr{B}$ に属することがわかる．

13. $X(\mathscr{B}, m)$ を有界な測度空間とする．$f_n(x)\,(n=1,2,\cdots)$ を実数値 $\mathscr{B}$-可測な関数列で，各点 $x\in X$ および任意の $\delta>0$ に対し，ある番号 n_0 があって $m,\ n\geqq n_0$ ならば $|f_m(x)-f_n(x)|<\delta$ が成り立っているとする．そのとき任意の $\varepsilon>0$ に対し，ある正数 l_0，およびある可測集合 F があって

i） $m(F)<\varepsilon$

ii） $x\notin F$ ならば
$$|f_n(x)|<l_0,\ \ n=1,2,\cdots$$
が成り立つことを示せ．

［**解**］ 仮定により，各 $x\in X$ に対し $\{f_n(x)\}\,(n=1,2,\cdots)$ はコーシー列をつくるから，$\lim f_n(x)=f(x)$ は存在する．ε を与えられた正数とする．§3，要項3，定理1（191 頁）により，可測集合 H が存在して，$m(H)<\varepsilon/2$，かつ H の外では，$n\to\infty$ のとき $f_n(x)$ は $f(x)$ に一様に収束するようにできる．自然数 N を $x\notin H$，$n>N$ のとき，つねに
$$|f(x)-f_n(x)|<1$$
が成り立つように選んでおく．任意の自然数 l に対し

$$S_l=\{x|\ x\notin H,\ |f_n(x)|\leqq l\ (n=1,2,\cdots,N),\ |f(x)|\leqq l\}$$

とおくと，明らかに

$$S_1\subset S_2\subset\cdots\subset S_l\subset\cdots\ \longrightarrow\ H^c$$

となる．また $x\in S_l$ ならば $|f_n(x)|<l+1\ (n=1,2,\cdots)$ が成り立つ．$\lim_{l\to\infty}m(S_l)=m(H^c)$ だから，l を十分大きくとると

$$m(H^c)-m(S_l)<\varepsilon/2$$

となる．このような l を1つとり，それを l_0 とおき，

$$F=(H^c-S_{l_0})\cup H$$

とおく．F は求める集合である．実際

$$\begin{aligned} m(F)&\leqq m(H^c-S_{l_0})+m(H)\\ &<\varepsilon/2+\varepsilon/2=\varepsilon \end{aligned}$$

であり，また $x\notin F$ ならば $x\notin S_{l_0}$ であって，したがって

$$|f_n(x)|<l_0+1\quad(n=1,2,\cdots)$$

が成り立つ（ここでは ii）の l_0 は l_0+1 におきかわっている）．

14. $X=\{1,2,\cdots,n,\cdots\}$ とし，$\mathcal{B}$ を X のすべての部分集合からなるボレル集合体とする．

i）$S\in\mathcal{B}$ に対して

$$m(S)=\begin{cases} S\text{ の点の個数}, & S\text{ が有限集合のとき}\\ \infty, & S\text{ が無限集合のとき}\end{cases}$$

とおくと，$X(\mathcal{B},m)$ は測度空間となることを示せ．

ii）
$$f_n(x)=\begin{cases} 1, & x\in\{1,2,\cdots,n\}\\ 0, & x\notin\{1,2,\cdots,n\}\end{cases}$$

とおくと，$n\to\infty$ のとき $f_n(x)$ は1に収束するが，どのような有限測度の集合 S をとっても $X-S$ 上で $f_n(x)$ は1に一様収束するようにはできないことを示せ（この事実は，§3，要項3，定理1で，$m(X)<+\infty$ の仮定を一般にははずせないことを示している）．

［**解**］ i）測度の完全加法性だけ示せばよいが，それはほとんど明らかである．

ii）有限測度の集合 S は，自然数 N を十分大きくとると必ず $S\subset\{1,2,\cdots,N\}$ となるようにできる．$m>n>N$ のとき $1-f_n(m)\equiv 1$ だから，$X-S$ 上で $f_n(x)$ は1に一様収束してはいない．

15. $X(\mathcal{B}, m)$ を有界な測度空間とする．$A, B\in\mathcal{B}$ に対して

$$\rho(A, B)=\int_X |c(x;A)-c(x;B)|m(dx)$$

とおく．ここで

$$c(x;A)=\begin{cases}1, & x\in A\\ 0, & x\notin A\end{cases}$$

そのとき $\rho(A, B)\geqq 0$, $\rho(A, B)=\rho(B, A)$, $\rho(A, B)\leqq\rho(A, C)+\rho(C, B)$ が成り立つことを示せ．また $\rho(A, B)=0$ は $m((A\cap B^c)\cup(A^c\cap B))=0$ と同値となることを示せ．

［解］ $\rho(A, B)\geqq 0$, $\rho(A, B)=\rho(B, A)$ は明らかである．

$$\begin{aligned}\rho(A, B)&=\int_X |c(x;A)-c(x;B)|m(dx)\\ &\leqq\int_X |c(x;A)-c(x;C)|m(dx)\\ &\quad+\int_X |c(x;C)-c(x;B)|m(dx)\\ &=\rho(A, C)+\rho(C, B)\end{aligned}$$

また X を共通点のない4つの部分集合の和

$$X=(A\cup B)^c\cup(A\cap B)\cup(A\cap B^c)\cup(A^c\cap B)$$

と表わし

$$\begin{aligned}x\in(A\cup B)^c &\implies c(x;A)=c(x;B)=0\\ x\in A\cap B &\implies c(x;A)=c(x;B)=1\\ x\in A\cap B^c &\implies c(x;A)=1,\ c(x;B)=0\\ x\in A^c\cap B &\implies c(x;A)=0,\quad c(x;A)=1\end{aligned}$$

に注意すると

$$\rho(A, B)=m(A\cap B^c)+m(A^c\cap B)=m((A\cap B^c)\cup m(A^c\cap B))$$

が成り立つことがわかる．$\rho(A, B)=0$ となる条件は，したがって上式の右辺$=0$ で与えられる．

16. $X(\mathcal{B}, m)$ を設問14で与えた測度空間とする．このとき X 上の実数値関数 $f(n)$ が可積分関数である条件は，

$$\sum_{n=1}^{\infty}|f(n)|$$

が収束することで与えられることを示せ．またこのとき

$$\int_X f(x)m(dx)=\sum_{n=1}^{\infty}f(n)$$

が成り立つことを示せ．

［解］ $\mathscr{B}$ は X のすべての部分集合からなるボレル集合体だから，X 上の任意の関数は $\mathscr{B}$-可測である．最初 $f(x)\geqq 0$ とする．そのとき

$$\varphi_n(x)=\begin{cases} f(x), & x\leqq n \\ 0, & x>n \end{cases}$$

とおくと，φ_n は単関数で

$$\varphi_1\leqq\varphi_2\leqq\cdots\leqq\varphi_n\leqq\cdots \longrightarrow f$$

したがって

$$\int_X f(x)m(dx)=\lim_{n\to\infty}\int_X \varphi_n(x)m(dx)$$

$$=\lim_{n\to\infty}\sum_{k=1}^{n}f(k)=\sum_{n=1}^{\infty}f(n)$$

ゆえに $f(x)$ が可積分である条件は $\sum f(n)<+\infty$ で与えられる．一般の $f(x)$ に対しては，正の部分，負の部分にわけて考えるとよい．

17. $X(\mathscr{B}, m)$ を，前問と同様に，設問14で与えた測度空間とする．

i）
$$f_n(k)=\begin{cases} \dfrac{1}{n}, & k=1, 2, \cdots, n \\ 0, & k=n+1, n+2, \cdots \end{cases}$$

とおくと，$f_n\to 0\ (n\to\infty)$ であるが

$$\lim_{n\to\infty}\int_X f_n(x)m(dx)\neq\int_X \lim_{n\to\infty}f_n(x)m(dx)$$

となることを示せ（この事実は，§3，要項4，定理5（193頁）の結論が無条件では一般には成り立たないことを示している）．

ii）
$$g_n(k)=\begin{cases} \dfrac{1}{k}, & k=1, 2, \cdots, n \\ 0, & k=n+1, n+2, \cdots \end{cases}$$

とおくと，$g_n(k)$ は可積分関数であって，$g_n(x)$ は $n\to\infty$ のとき一様に極限関数 $g(x)$ に収束するが，$g(x)$ は可積分とはならないことを示せ．

[**解**] i) $f_n\to 0\ (n\to\infty)$ は明らかである．前問から

$$\int_X f_n(x)m(dx)=f_n(1)+f_n(2)+\cdots+f_n(n)=1$$

ゆえに

$$\lim_{n\to\infty}\int_X f_n(x)m(dx)=1$$

一方

$$\int_X \lim_{n\to\infty} f_n(x)m(dx)=0$$

ii) g_n が可積分関数のことは明らかである．$g(k)=1/k\ (k=1,2,\cdots)$ とおく．任意の $\varepsilon>0$ に対し，$N>1/\varepsilon$ となるように自然数 N をとると，$n\geqq N$ のとき $|g_n(x)-g(x)|\leqq 1/N<\varepsilon$．したがって g_n は g に一様に収束する．一方

$$\sum_{k=1}^{\infty} g(k)=\sum_{k=1}^{\infty}\frac{1}{k}=\infty$$

だから，前問により g は可積分ではない．

18. 可積分関数 $f(x)$ に対し

$$S_n=\{x\,|\,|f(x)|\geqq n\}\quad (n=1,2,\cdots)$$

とおくと

$$\lim_{n\to\infty} n\cdot m(S_n)=0$$

が成り立つことを示せ．

[**解**] $N=\{x\,|\,f(x)=\pm\infty\}$ とおくと $m(N)=0$ であって

$$S_1\supset S_2\supset\cdots\supset S_n\supset\cdots\ \longrightarrow\ N$$

となる．

$$\int_{S_1}|f(x)|m(dx)=\sum_{n=1}^{\infty}\int_{S_n-S_{n+1}}|f(x)|m(dx)+\int_N|f(x)|m(dx)$$
$$=\sum_{n=1}^{\infty}\int_{S_n-S_{n+1}}|f(x)|m(dx)$$

$f(x)$ は可積分関数だから，この和は存在して有限な値である．したがって $\varepsilon>0$ に対し l を十分大にとると

$$\sum_{n=l}^{\infty}\int_{S_n-S_{n+1}}|f(x)|m(dx)=\int_{S_l}|f(x)|m(dx)<\varepsilon$$

となる．一方 S_l の定義から

$$0\leqq l\cdot m(S_l)\leqq\int_{S_l}|f(x)|m(dx)$$

が成り立つ．このことから

$$\lim_{n\to\infty} n\cdot m(S_n)=0$$

となることがわかる．

19.　f を可測関数，g を可積分関数とし，ある実数 α, β に対し，$\alpha \leqq f(x) \leqq \beta$ が至るところ成り立つとする．そのときある実数 γ があって，$\alpha \leqq \gamma \leqq \beta$ かつ

$$\int_X f(x)|g(x)|m(dx)=\gamma\int_X |g(x)|m(dx)$$

が成り立つことを示せ．

[**解**]　まず左辺の積分に意味があることを示す．$|f(x)| \leqq \mathrm{Max}(|\alpha|, |\beta|)$ であり，したがって

$$\int_X |f(x)|\cdot|g(x)|m(dx) \leqq \mathrm{Max}(|\alpha|, |\beta|)\int_X |g(x)|m(dx) < +\infty$$

となり，$f(x)|g(x)|$ は単に積分可能ではなく，可積分関数にもなっている．

$$\alpha\int_X |g(x)|m(dx) \leqq \int_X f(x)|g(x)|m(dx) \leqq \beta\int_X |g(x)|m(dx)$$

により，$\int_X |g(x)|m(dx)=0$ ならば γ は $\alpha \leqq \gamma \leqq \beta$ なる任意の γ でよく，そうでないときは

$$\gamma=\int_X f(x)|g(x)|m(dx)\Big/\int_X |g(x)|m(dx)$$

とおくとよい．

20.　$X=\{1, 2, \cdots\}$ を自然数の集合とし，$A \subset X$ に対して

$$|A|=\begin{cases} A\text{ の元の個数,} & A\text{ が有限集合のとき} \\ +\infty, & A\text{ が無限集合のとき} \end{cases}$$

とおき，これを用いて

$$m^*(A)=\begin{cases} |A|, & A\text{ が偶数の元からなるとき} \\ |A|+1, & A\text{ が奇数の元からなるとき} \\ +\infty, & A\text{ が無限集合のとき} \end{cases}$$

また $m^*(\phi)=0$ とおく．そのとき m^* は X に1つの外測度を与えていることを示せ．またこの外測度に関し可測な部分集合を求めよ．

[解]　$A\subset B$ ならば $m^*(A)\leqq m^*(B)$ が成り立つことはすぐにわかる．$A_n\ (n=1,2,\cdots)$ を X の部分集合列とし

$$m^*(\textstyle\bigcup_{n=1}^{\infty} A_n)\leqq \displaystyle\sum_{n=1}^{\infty} m^*(A_n)$$

が成り立つことを示そう．$\bigcup_{n=1}^{\infty} A_n$ が無限集合ならば，両辺 $+\infty$ で成り立つ．したがって $\bigcup_{n=1}^{\infty} A_n$ が有限集合の集合，すなわち $A_n\ (n=1,2,\cdots)$ の中で空でなくかつ相異なるものは有限個 $B_1, B_2, \cdots, B_k$ で，かつそれらはすべて有限集合の場合を考えるとよい．$\bigcup_{n=1}^{k} B_n$ が偶数個の元からなるときは

$$\begin{aligned} m^*(\textstyle\bigcup_{n=1}^{k} B_n) &= |\textstyle\bigcup_{n=1}^{k} B_n| \\ &\leqq \displaystyle\sum_{n=1}^{k}|B_n| \leqq \sum_{n=1}^{k} m^*(B_n) \end{aligned}$$

により成り立つ．$\bigcup_{n=1}^{k} B_k$ が奇数個の元からなるときは，次の2つのいずれかの場合が生ずる．$B_1, \cdots, B_k$ のうち，少なくとも1つは奇数個の元からなるか，あるいは $B_1, \cdots, B_k$ はすべて偶数個の元からなるが，その中の適当な2つ，たとえば $B_i, B_j\ (i\neq j)$ をとると必ず交わっている．$B_i\cap B_j\neq\phi$．前者の場合には

$$\begin{aligned} m^*(\textstyle\bigcup_{n=1}^{k} B_n) &= |\textstyle\bigcup_{n=1}^{k} B_n|+1 \\ &\leqq \displaystyle\sum_{n=1}^{k}|B_n|+1 \leqq \sum_{n=1}^{k} m^*(B_n) \end{aligned}$$

となり，後者の場合には

$$\begin{aligned} m^*(\textstyle\bigcup_{n=1}^{k} B_n) &= |\textstyle\bigcup_{n=1}^{k} B_n|+1 \\ &\leqq \displaystyle\sum_{n=1}^{k}|B_n| = \sum_{n=1}^{k} m^*(B_n) \end{aligned}$$

となり，いずれの場合も成り立つ．したがって m^* は X に1つの外測度を与える．いま X の部分集合 A が，空でもなくまた X とも一致しないとする．A から1点 p, A^c から1点 q をとると

$$m^*(p\cup q)=2,\quad m^*(p)+m^*(q)=4$$

ゆえに $m^*(p\cup q)\neq m^*(p)+m^*(q)$．したがって A は可測集合となりえない（§4，要項2，200頁参照）．したがって m^* に関し可測な集合は ϕ と X だけである．

> **21.**　$\boldsymbol{R}^k$ のルベーグ測度を考える．$\boldsymbol{R}^k$ の部分集合 S に対して
>
> $$m^*(S)=\inf\{m(A)\ ;\ A\supset S,\ A\ \text{はルベーグ可測集合}\}$$
>
> が成り立つことを示せ．

[解]　右辺の値を $\tilde{m}^*(S)$ とおく．$S\subset A$ から $m^*(S)\leqq m^*(A)=m(A)$，したがって下限に移って $m^*(S)\leqq\tilde{m}^*(S)$ が得られる．一方§5，要項1，定理2（206頁）から，ある

G_δ-集合 G が存在して $S\subset G$，かつ $m^*(S)=m(G)$ が成り立つ．したがって $m^*(S)=m(G)\geqq \tilde{m}^*(S)$ がいえて $m^*(S)=\tilde{m}^*(S)$ が示された．

22. $\boldsymbol{R}^k$ の部分集合 S に対して

$$\tilde{m}_*(S)=\sup\{m(A)\ ;\ A\subset S,\ A\text{ はルベーグ可測集合}\}$$

とおくと，次のことが成り立つことを示せ．

i）$\tilde{m}_*(S)\geqq 0$

ii）$S_1\subset S_2 \Longrightarrow \tilde{m}_*(S_1)\leqq \tilde{m}_*(S_2)$

iii）$S_1, S_2, \cdots, S_n, \cdots$ を共通点のない集合列とすると

$$\tilde{m}_*\left(\bigcup_{n=1}^{\infty} S_n\right)\geqq \sum_{n=1}^{\infty}\tilde{m}_*(S_n)$$

［**解**］ i), ii) は明らかである．iii) を示す．まずある n で $\tilde{m}_*(S_n)=+\infty$ となる場合には，任意の自然数 l に対し

$$S_n\supset A,\quad m(A)\geqq l$$

をみたすルベーグ可測な集合があり，したがって $\bigcup_{n=1}^{\infty} S_n\supset A$ から $\tilde{m}_*(\bigcup_{n=1}^{\infty} A_n)\geqq l$ となり，l は任意でよかったから，$+\infty=+\infty$ の意味でiii) は成り立つ．次にすべての n に対し $\tilde{m}_*(S_n)<+\infty$ の場合にiii) を示す．このときは $\varepsilon>0$ に対して

$$S_n\supset A_n$$

$$\tilde{m}_*(S_n)<m(A_n)+\frac{\varepsilon}{2^n}$$

をみたすルベーグ可測な集合 $A_n\ (n=1, 2, \cdots)$ が存在する．$\bigcup_{n=1}^{\infty} S_n\supset \bigcup_{n=1}^{\infty} A_n$ で，A_n は互いに共通点をもたないから

$$\tilde{m}_*\left(\bigcup_{n=1}^{\infty} S_n\right)\geqq m\left(\bigcup_{n=1}^{\infty} A_n\right)=\sum_{n=1}^{\infty} m(A_n)$$

$$\geqq \sum_{n=1}^{\infty}\tilde{m}_*(S_n)-\varepsilon$$

が成り立つ．ε はどんな正数でもよかったからiii) が得られる．

23. $m^*(S)<+\infty$ なる集合 $S\subset \boldsymbol{R}^k$ がルベーグ可測であるための条件は

$$m^*(S)=\tilde{m}_*(S)$$

で与えられることを示せ．

［**解**］ $S\supset A_n$ なるルベーグ可測な集合 A_n を

$$\tilde{m}_*(S) < m(A_n) + \frac{1}{n}$$

をみたすようにとり，$F=\bigcup_{n=1}^{\infty} A_n$ とおく．$S \supset F$ で F は可測な集合である．また

$$\tilde{m}_*(S) \geqq m(F) \geqq m(A_n) > \tilde{m}_*(S) - \frac{1}{n}$$

が任意の自然数 n で成り立つから，$\tilde{m}_*(S)=m(F)$ となる．いま S の等測包を G とすると，したがって条件は

$$m(G)=m(F)$$

と同値である．もしもこの条件が成り立てば $S-F \subset G-F$ で $m(G-F)=0$ から，$S-F$ もまた可測となり，したがって

$$S=(S-F) \cup F$$

もまた可測となる．逆に S が可測ならば明らかに，$m(G)=m(S)$, $m(F)=m(S)$ が成り立ち，したがって $m(G)=m(F)$ が得られる．

24.　$\boldsymbol{R}^1$ の開集合でジョルダン可測でないものをつくれ．

［**解**］　閉区間 $[0,1]$ に含まれる有理数を番号をつけて並べ，それを $r_1, r_2, \cdots, r_n, \cdots$ とする．$0<\varepsilon<1/2$ なる数を 1 つとり

$$O=\bigcup_{n=1}^{\infty}\left(r_n - \frac{\varepsilon}{2^n},\ r_n + \frac{\varepsilon}{2^n}\right)$$

とおく．開区間の和集合として O は開集合である．

$$m(O) \leqq \sum_{n=1}^{\infty} \frac{2\varepsilon}{2^n} = 2\varepsilon < 1$$

一方，$r_1, r_2, \cdots$ は $[0,1]$ 上で稠密で，O はこれらの点をすべて含むから $\bar{O} \supset [0,1]$．したがって $m(\bar{O}) \geqq 1$．§5，要項 3，定理 4 により，開集合 O はジョルダン可測ではない．

25.　$\boldsymbol{R}^1$ の実数値連続関数 $\varphi(x)$ で，適当な α をとると $\{x \mid \varphi(x) \geqq \alpha\}$ がジョルダン可測とならないようなものをつくれ．

［**解**］　前問でつくった開集合を O, $F=[-1,2]-O$ とおく．F は閉集合であって，かつ F はジョルダン可測ではない．設問 2，15 により，F 上でちょうど 1 なる値をとる $\boldsymbol{R}^1$ 上の実数値連続関数 $\varphi(x)$, $0 \leqq \varphi(x) \leqq 1$ が存在する．このとき

$$F=\{x \mid \varphi(x) \geqq 1\}$$

に注意すると，φ は求める性質をもつ関数となっている．

索　引

あ　行

か　行

さ 行

た 行

ら 行

わ 行

著者略歴

志賀浩二（しが こうじ）

1930年　新潟市に生まれる
1955年　東京大学大学院数物系数学科修士課程修了
現　在　東京工業大学名誉教授，理学博士
　　　　第1回日本数学会出版賞受賞（2005年）
著　書　『数学30講シリーズ』（全10巻），朝倉書店
　　　　『中高一貫数学コース』（全10巻），岩波書店
　　　　など多数

集合・位相・測度　　定価はカバーに表示

2006年2月20日　初版第1刷
2017年11月25日　　第8刷

著　者　志賀浩二
発行者　朝倉誠造
発行所　株式会社 朝倉書店
東京都新宿区新小川町6-29
郵便番号　162-8707
電　話　03(3260)0141
FAX　03(3260)0180
http://www.asakura.co.jp

〈検印省略〉

中央印刷・渡辺製本

ISBN 978-4-254-11110-1 C3041　　Printed in Japan